大学工科数学核心课程
系列教材

线性代数

第二版

主　编　马晓艳　胡觉亮
副主编　钟根红　贺平安　宗云南

中国教育出版传媒集团
高等教育出版社·北京

内容提要

本书由浙江理工大学线性代数教学团队参照近年来线性代数课程改革及教材建设的经验和成果，为适应和满足在线学习、课堂教学和混合式教学模式编写而成。

本书包括线性方程组的解法、行列式、矩阵、向量组的线性相关性、矩阵的相似对角化、实二次型六章内容，各章均配有（A）（B）两类难度的习题，在附录中配备了 MATLAB 软件的相关实验内容。在保持第一版基本结构和风格的基础上，全书纸质内容和数字资源一体化设计，紧密配合，数字资源包括重要知识点讲解、部分性质的证明、自测题、考研真题、习题参考答案等，以增强学习效果。

本书可作为高等学校非数学类专业线性代数课程的教材，也可作为科技工作者的参考资料。

图书在版编目（CIP）数据

线性代数/马晓艳，胡觉亮主编；钟根红，贺平安，宗云南副主编. --2 版. --北京：高等教育出版社，2022.9

ISBN 978-7-04-058977-1

Ⅰ.①线… Ⅱ.①马… ②胡… ③钟… ④贺… ⑤宗… Ⅲ.①线性代数-高等学校-教材 Ⅳ.①O151.2

中国版本图书馆 CIP 数据核字（2022）第 120988 号

Xianxing Daishu

策划编辑 胡 颖　　责任编辑 胡 颖　　封面设计 王 洋　　责任绘图 邓 超
版式设计 马 云　　责任校对 马鑫蕊　　责任印制 耿 轩

出版发行 高等教育出版社
社 址 北京市西城区德外大街 4 号
邮政编码 100120
印 刷 三河市吉祥印务有限公司
开 本 787mm×1092mm 1/16
印 张 11.25
字 数 230 千字
购书热线 010-58581118
咨询电话 400-810-0598
网 址 http://www.hep.edu.cn
http://www.hep.com.cn
网上订购 http://www.hepmall.com.cn
http://www.hepmall.com
http://www.hepmall.cn
版 次 2013 年 6 月第 1 版
2022 年 9 月第 2 版
印 次 2022 年 9 月第 1 次印刷
定 价 28.50 元

物 料 号 58977-00

第二版前言

本书作为大学工科数学核心课程系列教材，第一版于2013年出版，与此版时间跨度长达9年。岁月的客观检验，既对修订工作提出了要求，也提供了充分的依据。希望通过时间的沉淀，本书既能不忘核心教材的初心，内容又能与时俱进。

随着《加快推进教育现代化实施方案（2018—2022年）》和《中国教育现代化2035》等文件的发布，高等教育领域大力推进教育信息化，这也进一步推动了传统媒体与新兴媒体的融合发展。利用信息化推进教育变革，路径之一就是要推进教材的信息化变革，建立数字教育资源共建共享机制，实现规模化教育与个性化培养的有机结合。本书编者紧紧抓住教材建设与2021年度浙江省线上一流课程线性代数MOOC资源等现代化信息技术融合的新机遇，尝试推动优质教育资源普及共享，重视引导学生运用互联网自主学习的习惯，适应和满足教师课内课外教学、学生线上线下学习等信息时代的新需求，推动线性代数课程教学质量的提高。为了实现信息技术与教育出版的充分融合，进一步支撑高校的信息化教学改革，浙江理工大学线性代数教学团队在此基础上对本书第一版进行了修订。

第二版充分反映了时代特征，充实并完善了学习的系统性。本书从熟悉的、背景丰富的解线性方程组讲起，并以线性方程组为主线进行阐述，内容结构自然、由浅入深、易于接受。在对第一版中存在的一些疏漏之处进行修改的基础上，本次修订重新审视内容与结构，突出了线性代数与中学数学的有机衔接与融通，将部分概念由中学数学引入，主要修订内容如下：

1. 在编排处理上，采取了一些新的推理次序及结构体系，对应给出一些性质以及定理的证明，尽量做到由浅入深，循序渐进，易自学；在保持课程系统性和科学性的前提下，增加了必要的知识点，修订了若干例题和习题。

2. 为重要知识点配置了讲解微视频，将所学知识多维度、立体化地呈现给读者，有助于读者对所学知识的纵深扩展。

3. 补充了详细的习题参考答案、自测题等数字资源，有助于检验学习效果；此外，为了方便考研，本书还增加了线性代数部分考研真题及参考答案。

本次修订工作由编者团队共同完成，其中第一章和第二章由宗云南、胡觉亮完成，第三章和第四章由钟根红完成，第五章和第六章由贺平安、马晓艳完成，附录由韩曙光完成，数字资源由钟根红、马晓艳完成，全书由马晓艳、胡觉亮统稿。本书可作为高等学校非数学类专业线性代数课程的教材，也可作为科技工作者的参考资料。

在此，特别感谢曾经使用过、阅读过本书的读者，感谢浙江工业大学王定江教授、中国计量大学王航平教授、杭州电子科技大学裘哲勇教授对本次修订工作的大力支持；同时感谢浙江理工大学理学院数学科学系以及浙江理工大学科技与艺术学院数学教研室参与本课程教学实践的全体教师,他们的辛勤付出为我们的教材建设和MOOC课程建设积累了丰富的资源和经验,成为本次教材修订和课程建设的重要基础。最后特别感谢高等教育出版社的精心策划和辛苦工作。我们更期待使用院校和读者对本书予以斧正,提出宝贵的修改意见。“他山之石,可以攻玉”,此书绝非如玉,只希望它是块可雕之木,对其雕琢,编者责无旁贷,读者的关爱与斧正,也尤为重要。编者团队的全体人员将会继续努力提高自己,不断改进教材,为广大读者服务。

由于编者水平和学识有限,书中难免存在不足与疏漏之处,恳请同行专家和广大读者不吝指正。

编　者

2022年3月

第一版前言

本书是科技部创新方法工作专项项目——“科学思维、科学方法在高等学校教学创新中的应用与实践”的研究成果之一，也是浙江省精品课程建设成果之一，它是编者们总结十几年的教学经验、依据固化多年的教学研究与教学改革成果编写而成的。

线性代数的重要性在于它考虑了一类简单且基础的数学模型，而大量的理论及应用问题可以通过“线性化”变成线性代数问题。特别是随着计算机技术的飞跃发展及广泛应用，有些非线性问题高精度地线性化与大型线性问题的可计算性正在逐步实现，从而线性问题的重要性显得日益突出起来。无论从理论还是应用的角度，线性代数正受到科技、管理工作者的特别重视，已成为他们必须具备的数学知识。

线性代数作为一门数学基础课，大量的定义、定理及证明，使之具有高度的抽象性和严谨的逻辑性。通过学习使学生受到逻辑思维能力、运算能力、抽象与分析能力、综合与推理能力的严格训练；线性代数知识具有广泛的应用背景，通过学习使学生能用所学知识去描述问题、解决问题，提高数学建模及求解模型的能力，为学习后续课程打好基础；线性代数的学习过程中包含大量的学习方法，通过学习使学生在学会知识的过程中变得会学，通过掌握已知学会研究未知的方法，提高学生自主学习、自主获取新知识的能力，实现学习的目的——知识的继承与创新。

本书从学生熟悉的、背景丰富的解线性方程组讲起，并以线性方程组为主线展开内容的阐述，内容结构自然、由浅入深、易于接受。每章通过引例提出问题，以问题解决为目标，引入知识点，展开内容的介绍，提高学生的学习兴趣与探知欲望，培养学生探索问题、解决问题的思想与方法。每节给出一些思考题，每章配有（A）（B）两类难度要求的习题，便于学生复习、巩固、提高之用，每章最后均给出若干应用例子，体现线性代数的应用性，有利于培养学生运用数学方法解决实际问题的能力。教材结构充分体现了数学产生、发展的途径之一：问题—方法—理论—应用。在附录中配备了 MATLAB 数学软件的相关实验内容。

本书由胡觉亮（浙江理工大学）主编，宗云南（浙江理工大学）、王定江（浙江工业大学）、王航平（中国计量学院）、裘哲勇（杭州电子科技大学）为副主编，其中第一、二、三章由宗云南、胡觉亮编写，第四章（除第五节）由王定江编写，第五章由裘哲勇编写，第六章及第四章第五节由王航平编写，附录 MATLAB 实验由韩曙光（浙江理工大学）编写，全书由胡觉亮、宗云南统稿。

在本书的编写过程中，编者阅读并吸纳了国内外很多线性代数教材的精华，对由此所受到的启迪及收获向参考文献的各位作者表示衷心的感谢。编者要感谢浙江大学的吴庆标教授，浙江理工大学的徐定华教授，浙江工业大学的周明华教授以及浙江理工大学的易小兰、江仁宜、徐映红、马晓艳、韩维、李瑛、杨瑞、蒋义伟、江明月，杭州电子科技大学的刘晓庆、熊瑜、厉娅玲、司君如，浙江工业大学的罗和治、丁晓东，中国计量学院的吴龙树、李世伟，浙江理工大学科技与艺术学院的贺建辉、葛美宝等老师，他们对本书的初稿进行了认真审阅并提出了宝贵的意见和建议。最后特别感谢高等教育出版社为本书出版所做出的努力。

由于编者水平和学识有限，书中不足和疏漏之处在所难免，恳请广大读者批评指正，并将意见和建议通过高等教育出版社反馈给我们，以便今后有机会修订时对本书做出改进和完善。

编　者

2013年2月18月

目　　录

第一章 线性方程组的解法

求解线性方程组是科学研究和工程应用中最普遍和最重要的问题,大量科学研究和工程应用中的数学问题,或多或少都与线性方程组的求解有关.本章介绍求解线性方程组的消元法及其矩阵形式.

引例 交通流量问题

随着城市人口以及交通流量的增加,城市道路交通拥堵问题已成为制约经济发展、降低人民生活质量、削弱经济活力的瓶颈之一.为解决这个世界性难题,各国政府都进行了广泛的研究,提出了改善交通管理水平、增强交通参与者的素质、扩大道路容量、限制车辆增长速度等政策及车牌限行、设置单行道等措施.以上的政策和措施的一个基础性工作就是各道路的车流量的统计与分流控制,以便采取措施使各道路的交通流量设法达到平衡.所谓交通流量平衡,是指在每个路口进入的车辆数与离开的车辆数相等.图 1-1 是某一城市的道路交通网络图,所有车道都是单行道.箭头给出了车辆的通行方向,数字是高峰期每小时进入或离开路口的车辆数.在满足交通流量平衡的条件下,试问如何分流车辆.

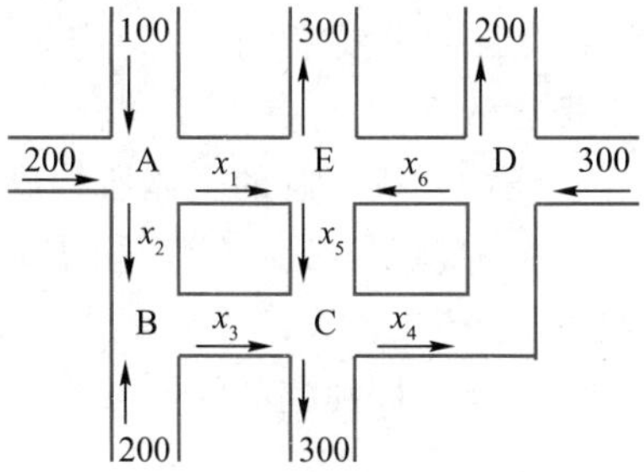

图 1-1

为了保证交通流量平衡,得线性方程组

$$
\begin{cases}
x_1 + x_2 = 300, \\
x_2 - x_3 = -200, \\
x_3 - x_4 + x_5 = 300, \\
x_4 - x_6 = -100, \\
x_1 - x_5 + x_6 = 300.
\end{cases}
\tag{1.1}
$$

问题归结为讨论线性方程组(1.1)是否有解.若有解,求出方程组的解.

第一节 线性方程组的消元法

一、线性方程组的概念

设 $x_1,x_2,\cdots,x_n$ 为实未知量，$a_1,a_2,\cdots,a_n,b$ 为实数，n 为正整数，方程

$$a_1x_1+a_2x_2+\cdots+a_nx_n=b$$

称为含未知量 $x_1,x_2,\cdots,x_n$ 的**线性方程**.由 m 个含未知量 $x_1,x_2,\cdots,x_n$ 的线性方程组成的方程组

$$\begin{cases} a_{11}x_1+a_{12}x_2+\cdots+a_{1n}x_n=b_1, \\ a_{21}x_1+a_{22}x_2+\cdots+a_{2n}x_n=b_2, \\ \cdots\cdots\cdots\cdots \\ a_{m1}x_1+a_{m2}x_2+\cdots+a_{mn}x_n=b_m \end{cases} \tag{1.2}$$

称为 n **元线性方程组**，其中 $a_{ij},b_i(i=1,2,\cdots,m;j=1,2,\cdots,n)$ 为实数.若

$$x_1=c_1,\ x_2=c_2,\ \cdots,\ x_n=c_n \tag{1.3}$$

满足(1.2)中的每一个方程，则称(1.3)为方程组(1.2)的**解**.

如果线性方程组(1.2)有解，那么称方程组(1.2)是**相容的**；否则，称方程组(1.2)是**不相容的**.

线性方程组解的全体所构成的集合称为该线性方程组的**解集**.显然，如果线性方程组不相容，其解集必为空集.能表示线性方程组全部解的表达式称为方程组的**通解**或**一般解**.

具有相同解集的线性方程组称为**同解方程组**或**等价方程组**.

二、线性方程组的消元法

中学所学的解线性方程组的消元法是求解线性方程组简单有效的方法.现在我们回忆消元法的过程.

例 1 利用消元法求解线性方程组

$$\begin{cases} x_1+2x_2=3, & ① \\ 4x_1+5x_2=6. & ② \end{cases}$$

解 将方程①乘 -4 加到方程②上，得等价方程组

$$\begin{cases} x_1+2x_2=3, & ③ \\ \quad\ -3x_2=-6. & ④ \end{cases}$$

由方程④解得 $x_2=2$，再代入方程③，得 $x_1=-1$，则原方程组的解为 $x_1=-1,x_2=2$. 此方程组有唯一解.

例 2　利用消元法求解线性方程组

(1) $\begin{cases}4x_1+8x_2+4x_3=5, & ①\\ 5x_1+6x_2+7x_3=5, & ②\\ 3x_1+6x_2+3x_3=9; & ③\end{cases}$

(2) $\begin{cases}x_1+x_2+x_3=1, & ①\\ x_1+2x_2-x_3=3, & ②\\ 5x_1+8x_2-x_3=11. & ③\end{cases}$

解　(1) 方程③的两边乘不为零的常数 $\dfrac{1}{3}$，得

$$\begin{cases}4x_1+8x_2+4x_3=5, & ④\\ 5x_1+6x_2+7x_3=5, & ⑤\\ x_1+2x_2+x_3=3. & ⑥\end{cases}$$

交换方程④与⑥的位置，得

$$\begin{cases}x_1+2x_2+x_3=3, & ⑦\\ 5x_1+6x_2+7x_3=5, & ⑧\\ 4x_1+8x_2+4x_3=5. & ⑨\end{cases}$$

方程⑦乘 -5 加到方程⑧上；方程⑦乘 -4 加到方程⑨上，得

$$\begin{cases}x_1+2x_2+x_3=3, & ⑩\\ \quad -4x_2+2x_3=-10, & ⑪\\ \qquad 0=-7. & ⑫\end{cases}$$

方程⑫是矛盾方程，故此方程组无解.

(2) 方程①乘 -1 加到方程②上；方程①乘 -5 加到方程③上，得

$$\begin{cases}x_1+x_2+x_3=1, & ④\\ \quad x_2-2x_3=2, & ⑤\\ \quad 3x_2-6x_3=6. & ⑥\end{cases}$$

方程⑤乘 -3 加到方程⑥上，得

$$\begin{cases}x_1+x_2+x_3=1, & ⑦\\ \quad x_2-2x_3=2, & ⑧\\ \qquad 0=0. & ⑨\end{cases}$$

解得

$$\begin{cases}x_1=-3x_3-1,\\ x_2=2x_3+2.\end{cases}$$

令 $x_3=c$，得方程组的通解为

$$\begin{cases} x_1 = -3c-1, \\ x_2 = 2c+2, \\ x_3 = c, \end{cases}$$

其中 c 为任意常数.此时方程组有无穷多解.

总结例 1 与例 2,我们发现利用消元法求解线性方程组的过程,本质上是对线性方程组的方程进行下列三种变换:

(1) 交换任意两个方程的位置;

(2) 某一个方程两边乘不为零的常数;

(3) 把某一个方程的倍数加到另一个方程上.

上述三种变换称为线性方程组的同解变换.

另外,我们还可以看到,线性方程组可能无解、可能有解,在有解时可能是唯一解或无穷多解,关于这方面的更深入的研究可参考下一节与第三章第六节.

思考题一

1. 在例 1 与例 2 中,细心的读者会发现,这里用消元法求解线性方程组与中学所介绍的形式上有所不同,您能指出它们各自的优点所在吗?

2. 线性方程组的解与未知量的记号表示有关吗?

3. 给定方程组 $\begin{cases} x+2y=3, \\ 4x+5y=6, \end{cases}$ 将每个方程交换未知量 x 与 y 的位置,得方程组 $\begin{cases} 2x+y=3, \\ 5x+4y=6, \end{cases}$ 试问这两个方程组同解吗?

第二节 矩阵及其初等行变换

一、矩阵

例 3 利用消元法求解线性方程组

$$\begin{cases} x+2y=3, & ① \\ 4x+5y=6. & ② \end{cases}$$

解 将方程①乘 -4 加到方程②上,得

$$\begin{cases} x+2y=3, & ③ \\ -3y=-6. & ④ \end{cases}$$

由方程④解得 $y=2$. 代入方程③,得 $x=-1$, 则原方程组的解为 $x=-1, y=2$.

仔细比较例 1 和例 3 的两个方程组,我们发现线性方程组的解是由未知量系数 a_{ij} 和

方程右边的常数 b_i 所决定的，而与线性方程组的未知量用哪个记号表示无关.鉴于此，在讨论线性方程组(1.2)的求解时，我们可以舍弃未知量(但把未知量牢记于心)，建立方程组(1.2)与 m 行 $n+1$ 列的数表

$$\begin{pmatrix} a_{11} & a_{12} & \cdots & a_{1n} & \vdots & b_1 \\ a_{21} & a_{22} & \cdots & a_{2n} & \vdots & b_2 \\ \vdots & \vdots & & \vdots & \vdots & \vdots \\ a_{m1} & a_{m2} & \cdots & a_{mn} & \vdots & b_m \end{pmatrix} \tag{1.4}$$

的一一对应关系:该数表的第 $j(j=1,2,\cdots,n)$ 列是未知量 x_j 前的系数，第 $n+1$ 列是方程右边的常数 $b_i(i=1,2,\cdots,m)$；第 i 行代表方程组(1.2)的第 i 个方程.我们称该数表为方程组(1.2)的**增广矩阵**，简记为 $\boldsymbol{B}$.而把数表

$$\begin{pmatrix} a_{11} & a_{12} & \cdots & a_{1n} \\ a_{21} & a_{22} & \cdots & a_{2n} \\ \vdots & \vdots & & \vdots \\ a_{m1} & a_{m2} & \cdots & a_{mn} \end{pmatrix} \tag{1.5}$$

称为方程组(1.2)的**系数矩阵**，简记为 $\boldsymbol{A}$.

例 4　写出线性方程组

$$\begin{cases} \lambda x_1 + x_2 + x_3 = 1, \\ x_1 + \lambda x_2 + x_3 = \lambda, \\ x_1 + x_2 + \lambda x_3 = \lambda^2 \end{cases}$$

的系数矩阵与增广矩阵.

解　方程组的系数矩阵与增广矩阵分别为

$$\boldsymbol{A}=\begin{pmatrix} \lambda & 1 & 1 \\ 1 & \lambda & 1 \\ 1 & 1 & \lambda \end{pmatrix},\ \boldsymbol{B}=\begin{pmatrix} \lambda & 1 & 1 & \vdots & 1 \\ 1 & \lambda & 1 & \vdots & \lambda \\ 1 & 1 & \lambda & \vdots & \lambda^2 \end{pmatrix}.$$

以上讨论启发我们，为了简化线性方程组的求解，在代数上给出了数表——矩阵的概念(名词"矩阵(matrix)"是由西尔维斯特(Sylvester,1814—1897)首先使用的).

定义 1　由 $m\times n$ 个数 $a_{ij}(i=1,2,\cdots,m;j=1,2,\cdots,n)$ 排成的 m 行 n 列的数表

$$\begin{pmatrix} a_{11} & a_{12} & \cdots & a_{1n} \\ a_{21} & a_{22} & \cdots & a_{2n} \\ \vdots & \vdots & & \vdots \\ a_{m1} & a_{m2} & \cdots & a_{mn} \end{pmatrix}$$

矩阵

称为 m 行 n 列**矩阵**，简称 $m\times n$ **矩阵**，其中 a_{ij} 称为矩阵的第 i 行第 j 列的**元素**(简称矩阵的(i,j)**元**).$m\times n$ 矩阵可以表示为 $(a_{ij})_{m\times n}$.一般用大写的黑体英文字母 $\boldsymbol{A},\boldsymbol{B},\boldsymbol{C},\cdots$ 表示矩阵.

元素为实数的矩阵称为**实矩阵**，元素为复数的矩阵称为**复矩阵**.本书如无特殊声明，所讨论的矩阵都是指实矩阵.

二、矩阵的初等行变换

矩阵的初等行变换起源于求解线性方程组的消元法.由方程组的同解变换可知,对线性方程组作同解变换相当于对方程组的增广矩阵的行作相应的变换.由此有下述定义.

定义 2 以下对矩阵的三种变换称为矩阵的**初等行变换**:

(1) 交换矩阵的两行;

(2) 以不为零的数 k 乘矩阵某一行中的所有元素;

(3) 将矩阵的某一行乘数 k 加到另一行上.

为了说明方便,通常用 r_i 表示矩阵的第 i 行.用 $r_i \leftrightarrow r_j$ 表示交换矩阵的第 i 行与第 j 行,用 $r_i \times k$ 表示以数 k 乘矩阵的第 i 行,用 $r_j + kr_i$ 表示将矩阵的第 i 行乘数 k 加到第 j 行上.

定义 3 若矩阵 $\boldsymbol{A}$ 经过有限次初等行变换变成矩阵 $\boldsymbol{B}$,则称矩阵 $\boldsymbol{A}$ 与 $\boldsymbol{B}$ **行等价**,记作 $\boldsymbol{A} \xrightarrow{r} \boldsymbol{B}$.

下面介绍消元法的矩阵形式.

例 5 利用矩阵的初等行变换求解线性方程组

$$\begin{cases} x_1 + 2x_2 = 3, \\ 4x_1 + 5x_2 = 6. \end{cases}$$

解 方程组的增广矩阵

$$\boldsymbol{B} = \left(\begin{array}{cc:c} 1 & 2 & 3 \\ 4 & 5 & 6 \end{array}\right) \xrightarrow{r_2 - 4r_1} \left(\begin{array}{cc:c} 1 & 2 & 3 \\ 0 & -3 & -6 \end{array}\right) = \boldsymbol{B}_1,$$

得同解方程组

$$\begin{cases} x_1 + 2x_2 = 3, \\ \quad\ -3x_2 = -6, \end{cases} \tag{1.6}$$

由第 2 个方程解得 $x_2=2$.代入第 1 个方程,得 $x_1=-1$,则方程组的解为 $x_1=-1$, $x_2=2$.

消元法的代入过程也可以用对增广矩阵作初等行变换来代替.要从(1.6)的第 2 个方程解出 x_2,则 x_2 的系数必须为 1.将(1.6)的第 2 个方程两边乘 $-\dfrac{1}{3}$,得

$$\begin{cases} x_1 + 2x_2 = 3, \\ \qquad\quad x_2 = 2. \end{cases} \tag{1.7}$$

得到(1.7)的过程相当于

$$\boldsymbol{B} \xrightarrow{r} \left(\begin{array}{cc:c} 1 & 2 & 3 \\ 0 & -3 & -6 \end{array}\right) \xrightarrow{r_2 \times \left(-\frac{1}{3}\right)} \left(\begin{array}{cc:c} 1 & 2 & 3 \\ 0 & 1 & 2 \end{array}\right).$$

将 x_2 代入(1.7)的第 1 个方程,即将(1.7)的第 1 个方程中 x_2 的系数化为零,只需将(1.7)的第 2 个方程两边乘 -2 加到第 1 个方程上,得方程组的解

$$\begin{cases} x_1 = -1, \\ x_2 = \ \ 2. \end{cases} \tag{1.8}$$

得到(1.8)的过程相当于

$$\boldsymbol{B}\xrightarrow{r}\left(\begin{array}{cc:c}1&2&3\\0&1&2\end{array}\right)\xrightarrow{r_1-2r_2}\left(\begin{array}{cc:c}1&0&-1\\0&1&2\end{array}\right)=\boldsymbol{B}_2,$$

从而得方程组的解 $x_1=-1,x_2=2$.

现在我们可以给出例 5 的完整求解过程了.方程组的增广矩阵

$$\boldsymbol{B}=\left(\begin{array}{cc:c}1&2&3\\4&5&6\end{array}\right)\xrightarrow{r_2-4r_1}\left(\begin{array}{cc:c}1&2&3\\0&-3&-6\end{array}\right)\xrightarrow[r_1-2r_2]{r_2\times\left(-\frac{1}{3}\right)}\left(\begin{array}{cc:c}1&0&-1\\0&1&2\end{array}\right),$$

从而得方程组的解 $x_1=-1,x_2=2$.

一般地,消元法由两个步骤所构成.第一个步骤是消元过程,在例 5 中得到的矩阵 $\boldsymbol{B}_1$,称为矩阵 $\boldsymbol{B}$ 的行阶梯形,其特点:非零行的第一个非零元素的列标随着行标的增加而严格增加.如矩阵

$$\boldsymbol{A}_1=\begin{pmatrix}2&1&3&1\\0&-1&0&5\\0&0&0&0\end{pmatrix},\boldsymbol{A}_2=\begin{pmatrix}2&1&3&1\\0&0&-1&5\\0&0&0&0\end{pmatrix},\boldsymbol{A}_3=\begin{pmatrix}0&1&0&1\\0&0&1&5\\0&0&0&0\end{pmatrix}\tag{1.9}$$

都是行阶梯形矩阵.第二个步骤是代入过程,在例 5 中得到的矩阵 $\boldsymbol{B}_2$,称为矩阵 $\boldsymbol{B}$ 的行最简形.其特点:它是特殊的行阶梯形矩阵,且非零行的第一个非零元素为 1,而该元素所在列的其他元素全为 0.如(1.9)中的 $\boldsymbol{A}_3$ 是行最简形矩阵.

例 6 利用初等行变换,将矩阵

$$\boldsymbol{A}=\begin{pmatrix}1&1&1&1\\-1&2&-4&2\\2&5&-1&3\end{pmatrix}$$

化成行阶梯形矩阵和行最简形矩阵.

解 $\boldsymbol{A}=\begin{pmatrix}1&1&1&1\\-1&2&-4&2\\2&5&-1&3\end{pmatrix}\xrightarrow[r_3-2r_1]{r_2+r_1}\begin{pmatrix}1&1&1&1\\0&3&-3&3\\0&3&-3&1\end{pmatrix}\xrightarrow{r_3-r_2}\begin{pmatrix}1&1&1&1\\0&3&-3&3\\0&0&0&-2\end{pmatrix}$,最后一个矩阵即为行阶梯形矩阵.进一步,

$$\boldsymbol{A}\xrightarrow[r_2\div 3]{r_3\times\left(-\frac{1}{2}\right)}\begin{pmatrix}1&1&1&1\\0&1&-1&1\\0&0&0&1\end{pmatrix}\xrightarrow[r_2-r_3]{r_1-r_3}\begin{pmatrix}1&1&1&0\\0&1&-1&0\\0&0&0&1\end{pmatrix}\xrightarrow{r_1-r_2}\begin{pmatrix}1&0&2&0\\0&1&-1&0\\0&0&0&1\end{pmatrix},$$

最后一个矩阵即为行最简形矩阵.

总结例 6 利用初等行变换将矩阵化成行阶梯形矩阵和行最简形矩阵的方法,有下述定理.

定理 1 任意非零矩阵可经有限次初等行变换变成行阶梯形矩阵和行最简形矩阵.

证 设 $\boldsymbol{A}=(a_{ij})$ 为 $m\times n$ 矩阵,对 $\boldsymbol{A}$ 的行数 m 利用数学归纳法.

当 $m=1$ 时,该矩阵为行阶梯形矩阵.不妨设 $a_{11}\neq 0$,作行变换 $r_1\times\dfrac{1}{a_{11}}$,则矩阵化为行最简形矩阵.

设当 $m = s - 1$ 时结论成立.当 $m = s$ 时,不妨设 $a_{11} \neq 0$, 有

$$A = \begin{pmatrix} a_{11} & a_{12} & a_{13} & \cdots & a_{1n} \\ a_{21} & a_{22} & a_{23} & \cdots & a_{2n} \\ a_{31} & a_{32} & a_{33} & \cdots & a_{3n} \\ \vdots & \vdots & \vdots & & \vdots \\ a_{s1} & a_{s2} & a_{s3} & \cdots & a_{sn} \end{pmatrix} \xrightarrow[i=2,3,\cdots,s]{r_i - \frac{a_{i1}}{a_{11}} r_1} \begin{pmatrix} a_{11} & a_{12} & a_{13} & \cdots & a_{1n} \\ 0 & b_{22} & b_{23} & \cdots & b_{2n} \\ 0 & b_{32} & b_{33} & \cdots & b_{3n} \\ \vdots & \vdots & \vdots & & \vdots \\ 0 & b_{s2} & b_{s3} & \cdots & b_{sn} \end{pmatrix}.$$

矩阵 $\boldsymbol{B} = (b_{ij})(i = 2,3,\cdots,s;\ j = 2,3,\cdots,n)$ 为 $(s-1)\times(n-1)$ 矩阵,由归纳假设,$\boldsymbol{B}$ 可化为行阶梯形矩阵,从而 $\boldsymbol{A}$ 也可化为行阶梯形矩阵.

由归纳假设,$\boldsymbol{B}$ 可化为行最简形矩阵,有

$$A \xrightarrow{r} \begin{pmatrix} a_{11} & a_{12} & a_{13} & \cdots & a_{1t} & a_{1,t+1} & \cdots & a_{1n} \\ 0 & 1 & 0 & \cdots & 0 & c_{2,t+1} & \cdots & c_{2n} \\ 0 & 0 & 1 & \cdots & 0 & c_{3,t+1} & \cdots & c_{3n} \\ \vdots & \vdots & \vdots & & \vdots & \vdots & & \vdots \\ 0 & 0 & 0 & \cdots & 1 & c_{t,t+1} & \cdots & c_{tn} \\ 0 & 0 & 0 & \cdots & 0 & 0 & 0 & 0 \\ \vdots & \vdots & \vdots & & \vdots & \vdots & \vdots & \vdots \\ 0 & 0 & 0 & \cdots & 0 & 0 & 0 & 0 \end{pmatrix},$$

$$\xrightarrow[r_1 \times \frac{1}{a_{11}}]{r_1 - a_{1j}r_j,\ j=2,3,\cdots,t} \begin{pmatrix} 1 & 0 & 0 & \cdots & 0 & c_{1,t+1} & \cdots & c_{1n} \\ 0 & 1 & 0 & \cdots & 0 & c_{2,t+1} & \cdots & c_{2n} \\ 0 & 0 & 1 & \cdots & 0 & c_{3,t+1} & \cdots & c_{3n} \\ \vdots & \vdots & \vdots & & \vdots & \vdots & & \vdots \\ 0 & 0 & 0 & \cdots & 1 & c_{t,t+1} & \cdots & c_{tn} \\ 0 & 0 & 0 & \cdots & 0 & 0 & 0 & 0 \\ \vdots & \vdots & \vdots & & \vdots & \vdots & \vdots & \vdots \\ 0 & 0 & 0 & \cdots & 0 & 0 & 0 & 0 \end{pmatrix},$$

得 $\boldsymbol{A}$ 的行最简形矩阵.

要注意的是,矩阵的行阶梯形矩阵一般不唯一,而矩阵的行最简形矩阵是唯一的.

注 由例 5 可得利用初等行变换求解线性方程组的方法(也称为高斯-若尔当(Gauss-Jordan)消元法),其步骤是

(1) 写出线性方程组的增广矩阵;

(2) 将增广矩阵用初等行变换化成行阶梯形矩阵(等价于消元法的消元过程);

(3) 判断线性方程组是否有解:如果行阶梯形矩阵的最后一个非零行代表矛盾方程 $0 = d \neq 0$, 那么方程组无解;否则线性方程组有解,并进行下一步;

(4) 将行阶梯形矩阵用初等行变换化成行最简形矩阵(等价于代入过程);

(5) 由行最简形矩阵得线性方程组的解.

例 7 利用高斯-若尔当消元法求解线性方程组

$$\begin{cases} 2x_1 - x_2 + x_3 - 2x_4 = 1, \\ -x_1 + x_2 + 2x_3 + x_4 = 0, \\ x_1 - x_2 - 2x_3 + 2x_4 = -3, \\ 6x_1 - 4x_2 - 2x_3 = -4. \end{cases}$$

解　对方程组的增广矩阵进行初等行变换化为行阶梯形矩阵：

$$\boldsymbol{B} = \left(\begin{array}{cccc:c} 2 & -1 & 1 & -2 & 1 \\ -1 & 1 & 2 & 1 & 0 \\ 1 & -1 & -2 & 2 & -3 \\ 6 & -4 & -2 & 0 & -4 \end{array}\right) \xrightarrow[r_4 \times \frac{1}{2}]{r_1 \leftrightarrow r_3} \left(\begin{array}{cccc:c} 1 & -1 & -2 & 2 & -3 \\ -1 & 1 & 2 & 1 & 0 \\ 2 & -1 & 1 & -2 & 1 \\ 3 & -2 & -1 & 0 & -2 \end{array}\right)$$

$$\xrightarrow[\substack{r_3 - 2r_1 \\ r_4 - 3r_1}]{r_2 + r_1} \left(\begin{array}{cccc:c} 1 & -1 & -2 & 2 & -3 \\ 0 & 0 & 0 & 3 & -3 \\ 0 & 1 & 5 & -6 & 7 \\ 0 & 1 & 5 & -6 & 7 \end{array}\right) \xrightarrow[\substack{r_3 \times \frac{1}{3} \\ r_4 - r_2}]{r_2 \leftrightarrow r_3} \left(\begin{array}{cccc:c} 1 & -1 & -2 & 2 & -3 \\ 0 & 1 & 5 & -6 & 7 \\ 0 & 0 & 0 & 1 & -1 \\ 0 & 0 & 0 & 0 & 0 \end{array}\right).$$

行阶梯形矩阵最后一个非零行对应的不是矛盾方程，则方程组有解.

进一步，

$$\boldsymbol{B} \xrightarrow[r_2 + 6r_3]{r_1 - 2r_3} \left(\begin{array}{cccc:c} 1 & -1 & -2 & 0 & -1 \\ 0 & 1 & 5 & 0 & 1 \\ 0 & 0 & 0 & 1 & -1 \\ 0 & 0 & 0 & 0 & 0 \end{array}\right) \xrightarrow{r_1 + r_2} \left(\begin{array}{cccc:c} 1 & 0 & 3 & 0 & 0 \\ 0 & 1 & 5 & 0 & 1 \\ 0 & 0 & 0 & 1 & -1 \\ 0 & 0 & 0 & 0 & 0 \end{array}\right).$$

由行最简形矩阵，得对应的方程组为

$$\begin{cases} x_1 + 3x_3 = 0, \\ x_2 + 5x_3 = 1, \\ x_4 = -1, \end{cases}$$

解得

$$\begin{cases} x_1 = -3x_3, \\ x_2 = -5x_3 + 1, \\ x_4 = -1, \end{cases}$$

其中 x_3 为自由变量.令 $x_3 = k$，则方程组的通解为

$$\begin{cases} x_1 = -3k, \\ x_2 = -5k + 1, \\ x_3 = k, \\ x_4 = -1, \end{cases} \quad \text{其中 } k \text{ 为任意常数.}$$

例 8　利用消元法求解线性方程组

$$\begin{cases} x_1 + x_2 + x_3 = 1, \\ -x_1 + 2x_2 - 4x_3 = 2, \\ 2x_1 + 5x_2 - x_3 = 3. \end{cases}$$

解 方程组的增广矩阵

$$B=\left(\begin{array}{ccc:c}1&1&1&1\\-1&2&-4&2\\2&5&-1&3\end{array}\right)\xrightarrow[r_3-2r_1]{r_2+r_1}\left(\begin{array}{ccc:c}1&1&1&1\\0&3&-3&3\\0&3&-3&1\end{array}\right)\xrightarrow{r_3-r_2}\left(\begin{array}{ccc:c}1&1&1&1\\0&3&-3&3\\0&0&0&-2\end{array}\right),$$

因为0=-2,矛盾,所以方程组无解.

参考例5、例7、例8,对线性方程组有如下重要结论.

定理2 对于n元线性方程组,当增广矩阵的行阶梯形最后一个非零行代表矛盾方程时,则方程组无解;否则方程组有解,且

(1) 当增广矩阵的行阶梯形有n个非零行时,方程组有唯一解;

(2) 当增广矩阵的行阶梯形少于n个非零行时,方程组有无穷多解.

思考题二

1. 为什么说对线性方程组作同解变换相当于对该方程组的增广矩阵作相应的初等行变换?

2. 找出行阶梯形矩阵与行最简形矩阵的相同点与不同点.

3. 回忆利用高斯-若尔当消元法求解线性方程组的过程.

4. 怎样判别线性方程组有解或无解?在有解时是唯一解还是无穷多解?除了这三种情形,线性方程组的解还有其他情形吗?

第三节 应用举例

一、引例解答

(1.1)的增广矩阵

$$B=\left(\begin{array}{cccccc:c}1&1&0&0&0&0&300\\0&1&-1&0&0&0&-200\\0&0&1&-1&1&0&300\\0&0&0&1&0&-1&-100\\1&0&0&0&-1&1&300\end{array}\right)$$

$$\xrightarrow{r}\left(\begin{array}{cccccc:c}1&0&0&0&-1&1&300\\0&1&0&0&1&-1&0\\0&0&1&0&1&-1&200\\0&0&0&1&0&-1&-100\\0&0&0&0&0&0&0\end{array}\right),$$

由定理 2 得方程组有无穷多解,且方程组的通解为

$$\begin{cases} x_1 = k_1 - k_2 + 300, \\ x_2 = -k_1 + k_2, \\ x_3 = -k_1 + k_2 + 200, \\ x_4 = k_2 - 100, \\ x_5 = k_1, \\ x_6 = k_2, \end{cases}$$ 其中 k_1, k_2 为任意常数.

要注意的是,方程组的解不一定都是实际问题的解.由未知量的实际意义,应满足

$$\begin{cases} x_1 = k_1 - k_2 + 300 \geqslant 0, \\ x_2 = -k_1 + k_2 \geqslant 0, \\ x_3 = -k_1 + k_2 + 200 \geqslant 0, \\ x_4 = k_2 - 100 \geqslant 0, \\ x_5 = k_1 \geqslant 0, \\ x_6 = k_2 \geqslant 0, \end{cases}$$

即 k_1, k_2 是满足 $0 \leqslant k_2 - k_1 \leqslant 300, k_2 \geqslant 100$ 的非负整数.

二、化学方程式的平衡

当丙烷(C_3H_8)气体燃烧时,会产生二氧化碳(CO_2)和水(H_2O),该反应具有化学反应式

$$C_3H_8 + O_2 \longrightarrow CO_2 + H_2O,$$

试平衡此化学反应式.

为了使反应式平衡,选取适当的 x_1, x_2, x_3, x_4, 使得

$$x_1C_3H_8 + x_2O_2 \longrightarrow x_3CO_2 + x_4H_2O.$$

由质量守恒定律,对碳原子,有 $3x_1 = x_3$; 同理,对氢原子,有 $8x_1 = 2x_4$; 对氧原子,有 $2x_2 = 2x_3 + x_4$. 从而得线性方程组

$$\begin{cases} 3x_1 \quad - x_3 \quad = 0, \\ 8x_1 \quad - 2x_4 = 0, \\ 2x_2 - 2x_3 - x_4 = 0, \end{cases}$$

方程组的通解为 $x_1 = k, x_2 = 5k, x_3 = 3k, x_4 = 4k$. 取 $k = 1$, 则化学反应式为

$$C_3H_8 + 5O_2 \longrightarrow 3CO_2 + 4H_2O.$$

三、封闭的里昂惕夫(Leontief)投入-产出模型

设某个封闭的产业链有 n 个工厂生产 n 种不同的产品,每个工厂需要投入自己的产品和其他工厂的产品.所谓封闭,是指每个工厂需要的产品该产业链内部可以提供,而不需要其他产业链提供.试问在满足总需求的条件下,每个工厂的产出各是多少?

令 x_j 表示第 j 个工厂的产出量，a_{ij} 表示第 j 个工厂生产的产品直接投入第 i 个工厂的单位产品数量（$i,j=1,2,\cdots,n$）.

由于产业链的封闭，第 j 个工厂的总投入等于第 j 个工厂的产出，则

$$\begin{cases} x_1 = a_{11}x_1 + a_{12}x_2 + \cdots + a_{1n}x_n, \\ x_2 = a_{21}x_1 + a_{22}x_2 + \cdots + a_{2n}x_n, \\ \cdots\cdots\cdots\cdots \\ x_n = a_{n1}x_1 + a_{n2}x_2 + \cdots + a_{nn}x_n, \end{cases} \tag{1.10}$$

问题转化为求(1.10)的非负整数解.(1.10)可以化为

$$\begin{cases} (a_{11}-1)x_1 + a_{12}x_2 + \cdots + a_{1n}x_n = 0, \\ a_{21}x_1 + (a_{22}-1)x_2 + \cdots + a_{2n}x_n = 0, \\ \cdots\cdots\cdots\cdots \\ a_{n1}x_1 + a_{n2}x_2 + \cdots + (a_{nn}-1)x_n = 0. \end{cases} \tag{1.11}$$

现给出当 $n=4$ 时，各个工厂相互之间的需求图，如图 1-2 所示，其中 ⓘ 表示第 i 个工厂($i=1,2,3,4$)，如① $\xleftarrow{\frac{1}{4}}$ ②表示 $a_{12}=\frac{1}{4}$.由(1.11)可以得到线性方程组

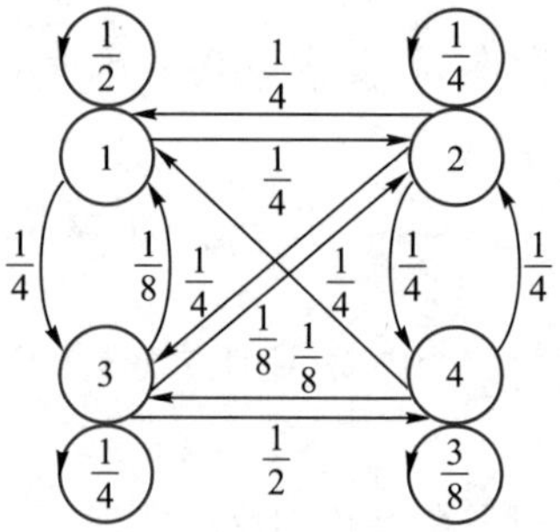

图 1-2

$$\begin{cases} -\frac{1}{2}x_1 + \frac{1}{4}x_2 + \frac{1}{8}x_3 + \frac{1}{4}x_4 = 0, \\ \frac{1}{4}x_1 - \frac{3}{4}x_2 + \frac{1}{8}x_3 + \frac{1}{4}x_4 = 0, \\ \frac{1}{4}x_1 + \frac{1}{4}x_2 - \frac{3}{4}x_3 + \frac{1}{8}x_4 = 0, \\ \qquad\quad \frac{1}{4}x_2 + \frac{1}{2}x_3 - \frac{5}{8}x_4 = 0. \end{cases}$$

方程组的增广矩阵

$$\boldsymbol{B} = \left(\begin{array}{cccc:c} -\frac{1}{2} & \frac{1}{4} & \frac{1}{8} & \frac{1}{4} & 0 \\ \frac{1}{4} & -\frac{3}{4} & \frac{1}{8} & \frac{1}{4} & 0 \\ \frac{1}{4} & \frac{1}{4} & -\frac{3}{4} & \frac{1}{8} & 0 \\ 0 & \frac{1}{4} & \frac{1}{2} & -\frac{5}{8} & 0 \end{array}\right) \xrightarrow{r} \left(\begin{array}{cccc:c} 1 & 0 & 0 & -\frac{26}{23} & 0 \\ 0 & 1 & 0 & -\frac{39}{46} & 0 \\ 0 & 0 & 1 & -\frac{19}{23} & 0 \\ 0 & 0 & 0 & 0 & 0 \end{array}\right),$$

得方程组的解为 $x_1=\frac{26}{23}x_4$，$x_2=\frac{39}{46}x_4$，$x_3=\frac{19}{23}x_4$，其中 x_4 为自由变量.令 $x_4=k$，得方程组的通解为 $x_1=\frac{26}{23}k$，$x_2=\frac{39}{46}k$，$x_3=\frac{19}{23}k$，$x_4=k$. 所以四个工厂的产出量分别为 $52m$，$39m$，$38m$，$46m$，其中 m 为非负整数.

习 题 一

(A)

1. 用消元法解下列线性方程组：

(1) $\begin{cases} x_1 + 2x_2 + 3x_3 = 4, \\ 3x_1 + 5x_2 + 7x_3 = 9, \\ 2x_1 + 3x_2 + 4x_3 = 5; \end{cases}$

(2) $\begin{cases} x_1 - 2x_2 + x_3 + x_4 = 1, \\ x_1 - 2x_2 + x_3 + x_4 = -1, \\ x_1 - 2x_2 + x_3 + 5x_4 = 5; \end{cases}$

(3) $\begin{cases} x_1 - x_2 + 2x_3 = 1, \\ x_1 - 2x_2 - x_3 = 2, \\ 3x_1 - 2x_2 + 5x_3 = 3, \\ x_1 + 5x_3 = 0; \end{cases}$

(4) $\begin{cases} 2x_1 - 2x_2 + x_4 = -3, \\ 2x_1 + 3x_2 + x_3 - 3x_4 = -6, \\ 3x_1 + 4x_2 - x_3 + 2x_4 = 0, \\ x_1 + 3x_2 + x_3 - x_4 = 2. \end{cases}$

2. 用初等行变换将下列矩阵化成行阶梯形矩阵和行最简形矩阵：

(1) $\begin{pmatrix} 1 & 2 & 2 \\ 2 & 1 & -2 \\ 2 & -2 & 1 \end{pmatrix}$;

(2) $\begin{pmatrix} 3 & 2 & 1 & 1 \\ 1 & 2 & -3 & 2 \\ 4 & 4 & -2 & 3 \end{pmatrix}$;

(3) $\begin{pmatrix} 2 & 3 \\ 1 & -1 \\ -1 & 2 \end{pmatrix}$;

(4) $\begin{pmatrix} 1 & 1 & 1 & 1 & 1 \\ 2 & 0 & -3 & 2 & 1 \\ 1 & 3 & 6 & 1 & 2 \\ 4 & 2 & 6 & 4 & 3 \end{pmatrix}$.

3. 用初等行变换解下列线性方程组：

(1) $\begin{cases} x_1 + 3x_2 + 3x_3 = 5, \\ 2x_1 - x_2 + 4x_3 = 11, \\ -x_2 + x_3 = 3; \end{cases}$

(2) $\begin{cases} x_1 - x_2 + 4x_3 + 3x_4 = 1, \\ 2x_1 + x_2 + 6x_3 + 5x_4 = 2, \\ x_1 + 2x_2 + 2x_3 + 2x_4 = 2; \end{cases}$

(3) $\begin{cases} x_1 - 2x_2 + 3x_3 - 4x_4 = 4, \\ x_1 + 3x_2 - 3x_4 = 1, \\ x_2 - x_3 + x_4 = 4, \\ 7x_2 - 3x_3 - x_4 = -18; \end{cases}$

(4) $\begin{cases} 2x_1 - x_2 + x_3 + 2x_4 + 3x_5 = 2, \\ 6x_1 - 3x_2 + 2x_3 + 4x_4 + 5x_5 = 3, \\ 6x_1 - 3x_2 + 4x_3 + 8x_4 + 13x_5 = 9, \\ 4x_1 - 2x_2 + x_3 + x_4 + 2x_5 = 1. \end{cases}$

(B)

1. 当 λ 为何值时，线性方程组 $\begin{cases} x_1 + x_2 + x_3 = 1, \\ x_1 + \lambda x_2 + x_3 = \lambda, \\ x_1 + x_2 + \lambda x_3 = \lambda^2 \end{cases}$ 有无穷多解？并求解.

2. 讨论平面上两条直线相交、重合、平行不重合的条件.

3. (**联合收入问题**)已知三家公司 A,B,C 具有如图 1-3 所示的股份关系，即 A 公司持有 C 公司 50%的股份，C 公司持有 A 公司 30%的股份，而 A 公司 70%的股份不受另外两家公司控制等.

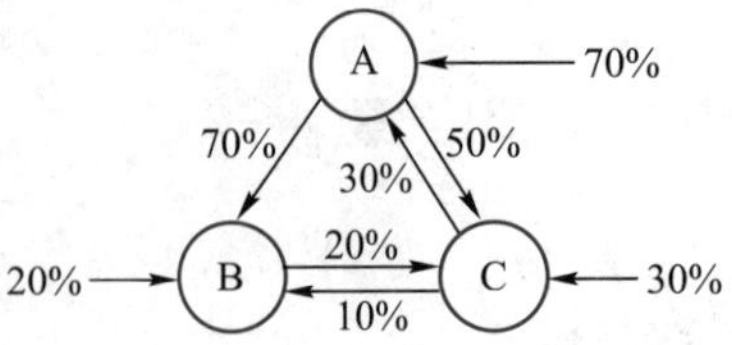

图 1-3

现设 A,B 和 C 公司各自的营业净收入分别是 12 万元、10 万元、8 万元,每家公司的联合收入是其净收入加上其他公司的股份按比例的提成收入,公司的实际收入是公司所占股份在公司营业净收入中按比例的提成收入.试确定各公司的联合收入及实际收入.

习题一参考答案

第一章自测题

第二章 行列式

第一章我们讨论了线性方程组的解法,那么能否将线性方程组的求解符号化(公式化)呢? 借助行列式,我们可以把方程的个数与未知量的个数相等的线性方程组的理论符号化.行列式最早出现于求解线性方程组中,其名称最先由法国数学家柯西(Cauchy,1789—1857)使用,行列式的理论体现了数学符号化的强大威力,而且行列式是常用的数学工具之一.

本章主要介绍 n 阶行列式的定义、性质、计算及在线性方程组方面的应用.

引例 插值问题

在实际问题和科学实验中,常常会碰到插值问题.比如在传热传质分析中,研究甘油黏度与温度的关系,由于很难找到具体的函数表达式,只能通过测量给出一些数据,见下表.

温度 T/℃	0	10	20	30	40	50
黏度 μ/($\mathrm{N\cdot s\cdot m^{-1}}$)	10.60	3.810	1.492	0.629	0.275 4	0.186 7

我们要求甘油在 22℃下的黏度时,就需要采用插值来求,即利用函数 y 在某区间中若干点的函数值,作出适当的待定函数,在这些点上取已知值,在其他点上用这个特定函数的值作为函数 y 的近似值.多项式插值就是求一条 n 次多项式曲线,使其通过已知的互不相同的 $n+1$ 个点 $(x_i,y_i)(i=1,2,\cdots,n+1)$.

设所求 n 次多项式为 $y=a_0+a_1x+\cdots+a_nx^n$, 其中 $a_n,a_{n-1},\cdots,a_0$ 为待定系数,则

$$\begin{cases} a_0+a_1x_1+\cdots+a_nx_1^n=y_1, \\ a_0+a_1x_2+\cdots+a_nx_2^n=y_2, \\ \cdots\cdots\cdots\cdots \\ a_0+a_1x_{n+1}+\cdots+a_nx_{n+1}^n=y_{n+1}. \end{cases} \tag{2.1}$$

问题归结为求解此线性方程组(注意该方程组中方程的个数与未知量的个数相等).

第一节 n 阶行列式

一、二阶与三阶行列式

例 1 当 $a_{11}a_{22}-a_{12}a_{21}\neq 0$ 时,利用消元法求解二元线性方程组

$$\begin{cases}a_{11}x_1+a_{12}x_2=b_1,\\a_{21}x_1+a_{22}x_2=b_2.\end{cases}\tag{2.2}$$

解 由消元法,得等价方程组

$$\begin{cases}(a_{11}a_{22}-a_{12}a_{21})x_1=b_1a_{22}-b_2a_{12},\\(a_{11}a_{22}-a_{12}a_{21})x_2=a_{11}b_2-a_{21}b_1,\end{cases}$$

则方程组的解为

$$\begin{cases}x_1=\dfrac{b_1a_{22}-b_2a_{12}}{a_{11}a_{22}-a_{12}a_{21}},\\x_2=\dfrac{a_{11}b_2-a_{21}b_1}{a_{11}a_{22}-a_{12}a_{21}}.\end{cases}$$

引进记号

$$\begin{vmatrix}a_{11}&a_{12}\\a_{21}&a_{22}\end{vmatrix}=a_{11}a_{22}-a_{12}a_{21},$$

则线性方程组(2.2)的解可以表示为

$$x_1=\frac{\begin{vmatrix}b_1&a_{12}\\b_2&a_{22}\end{vmatrix}}{\begin{vmatrix}a_{11}&a_{12}\\a_{21}&a_{22}\end{vmatrix}},\ x_2=\frac{\begin{vmatrix}a_{11}&b_1\\a_{21}&b_2\end{vmatrix}}{\begin{vmatrix}a_{11}&a_{12}\\a_{21}&a_{22}\end{vmatrix}}.$$

定义 1 由数 $a_{ij}(i,j=1,2)$ 构成的表达式 $a_{11}a_{22}-a_{12}a_{21}$,称为二阶行列式,记为

$$\begin{vmatrix}a_{11}&a_{12}\\a_{21}&a_{22}\end{vmatrix}=a_{11}a_{22}-a_{12}a_{21},\tag{2.3}$$

简记为 D,或 $|a_{ij}|_2$,或 $\det(a_{ij})$,其中 a_{ij} 表示二阶行列式中第 i 行第 j 列的元素.此定义也称为二阶行列式的对角线法则(如图 2-1 所示,其中由左上角到右下角的连线称为行列式的主对角线,由右上角到左下角的连线称为行列式的副对角线).行列式的记号由英国数学家凯莱(Cayley,1821—1895)于 1841 年给出.

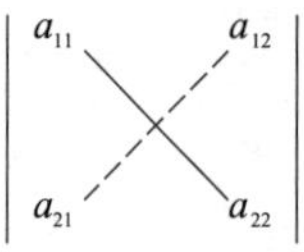

图 2-1

利用二阶行列式,令 $D=\begin{vmatrix} a_{11} & a_{12} \\ a_{21} & a_{22} \end{vmatrix}$,称为方程组(2.2)的系数行列式,若记

$$D_1=\begin{vmatrix} b_1 & a_{12} \\ b_2 & a_{22} \end{vmatrix},\ D_2=\begin{vmatrix} a_{11} & b_1 \\ a_{21} & b_2 \end{vmatrix},$$

则线性方程组(2.2)的解可以表示为

$$x_1=\frac{D_1}{D},\ x_2=\frac{D_2}{D}. \tag{2.4}$$

例 2 利用行列式求解线性方程组

$$\begin{cases} x_1+2x_2=3, \\ 4x_1+5x_2=6. \end{cases}$$

解 $D=\begin{vmatrix} 1 & 2 \\ 4 & 5 \end{vmatrix}=1\times5-2\times4=-3,D_1=\begin{vmatrix} 3 & 2 \\ 6 & 5 \end{vmatrix}=3,D_2=\begin{vmatrix} 1 & 3 \\ 4 & 6 \end{vmatrix}=-6$,得方程组的解为

$$x_1=\frac{D_1}{D}=-1,x_2=\frac{D_2}{D}=2.$$

定义 2 三阶行列式简记为 D,或 $|a_{ij}|_3$,或 $\det(a_{ij})$,定义为

$$\begin{vmatrix} a_{11} & a_{12} & a_{13} \\ a_{21} & a_{22} & a_{23} \\ a_{31} & a_{32} & a_{33} \end{vmatrix}$$

$$=a_{11}a_{22}a_{33}+a_{12}a_{23}a_{31}+a_{13}a_{21}a_{32}-a_{11}a_{23}a_{32}-a_{12}a_{21}a_{33}-a_{13}a_{22}a_{31}. \tag{2.5}$$

此定义也称为三阶行列式的对角线法则(如图 2-2 所示).

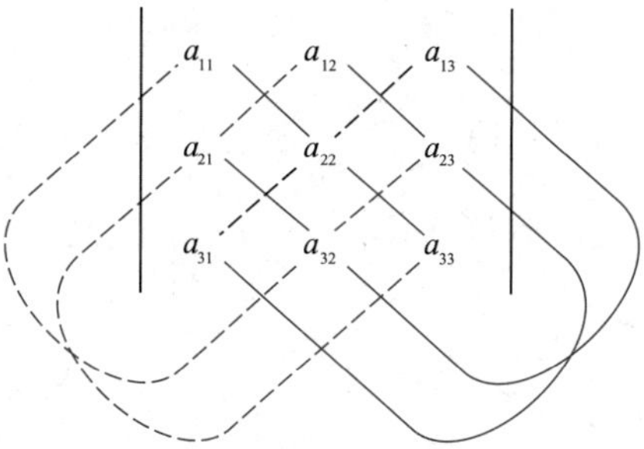

图 2-2

例 3 计算三阶行列式 $D=\begin{vmatrix} 1 & 2 & 3 \\ 4 & 5 & 6 \\ 7 & 8 & 9 \end{vmatrix}$.

解 $D=1\times5\times9+4\times8\times3+7\times6\times2-3\times5\times7-2\times4\times9-1\times8\times6=0.$

二、 n 阶行列式

一般地,把 n^2 个元素 $a_{ij}(i,j=1,2,\cdots,n)$ 排成 n 行 n 列,称

$$\begin{vmatrix} a_{11} & a_{12} & \cdots & a_{1n} \\ a_{21} & a_{22} & \cdots & a_{2n} \\ \vdots & \vdots & & \vdots \\ a_{n1} & a_{n2} & \cdots & a_{nn} \end{vmatrix}$$

为 n 阶行列式，简记为 D，或 $|a_{ij}|_n$，或 $\det(a_{ij})$.它表示一个数，称为 n 阶行列式的值.

n 阶行列式

下面用归纳法给出 n 阶行列式的定义.考察三阶行列式

$$\begin{aligned} D_3 &= a_{11}a_{22}a_{33}+a_{12}a_{23}a_{31}+a_{13}a_{21}a_{32}-a_{11}a_{23}a_{32}-a_{12}a_{21}a_{33}-a_{13}a_{22}a_{31} \\ &= a_{11}(a_{22}a_{33}-a_{23}a_{32})+a_{12}(a_{23}a_{31}-a_{21}a_{33})+a_{13}(a_{21}a_{32}-a_{22}a_{31}) \\ &= a_{11}\begin{vmatrix} a_{22} & a_{23} \\ a_{32} & a_{33} \end{vmatrix}+a_{12}\left(-\begin{vmatrix} a_{21} & a_{23} \\ a_{31} & a_{33} \end{vmatrix}\right)+a_{13}\begin{vmatrix} a_{21} & a_{22} \\ a_{31} & a_{32} \end{vmatrix}. \end{aligned}$$

记

$$M_{11}=\begin{vmatrix} a_{22} & a_{23} \\ a_{32} & a_{33} \end{vmatrix},\ M_{12}=\begin{vmatrix} a_{21} & a_{23} \\ a_{31} & a_{33} \end{vmatrix},\ M_{13}=\begin{vmatrix} a_{21} & a_{22} \\ a_{31} & a_{32} \end{vmatrix},$$

令 $A_{11}=(-1)^{1+1}M_{11}, A_{12}=(-1)^{1+2}M_{12}, A_{13}=(-1)^{1+3}M_{13}$，则三阶行列式可以表示为

$$D_3=a_{11}A_{11}+a_{12}A_{12}+a_{13}A_{13}.$$

定义 3 在 n 阶行列式 $D=|a_{ij}|_n$ 中，将元素 a_{ij} 所在的行和列划去，剩下的元素不改变排列顺序，所构成的一个 $n-1$ 阶行列式称为元素 a_{ij} 的余子式，记作 M_{ij}；令

$$A_{ij}=(-1)^{i+j}M_{ij},$$

称 A_{ij} 为元素 a_{ij} 的代数余子式.

例 4 写出三阶行列式 $D_3=\begin{vmatrix} 1 & 2 & 3 \\ 4 & 5 & k \\ 7 & 8 & 9 \end{vmatrix}$ 第 2 行第 3 列元素 k 的余子式与代数余子式.

解 $M_{23}=\begin{vmatrix} 1 & 2 \\ 7 & 8 \end{vmatrix}, A_{23}=(-1)^{2+3}\begin{vmatrix} 1 & 2 \\ 7 & 8 \end{vmatrix}$.

定义 4 当 $n=1$ 时，定义一阶行列式 $|a_{11}|=a_{11}$.若定义了 $n-1(n\geqslant 2)$ 阶行列式，则定义 n 阶行列式为

$$D_n=a_{11}A_{11}+a_{12}A_{12}+\cdots+a_{1n}A_{1n}=\sum_{k=1}^{n}a_{1k}A_{1k}. \tag{2.6}$$

(2.6)式也称为 n 阶行列式关于第一行的展开式.

根据以上得到(2.6)式的思想，n 阶行列式还可定义为

$$D_n=a_{11}A_{11}+a_{21}A_{21}+\cdots+a_{n1}A_{n1}=\sum_{k=1}^{n}a_{k1}A_{k1}. \tag{2.7}$$

(2.7)式也称为 n 阶行列式关于第一列的展开式.

例 5 计算三阶行列式 $D=\begin{vmatrix} 1 & 2 & 3 \\ 4 & 5 & 6 \\ 7 & 8 & 9 \end{vmatrix}$.

解 $D=1\times(-1)^{1+1}\begin{vmatrix} 5 & 6 \\ 8 & 9 \end{vmatrix}+2\times(-1)^{1+2}\begin{vmatrix} 4 & 6 \\ 7 & 9 \end{vmatrix}+3\times(-1)^{1+3}\begin{vmatrix} 4 & 5 \\ 7 & 8 \end{vmatrix}$

$$=-3+12-9=0$$

或

$$D=1\times(-1)^{1+1}\begin{vmatrix}5&6\\8&9\end{vmatrix}+4\times(-1)^{2+1}\begin{vmatrix}2&3\\8&9\end{vmatrix}+7\times(-1)^{3+1}\begin{vmatrix}2&3\\5&6\end{vmatrix}$$

$$=-3+24-21=0.$$

例 6 证明:

(1) 下三角形行列式

$$\begin{vmatrix}a_{11}&0&\cdots&0\\a_{21}&a_{22}&\cdots&0\\\vdots&\vdots&&\vdots\\a_{n1}&a_{n2}&\cdots&a_{nn}\end{vmatrix}=a_{11}a_{22}\cdots a_{nn};\qquad(2.8)$$

(2) 上三角形行列式

$$\begin{vmatrix}a_{11}&a_{12}&\cdots&a_{1n}\\0&a_{22}&\cdots&a_{2n}\\\vdots&\vdots&&\vdots\\0&0&\cdots&a_{nn}\end{vmatrix}=a_{11}a_{22}\cdots a_{nn}.\qquad(2.9)$$

证 (1) 利用数学归纳法.对一阶行列式,结论显然成立.设对 $n-1$ 阶行列式结论成立,则对 n 阶行列式,由(2.6)式有

$$\begin{vmatrix}a_{11}&0&\cdots&0\\a_{21}&a_{22}&\cdots&0\\\vdots&\vdots&&\vdots\\a_{n1}&a_{n2}&\cdots&a_{nn}\end{vmatrix}=a_{11}(-1)^{1+1}\begin{vmatrix}a_{22}&0&\cdots&0\\a_{32}&a_{33}&\cdots&0\\\vdots&\vdots&&\vdots\\a_{n2}&a_{n3}&\cdots&a_{nn}\end{vmatrix}=a_{11}a_{22}\cdots a_{nn}.$$

同理可证(2).

我们把上(下)三角形行列式统称为**三角形行列式**,其值等于主对角线上元素的乘积.特别地,主对角行列式

$$\begin{vmatrix}a_{11}&0&\cdots&0\\0&a_{22}&\cdots&0\\\vdots&\vdots&&\vdots\\0&0&\cdots&a_{nn}\end{vmatrix}=a_{11}a_{22}\cdots a_{nn}.\qquad(2.10)$$

例 7 证明副对角行列式

$$\begin{vmatrix}0&\cdots&0&a_{1n}\\0&\cdots&a_{2,n-1}&0\\\vdots&&\vdots&\vdots\\a_{n1}&\cdots&0&0\end{vmatrix}=(-1)^{\frac{n(n-1)}{2}}a_{1n}a_{2,n-1}\cdots a_{n1}.\qquad(2.11)$$

证 利用数学归纳法.对一阶行列式,结论显然成立.设对 $n-1$ 阶行列式结论成立,则

对 n 阶行列式 D_n，由(2.7)式得

$$D_n = a_{n1}(-1)^{n+1}\begin{vmatrix} 0 & 0 & \cdots & a_{1n} \\ \vdots & \vdots & & \vdots \\ 0 & a_{n-2,3} & \cdots & 0 \\ a_{n-1,2} & 0 & \cdots & 0 \end{vmatrix}$$

$$= a_{n1}a_{n-1,2}\cdots a_{1n}(-1)^{(n+1)+\frac{(n-1)(n-2)}{2}} = (-1)^{\frac{n(n-1)}{2}}a_{n1}a_{n-1,2}\cdots a_{1n}.$$

类似可证明

$$\begin{vmatrix} a_{11} & \cdots & a_{1,n-1} & a_{1n} \\ a_{21} & \cdots & a_{2,n-1} & 0 \\ \vdots & & \vdots & \vdots \\ a_{n1} & \cdots & 0 & 0 \end{vmatrix} = \begin{vmatrix} 0 & \cdots & 0 & a_{1n} \\ 0 & \cdots & a_{2,n-1} & a_{2n} \\ \vdots & & \vdots & \vdots \\ a_{n1} & \cdots & a_{n,n-1} & a_{nn} \end{vmatrix} = (-1)^{\frac{n(n-1)}{2}}a_{1n}a_{2,n-1}\cdots a_{n1}. \quad (2.12)$$

需要说明的是，以上(2.8)，(2.9)，(2.10)，(2.11)，(2.12)式在行列式的计算中可作为公式使用.

思考题一

1. 四阶及四阶以上的行列式存在对角线法则吗？

2. 在给定行列式中，元素的余子式和代数余子式为什么仅与元素的位置有关，而与元素的值无关？

3. 证明(2.9)式.

4. 证明(2.12)式.

第二节 行列式性质与展开定理

从上节可知，当 n 较大时，由 n 阶行列式的定义计算行列式(除某些特殊行列式外)是非常烦琐的.本节所介绍的行列式的性质及行列式展开定理，不仅能大大简化行列式的计算，对行列式的理论研究也有重要意义.

一、行列式的性质

定义 5 设 n 阶行列式 $D=|a_{ij}|_n$，将 D 中的行与列互换，所得到的 n 阶行列式称为 D 的转置行列式，记为 D^{T}，即 $D^{\mathrm{T}}=|a_{ji}|_n$.

性质 1 行列式与其转置行列式的值相等.

证 对行列式的阶数用数学归纳法.对一阶、二阶行列式，结论显然成立.设对 $n-1$ 阶行列式结论成立，对 n 阶行列式 $D=|a_{ij}|_n$，设 $D^{\mathrm{T}}=|b_{ij}|_n$，由(2.6)式得

$$D = a_{11}A_{11} + a_{12}A_{12} + \cdots + a_{1n}A_{1n},$$

其中 $A_{1k}(k = 1,22,\cdots,n)$ 为行列式 D 的元素 a_{1k}的代数余子式.由(2.7)式得

$$D^{\mathrm{T}} = b_{11}B_{11} + b_{21}B_{21} + \cdots + b_{n1}B_{n1},$$

其中 B_{k1}为 D^{T} 的元素 b_{k1}的代数余子式,且 $B_{k1} = A_{1k}^{\mathrm{T}}$.

由归纳法假设知 $A_{1k}^{\mathrm{T}} = A_{1k}$, 所以 $B_{k1} = A_{1k}$.注意 $b_{ij} = a_{ji}(i,j = 1,2,\cdots,n)$,则

$$D^{\mathrm{T}} = a_{11}A_{11} + a_{12}A_{12} + \cdots + a_{1n}A_{1n} = D.$$

性质 1 表明,在行列式中,行与列在行列式的性质方面的地位是对等的,即凡是对行成立的性质对列也成立;反之亦然.

性质 2　数 k 乘行列式,相当于用数 k 乘行列式的某一行(或列)的所有元素.

证　对行列式的阶数用数学归纳法.对一阶行列式,结论显然成立.设对 $n-1$ 阶行列式结论成立,对 n 阶行列式 $D = |a_{ij}|_n$,设 D 的第 i 行乘 k 得到 D^*,下证 $D^* = kD$.

(1) 当 $i=1$ 时,由(2.6)式得

$$\begin{aligned} D^* &= (ka_{11})A_{11} + (ka_{12})A_{12} + \cdots + (ka_{1n})A_{1n} \\ &= k(a_{11}A_{11} + a_{12}A_{12} + \cdots + a_{1n}A_{1n}) = kD. \end{aligned}$$

(2) 当 $1<i\leqslant n$ 时,由(2.6)式得

$$D^* = a_{11}A_{11}^* + a_{12}A_{12}^* + \cdots + a_{1n}A_{1n}^*.$$

由归纳法假设,得 $A_{1j}^* = (-1)^{1+j}M_{1j}^* = (-1)^{1+j}(kM_{1j}) = kA_{1j}$, $j = 1,2,\cdots,n$. 所以

$$\begin{aligned} D^* &= a_{11}(kA_{11}) + a_{12}(kA_{12}) + \cdots + a_{1n}(kA_{1n}) \\ &= k(a_{11}A_{11} + a_{12}A_{12} + \cdots + a_{1n}A_{1n}) = kD. \end{aligned}$$

推论　若行列式的某一行(或列)具有公因子 k,则公因子 k 可以提到行列式记号外面来.

特别地,如果行列式中的某一行(或列)的元素全为零,那么行列式的值等于零.

性质 3　如果行列式中有两行(或列)对应元素成比例,那么此行列式的值为零.

推论　若行列式中有两行(或列)对应元素相同,则该行列式的值为零.

性质 4　如果行列式的某一列(或行)的元素等于两组数之和,即

$$D = \begin{vmatrix} a_{11} & \cdots & a_{1,j-1} & a_{1j}+b_{1j} & a_{1,j+1} & \cdots & a_{1n} \\ a_{21} & \cdots & a_{2,j-1} & a_{2j}+b_{2j} & a_{2,j+1} & \cdots & a_{2n} \\ \vdots & & \vdots & \vdots & \vdots & & \vdots \\ a_{n1} & \cdots & a_{n,j-1} & a_{nj}+b_{nj} & a_{n,j+1} & \cdots & a_{nn} \end{vmatrix},$$

则 D 等于下列两个行列式之和:

$$D = \begin{vmatrix} a_{11} & \cdots & a_{1,j-1} & a_{1j} & a_{1,j+1} & \cdots & a_{1n} \\ a_{21} & \cdots & a_{2,j-1} & a_{2j} & a_{2,j+1} & \cdots & a_{2n} \\ \vdots & & \vdots & \vdots & \vdots & & \vdots \\ a_{n1} & \cdots & a_{n,j-1} & a_{nj} & a_{n,j+1} & \cdots & a_{nn} \end{vmatrix} + \begin{vmatrix} a_{11} & \cdots & a_{1,j-1} & b_{1j} & a_{1,j+1} & \cdots & a_{1n} \\ a_{21} & \cdots & a_{2,j-1} & b_{2j} & a_{2,j+1} & \cdots & a_{2n} \\ \vdots & & \vdots & \vdots & \vdots & & \vdots \\ a_{n1} & \cdots & a_{n,j-1} & b_{nj} & a_{n,j+1} & \cdots & a_{nn} \end{vmatrix}.$$

性质 5　将行列式的某一行(或列)的元素乘数 k,加到另一行(或列)对应的元素上去,行列式的值不变,即

$$\begin{vmatrix} a_{11} & \cdots & a_{1i} & \cdots & a_{1j} & \cdots & a_{1n} \\ a_{21} & \cdots & a_{2i} & \cdots & a_{2j} & \cdots & a_{2n} \\ \vdots & & \vdots & & \vdots & & \vdots \\ a_{n1} & \cdots & a_{ni} & \cdots & a_{nj} & \cdots & a_{nn} \end{vmatrix}$$

$$\xlongequal{\text{第 } i \text{ 列乘 } k \text{ 加到第 } j \text{ 列}} \begin{vmatrix} a_{11} & \cdots & a_{1i} & \cdots & ka_{1i}+a_{1j} & \cdots & a_{1n} \\ a_{21} & \cdots & a_{2i} & \cdots & ka_{2i}+a_{2j} & \cdots & a_{2n} \\ \vdots & & \vdots & & \vdots & & \vdots \\ a_{n1} & \cdots & a_{ni} & \cdots & ka_{ni}+a_{nj} & \cdots & a_{nn} \end{vmatrix}.$$

性质 6　交换行列式的任意两行(或列),行列式的值变号.

证

$$\begin{vmatrix} a_{11} & a_{12} & \cdots & a_{1n} \\ \vdots & \vdots & & \vdots \\ a_{i1} & a_{i2} & \cdots & a_{in} \\ \vdots & \vdots & & \vdots \\ a_{j1} & a_{j2} & \cdots & a_{jn} \\ \vdots & \vdots & & \vdots \\ a_{n1} & a_{n2} & \cdots & a_{nn} \end{vmatrix} \xlongequal{r_i+r_j} \begin{vmatrix} a_{11} & a_{12} & \cdots & a_{1n} \\ \vdots & \vdots & & \vdots \\ a_{i1}+a_{j1} & a_{i2}+a_{j2} & \cdots & a_{in}+a_{jn} \\ \vdots & \vdots & & \vdots \\ a_{j1} & a_{j2} & \cdots & a_{jn} \\ \vdots & \vdots & & \vdots \\ a_{n1} & a_{n2} & \cdots & a_{nn} \end{vmatrix}$$

$$\xlongequal{r_j-r_i} \begin{vmatrix} a_{11} & a_{12} & \cdots & a_{1n} \\ \vdots & \vdots & & \vdots \\ a_{i1}+a_{j1} & a_{i2}+a_{j2} & \cdots & a_{in}+a_{jn} \\ \vdots & \vdots & & \vdots \\ -a_{i1} & -a_{i2} & \cdots & -a_{in} \\ \vdots & \vdots & & \vdots \\ a_{n1} & a_{n2} & \cdots & a_{nn} \end{vmatrix}$$

$$\xlongequal{r_i+r_j} \begin{vmatrix} a_{11} & a_{12} & \cdots & a_{1n} \\ \vdots & \vdots & & \vdots \\ a_{j1} & a_{j2} & \cdots & a_{jn} \\ \vdots & \vdots & & \vdots \\ -a_{i1} & -a_{i2} & \cdots & -a_{in} \\ \vdots & \vdots & & \vdots \\ a_{n1} & a_{n2} & \cdots & a_{nn} \end{vmatrix}$$

$$=-\begin{vmatrix} a_{11} & a_{12} & \cdots & a_{1n} \\ \vdots & \vdots & & \vdots \\ a_{j1} & a_{j2} & \cdots & a_{jn} \\ \vdots & \vdots & & \vdots \\ a_{i1} & a_{i2} & \cdots & a_{in} \\ \vdots & \vdots & & \vdots \\ a_{n1} & a_{n2} & \cdots & a_{nn} \end{vmatrix}.$$

为了表述方便,通常用 r_i 表示行列式的第 i 行,用 c_j 表示行列式的第 j 列;用 $r_i \leftrightarrow r_j$($c_i \leftrightarrow c_j$)表示交换行列式的第 i 行(列)与第 j 行(列);用 $r_i \times k$($c_i \times k$)表示以数 k 乘行列式的第 i 行(列);用 $r_j + kr_i$($c_j + kc_i$)表示将数 k 乘行列式的第 i 行(列)加到第 j 行(列)上.

利用行列式的性质可以简化行列式的计算,其基本思路是将行列式化成易于求值的行列式(参考(2.8)—(2.12)).

例 8 计算四阶行列式 $D_4=\begin{vmatrix} 2 & -5 & 1 & 2 \\ -3 & 7 & -1 & 4 \\ 5 & -9 & 2 & 7 \\ 4 & -6 & 1 & 2 \end{vmatrix}$.

解 $$D_4 \xlongequal{c_1 \leftrightarrow c_3} -\begin{vmatrix} 1 & -5 & 2 & 2 \\ -1 & 7 & -3 & 4 \\ 2 & -9 & 5 & 7 \\ 1 & -6 & 4 & 2 \end{vmatrix} \xlongequal[r_4-r_1]{\substack{r_2+r_1 \\ r_3-2r_1}} -\begin{vmatrix} 1 & -5 & 2 & 2 \\ 0 & 2 & -1 & 6 \\ 0 & 1 & 1 & 3 \\ 0 & -1 & 2 & 0 \end{vmatrix} \xlongequal{r_2 \leftrightarrow r_3} \begin{vmatrix} 1 & -5 & 2 & 2 \\ 0 & 1 & 1 & 3 \\ 0 & 2 & -1 & 6 \\ 0 & -1 & 2 & 0 \end{vmatrix}$$

$$\xlongequal{\substack{r_3-2r_2 \\ r_4+r_2}} \begin{vmatrix} 1 & -5 & 2 & 2 \\ 0 & 1 & 1 & 3 \\ 0 & 0 & -3 & 0 \\ 0 & 0 & 3 & 3 \end{vmatrix} \xlongequal{r_4+r_3} \begin{vmatrix} 1 & -5 & 2 & 2 \\ 0 & 1 & 1 & 3 \\ 0 & 0 & -3 & 0 \\ 0 & 0 & 0 & 3 \end{vmatrix} = -9.$$

例 9 计算三阶行列式 $D_3=\begin{vmatrix} 103 & 100 & 204 \\ 199 & 200 & 395 \\ 301 & 300 & 600 \end{vmatrix}$.

解 先化简行列式中元素,再计算行列式.

$$D_3 \xlongequal[c_3-2c_2]{c_1-c_2} \begin{vmatrix} 3 & 100 & 4 \\ -1 & 200 & -5 \\ 1 & 300 & 0 \end{vmatrix} \xlongequal[c_2 \times \frac{1}{100}]{} 100\begin{vmatrix} 3 & 1 & 4 \\ -1 & 2 & -5 \\ 1 & 3 & 0 \end{vmatrix} \xlongequal{r_1 \leftrightarrow r_3} -100\begin{vmatrix} 1 & 3 & 0 \\ -1 & 2 & -5 \\ 3 & 1 & 4 \end{vmatrix}$$

$$\xlongequal[c_2-3c_1]{} -100\begin{vmatrix} 1 & 0 & 0 \\ -1 & 5 & -5 \\ 3 & -8 & 4 \end{vmatrix} \xlongequal[c_3+c_2]{} -100\begin{vmatrix} 1 & 0 & 0 \\ -1 & 5 & 0 \\ 3 & -8 & -4 \end{vmatrix} = 2000.$$

例 10 计算 n 阶行列式 $D_n=\begin{vmatrix} x & y & \cdots & y \\ y & x & \cdots & y \\ \vdots & \vdots & & \vdots \\ y & y & \cdots & x \end{vmatrix}$.

解 方法一

$$D_n \xlongequal[\substack{c_1+c_2\\c_1+c_3\\\cdots\\c_1+c_n}]{} \begin{vmatrix} x+(n-1)y & y & \cdots & y \\ x+(n-1)y & x & \cdots & y \\ \vdots & \vdots & & \vdots \\ x+(n-1)y & y & \cdots & x \end{vmatrix}$$

$$= [x+(n-1)y]\begin{vmatrix} 1 & y & \cdots & y \\ 1 & x & \cdots & y \\ \vdots & \vdots & & \vdots \\ 1 & y & \cdots & x \end{vmatrix}$$

$$= [x+(n-1)y]\begin{vmatrix} 1 & y & \cdots & y \\ 0 & x-y & \cdots & 0 \\ \vdots & \vdots & & \vdots \\ 0 & 0 & \cdots & x-y \end{vmatrix}$$

$$= [x+(n-1)y](x-y)^{n-1}.$$

方法二

$$D_n \xlongequal{\substack{r_2-r_1\\r_3-r_1\\\cdots\\r_n-r_1}} \begin{vmatrix} x & y & \cdots & y \\ y-x & x-y & \cdots & 0 \\ \vdots & \vdots & & \vdots \\ y-x & 0 & \cdots & x-y \end{vmatrix}$$

$$\xlongequal[\substack{c_1+c_2\\c_1+c_3\\\cdots\\c_1+c_n}]{} \begin{vmatrix} x+(n-1)y & y & \cdots & y \\ 0 & x-y & \cdots & 0 \\ \vdots & \vdots & & \vdots \\ 0 & 0 & \cdots & x-y \end{vmatrix}$$

$$= [x+(n-1)y](x-y)^{n-1}.$$

例 11 计算四阶行列式 $D_4 = \begin{vmatrix} a & -a & a & x-a \\ a & -a & x+a & -a \\ a & x-a & a & -a \\ x+a & -a & a & -a \end{vmatrix}$.

解

$$D_4 \xlongequal[\substack{c_1+c_2\\c_1+c_3\\c_1+c_4}]{} \begin{vmatrix} x & -a & a & x-a \\ x & -a & x+a & -a \\ x & x-a & a & -a \\ x & -a & a & -a \end{vmatrix} = x\begin{vmatrix} 1 & -a & a & x-a \\ 1 & -a & x+a & -a \\ 1 & x-a & a & -a \\ 1 & -a & a & -a \end{vmatrix}$$

$$= x\begin{vmatrix} 1 & 0 & 0 & x \\ 1 & 0 & x & 0 \\ 1 & x & 0 & 0 \\ 1 & 0 & 0 & 0 \end{vmatrix},$$

由(2.12)式得 $D_4 = x(-1)^{\frac{4\times 3}{2}}x^3 = x^4$.

二、行列式按行（或列）展开定理

由行列式的定义可知：一般地，低阶行列式比高阶行列式易于计算.下面所介绍的行列式展开定理体现了这种思想.法国数学家范德蒙德(Vandermonde,1735—1796)是该理论的奠基人，而法国数学家拉普拉斯(Laplace,1749—1827)是该理论的集大成者.

将行列式定义按行与列推广，我们给出下面的定理.

引理1 若 n 阶行列式 D 中第 i 行元素除 $a_{ij}\neq 0$ 外，该行其余元素都为零，则 $D=a_{ij}A_{ij}$.

证 先证 $i=1$ 的情形，此时

$$D_1=\begin{vmatrix}0 & 0 & \cdots & a_{1j} & \cdots & 0\\ a_{21} & a_{22} & \cdots & a_{2j} & \cdots & a_{2n}\\ \vdots & & & & & \vdots\\ a_{n1} & a_{n2} & \cdots & a_{nj} & \cdots & a_{nn}\end{vmatrix},$$

由(2.6)式，有 $D_1=a_{1j}A_{1j}$.

再证一般情形，此时

$$D_2=\begin{vmatrix}a_{11} & \cdots & a_{1j} & \cdots & a_{1n}\\ \vdots & & \vdots & & \vdots\\ 0 & \cdots & a_{ij} & \cdots & 0\\ \vdots & & \vdots & & \vdots\\ a_{n1} & \cdots & a_{nj} & \cdots & a_{nn}\end{vmatrix},$$

将第 i 行依次与第 $i-1$ 行，第 $i-2$ 行……第2行，第1行互换，由行列式性质6，得

$$D_2=(-1)^{i-1}\begin{vmatrix}0 & \cdots & a_{ij} & \cdots & 0\\ a_{11} & \cdots & a_{1j} & \cdots & a_{1n}\\ \vdots & & \vdots & & \vdots\\ a_{i-1,1} & \cdots & a_{i-1,j} & \cdots & a_{i-1,n}\\ a_{i+1,1} & \cdots & a_{i+1,j} & \cdots & a_{i+1,n}\\ \vdots & & \vdots & & \vdots\\ a_{n1} & \cdots & a_{nj} & \cdots & a_{nn}\end{vmatrix}=(-1)^{i-1}D_3.$$

再由前述情形得 $D_3=(-1)^{1+j}a_{ij}M_{1j}$，而元素 a_{ij} 在 D_2 中的余子式 M_{ij} 即为元素 a_{ij} 在 D_3 中的余子式 M_{1j}，故 $D_2=(-1)^{i-1}D_3=(-1)^{i-1}(-1)^{1+j}a_{ij}M_{1j}=(-1)^{i+j}a_{ij}M_{ij}=a_{ij}A_{ij}$.

定理1 行列式等于它的某一行(或列)的元素与其对应的代数余子式的乘积之和，即

$$D=a_{i1}A_{i1}+a_{i2}A_{i2}+\cdots+a_{in}A_{in}=\sum_{k=1}^{n}a_{ik}A_{ik}\quad(i=1,2,\cdots,n)\tag{2.13}$$

或

$$D=a_{1j}A_{1j}+a_{2j}A_{2j}+\cdots+a_{nj}A_{nj}=\sum_{k=1}^{n}a_{kj}A_{kj}\quad(j=1,2,\cdots,n).\tag{2.14}$$

证 利用行列式性质4及引理1，得

$$D=\begin{vmatrix} a_{11} & a_{12} & \cdots & a_{1n} \\ \vdots & \vdots & & \vdots \\ a_{i1} & a_{i2} & \cdots & a_{in} \\ \vdots & \vdots & & \vdots \\ a_{n2} & a_{n2} & \cdots & a_{nn} \end{vmatrix}$$

$$=\begin{vmatrix} a_{11} & a_{12} & \cdots & a_{1n} \\ \vdots & \vdots & & \vdots \\ a_{i1}+0+\cdots+0 & 0+a_{i2}+\cdots+0 & \cdots & 0+0+\cdots+a_{in} \\ \vdots & \vdots & & \vdots \\ a_{n1} & a_{n2} & \cdots & a_{nn} \end{vmatrix}$$

$$=\begin{vmatrix} a_{11} & a_{12} & \cdots & a_{1n} \\ \vdots & \vdots & & \vdots \\ a_{i1} & 0 & \cdots & 0 \\ \vdots & \vdots & & \vdots \\ a_{n1} & a_{n2} & \cdots & a_{nn} \end{vmatrix}+\begin{vmatrix} a_{11} & a_{12} & \cdots & a_{1n} \\ \vdots & \vdots & & \vdots \\ 0 & a_{i2} & \cdots & 0 \\ \vdots & \vdots & & \vdots \\ a_{n1} & a_{n2} & \cdots & a_{nn} \end{vmatrix}+\cdots+\begin{vmatrix} a_{11} & a_{12} & \cdots & a_{1n} \\ \vdots & \vdots & & \vdots \\ 0 & 0 & \cdots & a_{in} \\ \vdots & \vdots & & \vdots \\ a_{n1} & a_{n2} & \cdots & a_{nn} \end{vmatrix}$$

$$=a_{i1}A_{i1}+a_{i2}A_{i2}+\cdots+a_{in}A_{in}\quad(i=1,2,\cdots,n).$$

这就证明了(2.13)式.同理可证(2.14)式.

这个定理叫做行列式按行(或列)展开定理.

推论 行列式某一行(或列)的元素与另一行(或列)的对应元素的代数余子式的乘积之和等于零,即

$$a_{i1}A_{j1}+a_{i2}A_{j2}+\cdots+a_{in}A_{jn}=\sum_{k=1}^{n}a_{ik}A_{jk}=0\quad(i\neq j)\tag{2.15}$$

或

$$a_{1i}A_{1j}+a_{2i}A_{2j}+\cdots+a_{ni}A_{nj}=\sum_{k=1}^{n}a_{ki}A_{kj}=0\quad(i\neq j).\tag{2.16}$$

要注意的是,在利用行列式展开定理计算行列式时,一般应该首先利用行列式的性质将行列式的某行(或列)的元素尽可能多地化为零,再利用展开定理把行列式按该行(或列)展开,这样可以大大简化行列式的计算.

例 12 利用行列式展开定理求解例 8.

解 第 3 列元素较简单,利用行列式的性质把第 3 列的元素化成只有一个不为零,有

$$D_4=\begin{vmatrix} 2 & -5 & 1 & 2 \\ -3 & 7 & -1 & 4 \\ 5 & -9 & 2 & 7 \\ 4 & -6 & 1 & 2 \end{vmatrix}\xlongequal[r_4-r_1]{\substack{r_2+r_1\\ r_3-2r_1}}\begin{vmatrix} 2 & -5 & 1 & 2 \\ -1 & 2 & 0 & 6 \\ 1 & 1 & 0 & 3 \\ 2 & -1 & 0 & 0 \end{vmatrix}.$$

把行列式按第 3 列展开,有

$$D_4 = \begin{vmatrix} 2 & -5 & 1 & 2 \\ -1 & 2 & 0 & 6 \\ 1 & 1 & 0 & 3 \\ 2 & -1 & 0 & 0 \end{vmatrix} = 1\times(-1)^{1+3}\begin{vmatrix} -1 & 2 & 6 \\ 1 & 1 & 3 \\ 2 & -1 & 0 \end{vmatrix} = \begin{vmatrix} -1 & 2 & 6 \\ 1 & 1 & 3 \\ 2 & -1 & 0 \end{vmatrix}.$$

上面最后一个三阶行列式第 3 行的元素较简单,利用行列式的性质把第 3 行的元素化成只有一个不为零,再按第 3 行展开,得

$$D_4 = \begin{vmatrix} -1 & 2 & 6 \\ 1 & 1 & 3 \\ 2 & -1 & 0 \end{vmatrix} \xlongequal{c_1+2c_2} \begin{vmatrix} 3 & 2 & 6 \\ 3 & 1 & 3 \\ 0 & -1 & 0 \end{vmatrix} = (-1)\times(-1)^{3+2}\begin{vmatrix} 3 & 6 \\ 3 & 3 \end{vmatrix} = -9.$$

这种计算行列式的方法称为降阶法.

例 13 计算 n 阶行列式 $D_n = \begin{vmatrix} x & y & 0 & \cdots & 0 & 0 \\ 0 & x & y & \cdots & 0 & 0 \\ \vdots & \vdots & \vdots & & \vdots & \vdots \\ 0 & 0 & 0 & \cdots & x & y \\ y & 0 & 0 & \cdots & 0 & x \end{vmatrix}$.

解 把行列式按第 1 列展开,得

$$D_n = x\cdot(-1)^{1+1}\begin{vmatrix} x & y & \cdots & 0 & 0 \\ \vdots & \vdots & & \vdots & \vdots \\ 0 & 0 & \cdots & x & y \\ 0 & 0 & \cdots & 0 & x \end{vmatrix}_{n-1} + y\cdot(-1)^{n+1}\begin{vmatrix} y & 0 & \cdots & 0 & 0 \\ x & y & \cdots & 0 & 0 \\ \vdots & \vdots & & \vdots & \vdots \\ 0 & 0 & \cdots & x & y \end{vmatrix}_{n-1}$$

$$= x\cdot x^{n-1} + (-1)^{n+1}y\cdot y^{n-1} = x^n + (-1)^{n+1}y^n.$$

例 14 计算 $2n$ 阶行列式

$$D_{2n} = \begin{vmatrix} a & 0 & \cdots & 0 & 0 & \cdots & 0 & b \\ 0 & a & \cdots & 0 & 0 & \cdots & b & 0 \\ \vdots & \vdots & & \vdots & \vdots & & \vdots & \vdots \\ 0 & 0 & \cdots & a & b & \cdots & 0 & 0 \\ 0 & 0 & \cdots & c & d & \cdots & 0 & 0 \\ \vdots & \vdots & & \vdots & \vdots & & \vdots & \vdots \\ 0 & c & \cdots & 0 & 0 & \cdots & d & 0 \\ c & 0 & \cdots & 0 & 0 & \cdots & 0 & d \end{vmatrix},$$

其中 a,b,c,d 各 n 个.

解 将 D_{2n} 按第 1 行展开,有

$$D_{2n} = a\begin{vmatrix} a & \cdots & 0 & 0 & \cdots & b & 0 \\ \vdots & & \vdots & \vdots & & \vdots & \vdots \\ 0 & \cdots & a & b & \cdots & 0 & 0 \\ 0 & \cdots & c & d & \cdots & 0 & 0 \\ \vdots & & \vdots & \vdots & & \vdots & \vdots \\ c & \cdots & 0 & 0 & \cdots & d & 0 \\ 0 & \cdots & 0 & 0 & \cdots & 0 & d \end{vmatrix}_{2n-1} - b\begin{vmatrix} 0 & a & \cdots & 0 & 0 & \cdots & b \\ \vdots & \vdots & & \vdots & \vdots & & \vdots \\ 0 & 0 & \cdots & a & b & \cdots & b \\ 0 & 0 & \cdots & c & d & \cdots & 0 \\ \vdots & \vdots & & \vdots & \vdots & & \vdots \\ 0 & c & \cdots & 0 & 0 & \cdots & d \\ c & 0 & \cdots & 0 & 0 & \cdots & 0 \end{vmatrix}_{2n-1}$$

$$= ad\begin{vmatrix} a & \cdots & 0 & 0 & \cdots & b \\ \vdots & & \vdots & \vdots & & \vdots \\ 0 & \cdots & a & b & \cdots & 0 \\ 0 & \cdots & c & d & \cdots & 0 \\ \vdots & & \vdots & \vdots & & \vdots \\ c & \cdots & 0 & 0 & \cdots & d \end{vmatrix}_{2n-2} - bc\begin{vmatrix} a & \cdots & 0 & 0 & \cdots & b \\ \vdots & & \vdots & \vdots & & \vdots \\ 0 & \cdots & a & b & \cdots & 0 \\ 0 & \cdots & c & d & \cdots & 0 \\ \vdots & & \vdots & \vdots & & \vdots \\ c & \cdots & 0 & 0 & \cdots & d \end{vmatrix}_{2n-2}$$

$$= adD_{2n-2} - bcD_{2n-2} = (ad-bc)D_{2n-2}.$$

有递推公式 $D_{2n}=(ad-bc)D_{2(n-1)}$，所以

$$D_{2n}=(ad-bc)^2D_{2(n-2)}=\cdots=(ad-bc)^{n-1}D_2$$

$$=(ad-bc)^{n-1}\begin{vmatrix} a & b \\ c & d \end{vmatrix}=(ad-bc)^n.$$

这种计算行列式的方法称为递推法.

例 15 设 $D=\begin{vmatrix} 1 & 2 & 3 & 4 \\ 1 & -1 & 2 & 0 \\ 1 & 5 & 1 & 0 \\ 1 & 3 & 8 & 0 \end{vmatrix}$，求 $3A_{12}+2A_{22}+A_{32}+8A_{42}$.

解 方法一 由定理 1 的推论知，$3A_{12}+2A_{22}+A_{32}+8A_{42}$ 表示行列式的第 3 列元素与第 2 列对应元素的代数余子式的乘积之和，其值为零.

方法二 $3A_{12}+2A_{22}+A_{32}+8A_{42}=\begin{vmatrix} 1 & 3 & 3 & 4 \\ 1 & 2 & 2 & 0 \\ 1 & 1 & 1 & 0 \\ 1 & 8 & 8 & 0 \end{vmatrix}=0.$

例 16 形如

$$V_n=\begin{vmatrix} 1 & 1 & \cdots & 1 \\ x_1 & x_2 & \cdots & x_n \\ x_1^2 & x_2^2 & \cdots & x_n^2 \\ \vdots & \vdots & & \vdots \\ x_1^{n-1} & x_2^{n-1} & \cdots & x_n^{n-1} \end{vmatrix}=\begin{vmatrix} 1 & x_1 & x_1^2 & \cdots & x_1^{n-1} \\ 1 & x_2 & x_2^2 & \cdots & x_2^{n-1} \\ \vdots & \vdots & \vdots & & \vdots \\ 1 & x_n & x_n^2 & \cdots & x_n^{n-1} \end{vmatrix}$$

范德蒙德行列式

的行列式称为 n 阶范德蒙德行列式，证明

$$V_n=\prod_{1\leqslant j<i\leqslant n}(x_i-x_j). \tag{2.17}$$

证 对行列式的阶数利用数学归纳法.当 $n=2$ 时，有

$$V_2=\begin{vmatrix} 1 & 1 \\ x_1 & x_2 \end{vmatrix}=x_2-x_1,$$

此时(2.17)式成立.设阶数为 $n-1$ 时(2.17)式成立，则当阶数为 n 时，有

$$V_n=\begin{vmatrix}1&1&\cdots&1&1\\x_1&x_2&\cdots&x_{n-1}&x_n\\x_1^2&x_2^2&\cdots&x_{n-1}^2&x_n^2\\\vdots&\vdots&&\vdots&\vdots\\x_1^{n-2}&x_2^{n-2}&\cdots&x_{n-1}^{n-2}&x_n^{n-2}\\x_1^{n-1}&x_2^{n-1}&\cdots&x_{n-1}^{n-1}&x_n^{n-1}\end{vmatrix}$$

$$\overset{\substack{r_n-x_1r_{n-1}\\r_{n-1}-x_1r_{n-2}\\\cdots\\r_3-x_1r_2\\r_2-x_1r_1}}{=\!=\!=\!=}\begin{vmatrix}1&1&\cdots&1&1\\0&x_2-x_1&\cdots&x_{n-1}-x_1&x_n-x_1\\0&x_2(x_2-x_1)&\cdots&x_{n-1}(x_{n-1}-x_1)&x_n(x_n-x_1)\\\vdots&\vdots&&\vdots&\vdots\\0&x_2^{n-3}(x_2-x_1)&\cdots&x_{n-1}^{n-3}(x_{n-1}-x_1)&x_n^{n-3}(x_n-x_1)\\0&x_2^{n-2}(x_2-x_1)&\cdots&x_{n-1}^{n-2}(x_{n-1}-x_1)&x_n^{n-2}(x_n-x_1)\end{vmatrix}$$

$$\overset{\text{按第 1 列展开}}{=\!=\!=\!=}\begin{vmatrix}x_2-x_1&x_3-x_1&\cdots&x_{n-1}-x_1&x_n-x_1\\x_2(x_2-x_1)&x_3(x_3-x_1)&\cdots&x_{n-1}(x_{n-1}-x_1)&x_n(x_n-x_1)\\\vdots&\vdots&&\vdots&\vdots\\x_2^{n-3}(x_2-x_1)&x_3^{n-3}(x_3-x_1)&\cdots&x_{n-1}^{n-3}(x_{n-1}-x_1)&x_n^{n-3}(x_n-x_1)\\x_2^{n-2}(x_2-x_1)&x_3^{n-2}(x_2-x_1)&\cdots&x_{n-1}^{n-2}(x_{n-1}-x_1)&x_n^{n-2}(x_n-x_1)\end{vmatrix}$$

$$=(x_2-x_1)(x_3-x_1)\cdots(x_{n-1}-x_1)(x_n-x_1)\begin{vmatrix}1&1&\cdots&1&1\\x_2&x_3&\cdots&x_{n-1}&x_n\\x_2^2&x_3^2&\cdots&x_{n-1}^2&x_n^2\\\vdots&\vdots&&\vdots&\vdots\\x_2^{n-2}&x_3^{n-2}&\cdots&x_{n-1}^{n-2}&x_n^{n-2}\end{vmatrix}$$

$$=(x_2-x_1)(x_3-x_1)\cdots(x_{n-1}-x_1)(x_n-x_1)\prod_{2\leqslant j<i\leqslant n}(x_i-x_j)$$

$$=\prod_{1\leqslant j<i\leqslant n}(x_i-x_j).$$

注 (2.17)式可作为公式使用,如

$$\begin{vmatrix}1&1&1&1\\1&2&3&4\\1&4&9&16\\1&8&27&64\end{vmatrix}=\begin{vmatrix}1&1&1&1\\1&2&3&4\\1^2&2^2&3^2&4^2\\1^3&2^3&3^3&4^3\end{vmatrix}=12.$$

思考题二

1. 试问 $k\begin{vmatrix} a & b & c \\ x & y & z \\ u & v & w \end{vmatrix}$ 与 $\begin{vmatrix} ka & kb & kc \\ kx & ky & kz \\ ku & kv & kw \end{vmatrix}$ 相等吗？

2. 试问 $\begin{vmatrix} a_1+a_2 & b_1+b_2 & c_1+c_2 \\ x_1+x_2 & y_1+y_2 & z_1+z_2 \\ u_1+u_2 & v_1+v_2 & w_1+w_2 \end{vmatrix} = \begin{vmatrix} a_1 & b_1 & c_1 \\ x_1 & y_1 & z_1 \\ u_1 & v_1 & w_1 \end{vmatrix} + \begin{vmatrix} a_2 & b_2 & c_2 \\ x_2 & y_2 & z_2 \\ u_2 & v_2 & w_2 \end{vmatrix}$ 成立吗？

3. 试问 $\begin{vmatrix} a & b & c \\ x & y & z \\ u & v & w \end{vmatrix} \xlongequal{r_3+kr_1} \begin{vmatrix} ka & kb & kc \\ x & y & z \\ u+ka & v+kb & w+kc \end{vmatrix}$ 成立吗？

4. 试问 $\begin{vmatrix} a & b \\ c & d \end{vmatrix} \xlongequal[r_2-r_1]{r_1+r_2} \begin{vmatrix} a+c & b+d \\ c-a & d-b \end{vmatrix}$ 成立吗？说明理由.

5. 形如 $D_n=\begin{vmatrix} a_{11} & a_{12} & a_{13} & \cdots & a_{1,n-1} & a_{1n} \\ a_{21} & a_{22} & 0 & \cdots & 0 & 0 \\ a_{31} & 0 & a_{33} & \cdots & 0 & 0 \\ \vdots & \vdots & \vdots & & \vdots & \vdots \\ a_{n-1,1} & 0 & 0 & \cdots & a_{n-1,n-1} & 0 \\ a_{n1} & 0 & 0 & \cdots & 0 & a_{nn} \end{vmatrix}$ 的 n 阶行列式称为箭式行列式，你能很快求出它的值吗？

6. 在例 15 中，如何计算 $2A_{12}+A_{22}+A_{32}+8A_{42}$ 简便呢？若计算 $-2M_{12}+A_{22}-M_{32}+8A_{42}$ 呢？

第三节 克拉默法则

本节讨论行列式在解线性方程组方面的应用，将第一节中利用行列式解二元线性方程组推广到利用 n 阶行列式解 n 元线性方程组.利用行列式解线性方程组，是由数学家麦克劳林(Maclaurin，1689—1746)开创的，瑞士数学家克拉默(Cramer，1704—1752)在这方面做出了主要贡献.

考察 n 个方程 n 个未知量的线性方程组

$$\begin{cases} a_{11}x_1+a_{12}x_2+\cdots+a_{1n}x_n=b_1, \\ a_{21}x_1+a_{22}x_2+\cdots+a_{2n}x_n=b_2, \\ \cdots\cdots\cdots\cdots \\ a_{n1}x_1+a_{n2}x_2+\cdots+a_{nn}x_n=b_n. \end{cases} \tag{2.18}$$

定理 2(克拉默法则) 如果线性方程组(2.18)的系数行列式

$$D=\begin{vmatrix} a_{11} & a_{12} & \cdots & a_{1n} \\ a_{21} & a_{22} & \cdots & a_{2n} \\ \vdots & \vdots & & \vdots \\ a_{n1} & a_{n2} & \cdots & a_{nn} \end{vmatrix}\neq 0,$$

那么线性方程组(2.18)有唯一解,且解可以表示为

$$x_1=\frac{D_1}{D},x_2=\frac{D_2}{D},\cdots,x_n=\frac{D_n}{D}, \tag{2.19}$$

其中

$$D_j=\begin{vmatrix} a_{11} & \cdots & a_{1,j-1} & b_1 & a_{1,j+1} & \cdots & a_{1n} \\ a_{21} & \cdots & a_{2,j-1} & b_2 & a_{2,j+1} & \cdots & a_{2n} \\ \vdots & & \vdots & \vdots & \vdots & & \vdots \\ a_{n1} & \cdots & a_{n,j-1} & b_n & a_{n,j+1} & \cdots & a_{nn} \end{vmatrix},j=1,2,\cdots,n,$$

即 D_j 是将线性方程组(2.18)的系数行列式 D 的第 j 列元素依次用线性方程组(2.18)的右边的常数项 $b_1,b_2,\cdots,b_n$ 代替所得到的 n 阶行列式.

证明过程见第三章第二节末.

例 17 利用克拉默法则求解线性方程组

$$\begin{cases} 2x_1+2x_2-x_3+x_4=4, \\ 4x_1+3x_2-x_3+2x_4=6, \\ 8x_1+5x_2-3x_3+4x_4=12, \\ 3x_1+3x_2-2x_3+2x_4=6. \end{cases}$$

解 方程组的系数行列式

$$D=\begin{vmatrix} 2 & 2 & -1 & 1 \\ 4 & 3 & -1 & 2 \\ 8 & 5 & -3 & 4 \\ 3 & 3 & -2 & 2 \end{vmatrix}\xlongequal[\substack{c_1-c_2 \\ c_2-2c_4 \\ c_3+c_4}]{}\begin{vmatrix} 0 & 0 & 0 & 1 \\ 1 & -1 & 1 & 2 \\ 3 & -3 & 1 & 4 \\ 0 & -1 & 0 & 2 \end{vmatrix}=-\begin{vmatrix} 1 & -1 & 1 \\ 3 & -3 & 1 \\ 0 & -1 & 0 \end{vmatrix}=-\begin{vmatrix} 1 & 1 \\ 3 & 1 \end{vmatrix}=2\neq 0,$$

则方程组有唯一解.经计算,得

$$D_1=\begin{vmatrix} 4 & 2 & -1 & 1 \\ 6 & 3 & -1 & 2 \\ 12 & 5 & -3 & 4 \\ 6 & 3 & -2 & 2 \end{vmatrix}=2,\quad D_2=\begin{vmatrix} 2 & 4 & -1 & 1 \\ 4 & 6 & -1 & 2 \\ 8 & 12 & -3 & 4 \\ 3 & 6 & -2 & 2 \end{vmatrix}=2,$$

$$D_3=\begin{vmatrix} 2 & 2 & 4 & 1 \\ 4 & 3 & 6 & 2 \\ 8 & 5 & 12 & 4 \\ 3 & 3 & 6 & 2 \end{vmatrix}=-2,\quad D_4=\begin{vmatrix} 2 & 2 & -1 & 4 \\ 4 & 3 & -1 & 6 \\ 8 & 5 & -3 & 12 \\ 3 & 3 & -2 & 6 \end{vmatrix}=-2.$$

所以方程组的解为 $x_1=\dfrac{D_1}{D}=1, x_2=\dfrac{D_2}{D}=1, x_3=\dfrac{D_3}{D}=-1, x_4=\dfrac{D_4}{D}=-1$.

例 18 讨论 λ 为何值时，线性方程组 $\begin{cases}\lambda x_1+x_2+x_3=1,\\ x_1+\lambda x_2+x_3=\lambda,\\ x_1+x_2+\lambda x_3=\lambda^2\end{cases}$ 有唯一解.

解 方程组的系数行列式 $D=\begin{vmatrix}\lambda & 1 & 1\\ 1 & \lambda & 1\\ 1 & 1 & \lambda\end{vmatrix}=(\lambda+2)(\lambda-1)^2$，当 $D\neq 0$，即 $\lambda\neq -2$ 且 $\lambda\neq 1$ 时，线性方程组有唯一解.

在方程组(2.18)中，若 $b_1=b_2=\cdots=b_n=0$，即

$$\begin{cases}a_{11}x_1+a_{12}x_2+\cdots+a_{1n}x_n=0,\\ a_{21}x_1+a_{22}x_2+\cdots+a_{2n}x_n=0,\\ \cdots\cdots\cdots\cdots\\ a_{n1}x_1+a_{n2}x_2+\cdots+a_{nn}x_n=0\end{cases}\tag{2.20}$$

称为齐次线性方程组.显然，(2.20)至少有一个零解(即 $x_1=x_2=\cdots=x_n=0$).将定理 2 应用于齐次线性方程组(2.20)，有如下推论.

推论 1 如果齐次线性方程组(2.20)的系数行列式 $D\neq 0$，那么(2.20)只有零解.

证 由定理 2 知，当(2.20)的系数行列式 $D\neq 0$ 时，(2.20)有唯一解；又方程组(2.20)至少有一个零解，所以(2.20)只有零解.

推论 1 的逆否命题如下：

推论 2 如果齐次线性方程组(2.20)有非零解，那么其系数行列式 $D=0$.

例 19 讨论 λ 为何值时，齐次线性方程组

$$\begin{cases}\lambda x_1+x_2+x_3=0,\\ x_1+\lambda x_2+x_3=0,\\ x_1+x_2+\lambda x_3=0\end{cases}$$

有非零解.

解 方程组的系数行列式

$$D=\begin{vmatrix}\lambda & 1 & 1\\ 1 & \lambda & 1\\ 1 & 1 & \lambda\end{vmatrix}=(\lambda-1)^2(\lambda+2).$$

方程组要有非零解，则 $D=0$，所以当 $\lambda=1$ 或 $\lambda=-2$ 时，方程组有非零解.

思考题三

1. 克拉默法则的适用范围是什么？
2. 在求解线性方程组时克拉默法则实用吗？

3. 为什么齐次线性方程组至少有一个零解？

第四节 应用举例

一、引例解答

线性方程组(2.1)的系数行列式

$$D=\begin{vmatrix}1 & x_1 & x_1^2 & \cdots & x_1^n\\ 1 & x_2 & x_2^2 & \cdots & x_2^n\\ \vdots & \vdots & \vdots & & \vdots\\ 1 & x_{n+1} & x_{n+1}^2 & \cdots & x_{n+1}^n\end{vmatrix}=\prod_{1\leqslant j<i\leqslant n+1}(x_i-x_j)\neq 0,$$

则方程组(2.1)有唯一解，且 $a_0=\dfrac{D_0}{D},a_1=\dfrac{D_1}{D},\cdots,a_n=\dfrac{D_n}{D}$，其中

$$D_j=\begin{vmatrix}1 & x_1 & \cdots & x_1^{j-1} & y_1 & x_1^{j+1} & \cdots & x_1^n\\ 1 & x_2 & \cdots & x_2^{j-1} & y_2 & x_2^{j+1} & \cdots & x_2^n\\ \vdots & \vdots & & \vdots & \vdots & \vdots & & \vdots\\ 1 & x_{n+1} & \cdots & x_{n+1}^{j-1} & y_{n+1} & x_{n+1}^{j+1} & \cdots & x_{n+1}^n\end{vmatrix},\ j=0,1,2,\cdots,n,$$

从而得到所求的 n 次多项式.

二、平行六面体的体积

对三阶行列式 $D=\begin{vmatrix}a_1 & b_1 & c_1\\ a_2 & b_2 & c_2\\ a_3 & b_3 & c_3\end{vmatrix}$，令 $\boldsymbol{\alpha}=\begin{pmatrix}a_1\\ a_2\\ a_3\end{pmatrix},\boldsymbol{\beta}=\begin{pmatrix}b_1\\ b_2\\ b_3\end{pmatrix},\boldsymbol{\gamma}=\begin{pmatrix}c_1\\ c_2\\ c_3\end{pmatrix}$，称向量组 $\boldsymbol{\alpha},\boldsymbol{\beta},\boldsymbol{\gamma}$ 为行列式 D 对应的列向量组.我们有如下定理.

定理 3 以向量组 $\boldsymbol{\alpha},\boldsymbol{\beta},\boldsymbol{\gamma}$ 为棱的平行六面体的体积等于 $|D|$.

推论 平面上顶点为 $A(x_1,y_1),B(x_2,y_2),C(x_3,y_3)$ 的三角形的面积 $S=\dfrac{1}{2}|D|$，其中

$$D=\begin{vmatrix}1 & 1 & 1\\ x_1 & x_2 & x_3\\ y_1 & y_2 & y_3\end{vmatrix}.$$

证 考虑空间三点 $A'(x_1,y_1,0),B'(x_2,y_2,0),C'(x_3,y_3,0)$，则以向量组

$$\boldsymbol{\alpha}=\begin{pmatrix}0\\0\\1\end{pmatrix},\boldsymbol{\beta}=\begin{pmatrix}x_2-x_1\\y_2-y_1\\0\end{pmatrix},\boldsymbol{\gamma}=\begin{pmatrix}x_3-x_1\\y_3-y_1\\0\end{pmatrix}$$

为棱的平行六面体的体积等于行列式

$$D^*=\begin{vmatrix}0 & x_2-x_1 & x_3-x_1\\0 & y_2-y_1 & y_3-y_1\\1 & 0 & 0\end{vmatrix}$$

的绝对值,即以向量组 $\boldsymbol{\beta},\boldsymbol{\gamma}$ 为邻边的平行四边形的面积.因此,所求三角形的面积 $S=\dfrac{1}{2}|D^*|$.又

$$D^*=\begin{vmatrix}0 & x_2-x_1 & x_3-x_1\\0 & y_2-y_1 & y_3-y_1\\1 & 0 & 0\end{vmatrix}=\begin{vmatrix}0 & x_2-x_1 & x_3-x_1\\0 & y_2-y_1 & y_3-y_1\\1 & 1 & 1\end{vmatrix}$$

$$=\begin{vmatrix}x_1 & x_2 & x_3\\y_1 & y_2 & y_3\\1 & 1 & 1\end{vmatrix}=\begin{vmatrix}1 & 1 & 1\\x_1 & x_2 & x_3\\y_1 & y_2 & y_3\end{vmatrix}=D.$$

推论得证.

三、平面上两点式直线方程

设 (x,y) 为直线上的任一点,直线经过平面上两个不同点 (x_1,y_1),(x_2,y_2),则三点 (x,y),(x_1,y_1),(x_2,y_2) 共线的充要条件是以这三点为顶点的三角形的面积为零,即

$$\begin{vmatrix}1 & 1 & 1\\x & x_1 & x_2\\y & y_1 & y_2\end{vmatrix}=0.$$

上式为**平面上两点式直线方程**.

习 题 二

(A)

1. 利用对角线法则计算下列行列式:

(1) $\begin{vmatrix}\cos\theta & -\sin\theta\\ \sin\theta & \cos\theta\end{vmatrix}$; (2) $\begin{vmatrix}x & y\\ x^2 & y^2\end{vmatrix}$;

(3) $\begin{vmatrix}1 & 2 & 3\\3 & 1 & 2\\2 & 3 & 1\end{vmatrix}$; (4) $\begin{vmatrix}a & b & c\\0 & a & b\\0 & 0 & a\end{vmatrix}$;

(5) $\begin{vmatrix}0 & 0 & a\\0 & a & b\\a & b & c\end{vmatrix}$.

2. 按定义计算下列行列式：

(1) $\begin{vmatrix} 0 & 0 & a & 0 \\ b & 0 & 0 & 0 \\ f & 0 & 0 & c \\ 0 & d & 0 & e \end{vmatrix}$；　　(2) $\begin{vmatrix} 0 & 1 & 0 & \cdots & 0 \\ 0 & 0 & 2 & \cdots & 0 \\ \vdots & \vdots & \vdots & & \vdots \\ 0 & 0 & 0 & \cdots & n-1 \\ n & 0 & 0 & \cdots & 0 \end{vmatrix}$.

3. 利用行列式的性质,计算下列行列式：

(1) $\begin{vmatrix} ab & ac & -ae \\ bd & -cd & de \\ -bf & cf & ef \end{vmatrix}$；　　(2) $\begin{vmatrix} 1 & 1 & 1 & 1 \\ -2 & 2 & 2 & 2 \\ -3 & -3 & 3 & 3 \\ -4 & -4 & -4 & 4 \end{vmatrix}$；

(3) $\begin{vmatrix} a+x & a & a & a \\ a & a+x & a & a \\ a & a & a+x & a \\ a & a & a & a+x \end{vmatrix}$；　　(4) $\begin{vmatrix} 2 & 3 & 10 & 0 \\ 1 & 2 & 0 & 1 \\ 0 & 3 & 5 & 18 \\ 5 & 10 & 15 & 4 \end{vmatrix}$；

(5) $\begin{vmatrix} 1 & 1 & 1 & \cdots & 1 \\ 1 & a_1 & 0 & \cdots & 0 \\ 1 & 0 & a_2 & \cdots & 0 \\ \vdots & \vdots & \vdots & & \vdots \\ 1 & 0 & 0 & \cdots & a_n \end{vmatrix}$，其中 $a_i \neq 0, i = 1, 2, \cdots, n$.

4. 利用行列式展开定理,计算下列行列式：

(1) $\begin{vmatrix} 1 & 2 & 1 & 4 \\ 0 & -1 & 2 & 1 \\ 1 & 0 & 1 & 3 \\ 0 & 1 & 3 & 1 \end{vmatrix}$；　　(2) $\begin{vmatrix} \lambda & -1 & 0 & 0 \\ 0 & \lambda & -1 & 0 \\ 0 & 0 & \lambda & -1 \\ 4 & 3 & 2 & \lambda+1 \end{vmatrix}$；

(3) $\begin{vmatrix} a_1 & 0 & 0 & \cdots & 0 & 1 \\ 0 & a_2 & 0 & \cdots & 0 & 0 \\ 0 & 0 & a_3 & \cdots & 0 & 0 \\ \vdots & \vdots & \vdots & & \vdots & \vdots \\ 0 & 0 & 0 & \cdots & a_{n-1} & 0 \\ 1 & 0 & 0 & \cdots & 0 & a_n \end{vmatrix}$；

(4) $D_n = \begin{vmatrix} 2 & 1 & 0 & \cdots & 0 & 0 \\ 1 & 2 & 1 & \cdots & 0 & 0 \\ 0 & 1 & 2 & \cdots & 0 & 0 \\ \vdots & \vdots & \vdots & & \vdots & \vdots \\ 0 & 0 & 0 & \cdots & 2 & 1 \\ 0 & 0 & 0 & \cdots & 1 & 2 \end{vmatrix}$.

5. 利用行列式展开定理证明：当 $\alpha \neq \beta$ 时，有

$$D_n = \begin{vmatrix} \alpha+\beta & \alpha\beta & 0 & \cdots & 0 & 0 \\ 1 & \alpha+\beta & \alpha\beta & \cdots & 0 & 0 \\ 0 & 1 & \alpha+\beta & \cdots & 0 & 0 \\ \vdots & \vdots & \vdots & & \vdots & \vdots \\ 0 & 0 & 0 & \cdots & \alpha+\beta & \alpha\beta \\ 0 & 0 & 0 & \cdots & 1 & \alpha+\beta \end{vmatrix} = \frac{\alpha^{n+1}-\beta^{n+1}}{\alpha-\beta}.$$

6. 利用范德蒙德行列式计算行列式 $\begin{vmatrix} a & b & c \\ a^2 & b^2 & c^2 \\ b+c & a+c & a+b \end{vmatrix}$.

7. 设 $D = \begin{vmatrix} 2 & 1 & 4 & 2 \\ 1 & 1 & 2 & 5 \\ -3 & 1 & 3 & 3 \\ 5 & 1 & 1 & 1 \end{vmatrix}$，试求 $A_{14}+A_{24}+A_{34}+A_{44}$ 和 $M_{11}+M_{12}+M_{13}+M_{14}$.

8. 利用克拉默法则解下列线性方程组：

(1) $\begin{cases} x_1 + x_2 + x_3 + x_4 = 5, \\ x_1 + 2x_2 - x_3 + 4x_4 = -2, \\ 2x_1 - 3x_2 - x_3 - 5x_4 = -2, \\ 3x_1 + x_2 + 2x_3 + 11x_4 = 0; \end{cases}$

(2) $\begin{cases} x_1 - 2x_2 + 3x_3 - 4x_4 = 11, \\ x_2 - x_3 + x_4 = -3, \\ x_1 + 3x_2 + x_4 = 0, \\ -7x_2 + 3x_3 + x_4 = 5. \end{cases}$

9. λ 取何值时，齐次线性方程组 $\begin{cases} 2x_1 - x_2 + 3x_3 = 0, \\ 3x_1 - 4x_2 + 7x_3 = 0, \\ -x_1 + 2x_2 + \lambda x_3 = 0 \end{cases}$ 有非零解？

10. λ, μ 取何值时，齐次线性方程组 $\begin{cases} \lambda x_1 + x_2 + x_3 = 0, \\ x_1 + \mu x_2 + x_3 = 0, \\ x_1 + 2\mu x_2 + x_3 = 0 \end{cases}$ 有非零解？

(B)

1. 选择题：

(1) 设 $\begin{vmatrix} a_{11} & a_{12} & a_{13} \\ a_{21} & a_{22} & a_{23} \\ a_{31} & a_{32} & a_{33} \end{vmatrix} = a \neq 0$，则 $\begin{vmatrix} 2a_{11} & \frac{1}{3}a_{13} - 5a_{12} & -3a_{12} \\ 2a_{21} & \frac{1}{3}a_{23} - 5a_{22} & -3a_{22} \\ 2a_{31} & \frac{1}{3}a_{33} - 5a_{32} & -3a_{32} \end{vmatrix} = (\quad)$.

A. $2a$　　B. $-2a$　　C. $-3a$　　D. $3a$

(2) 四阶行列式 $\begin{vmatrix} a_1 & 0 & 0 & b_1 \\ 0 & a_2 & b_2 & 0 \\ 0 & b_3 & a_3 & 0 \\ b_4 & 0 & 0 & a_4 \end{vmatrix}$ 的值等于(　　).

A. $a_1a_2a_3a_4 - b_1b_2b_3b_4$　　B. $a_1a_2a_3a_4 + b_1b_2b_3b_4$

C. $(a_1a_2 - b_1b_2)(a_3a_4 - b_3b_4)$　　D. $(a_2a_3 - b_2b_3)(a_1a_4 - b_1b_4)$

(3) 设线性方程组 $\begin{cases} a_{11}x_1 - a_{12}x_2 + b_1 = 0, \\ a_{21}x_1 - a_{22}x_2 + b_2 = 0, \end{cases}$ 若 $\begin{vmatrix} a_{11} & a_{12} \\ a_{21} & a_{22} \end{vmatrix} = 1$，则方程组的解为(　　).

A. $x_1 = \begin{vmatrix} b_1 & a_{12} \\ b_2 & a_{22} \end{vmatrix}, x_2 = \begin{vmatrix} a_{11} & b_1 \\ a_{21} & b_2 \end{vmatrix}$

B. $x_1 = -\begin{vmatrix} b_1 & a_{12} \\ b_2 & a_{22} \end{vmatrix}, x_2 = -\begin{vmatrix} a_{11} & b_1 \\ a_{21} & b_2 \end{vmatrix}$

C. $x_1 = -\begin{vmatrix} b_1 & a_{12} \\ b_2 & a_{22} \end{vmatrix}, x_2 = \begin{vmatrix} a_{11} & b_1 \\ a_{21} & b_2 \end{vmatrix}$

D. $x_1 = \begin{vmatrix} b_1 & a_{12} \\ b_2 & a_{22} \end{vmatrix}, x_2 = -\begin{vmatrix} a_{11} & b_1 \\ a_{21} & b_2 \end{vmatrix}$

(4) 方程 $f(x) = \begin{vmatrix} 1 & 1 & 1 & 1 \\ x & a & b & c \\ x^2 & a^2 & b^2 & c^2 \\ x^3 & a^3 & b^3 & c^3 \end{vmatrix} = 0$ 的根的个数为(　　).

A. 1　　B. 2　　C. 3　　D. 4

2. 计算四阶行列式 $D_4 = \begin{vmatrix} a_1 & 0 & a_2 & 0 \\ 0 & b_1 & 0 & b_2 \\ c_1 & 0 & c_2 & 0 \\ 0 & d_1 & 0 & d_2 \end{vmatrix}$.

3. 计算四阶行列式 $D_4 = \begin{vmatrix} 1 & -1 & 1 & x-1 \\ 1 & -1 & x+1 & -1 \\ 1 & x-1 & 1 & -1 \\ x+1 & -1 & 1 & -1 \end{vmatrix}$.

4. 计算 n 阶行列式 $D_n = \begin{vmatrix} 1 & 2 & 3 & \cdots & n \\ 2 & 1 & 2 & \cdots & n-1 \\ 3 & 2 & 1 & \cdots & n-2 \\ \vdots & \vdots & \vdots & & \vdots \\ n & n-1 & n-2 & \cdots & 1 \end{vmatrix}$.

5. 计算五阶行列式 $D_5 = \begin{vmatrix} 2a & a^2 & 0 & 0 & 0 \\ 1 & 2a & a^2 & 0 & 0 \\ 0 & 1 & 2a & a^2 & 0 \\ 0 & 0 & 1 & 2a & a^2 \\ 0 & 0 & 0 & 1 & 2a \end{vmatrix}$.

6. 计算 n 阶行列式 $D_n = \begin{vmatrix} x & 0 & 0 & \cdots & 0 & a_0 \\ -1 & x & 0 & \cdots & 0 & a_1 \\ 0 & -1 & x & \cdots & 0 & a_2 \\ \vdots & \vdots & \vdots & & \vdots & \vdots \\ 0 & 0 & 0 & \cdots & x & a_{n-2} \\ 0 & 0 & 0 & \cdots & -1 & x+a_{n-1} \end{vmatrix}$.

7. 已知 1326, 2743, 5005, 3874 都能被 13 整除,不计算行列式的值,证明:
$\begin{vmatrix} 1 & 3 & 2 & 6 \\ 2 & 7 & 4 & 3 \\ 5 & 0 & 0 & 5 \\ 3 & 8 & 7 & 4 \end{vmatrix}$ 能被 13 整除.

8. 证明:

$$\begin{vmatrix} 1 & 1 & 1 & 1 \\ a & b & c & d \\ a^2 & b^2 & c^2 & d^2 \\ a^4 & b^4 & c^4 & d^4 \end{vmatrix} = (a-b)(a-c)(a-d)(b-c)(b-d)(c-d)(a+b+c+d).$$

9. 证明:当 $(a-1)^2 = 4b$ 时,齐次线性方程组

$$\begin{cases} x_1 + x_2 + x_3 + ax_4 = 0, \\ x_1 + 2x_2 + x_3 + x_4 = 0, \\ x_1 + x_2 - 3x_3 + x_4 = 0, \\ x_1 + x_2 + ax_3 + (a+b)x_4 = 0 \end{cases}$$

有非零解.

10. 应用题:

(1) 设平面上三点 $A(1,2)$, $B(0,1)$, $C(2,1)$, 求由这三点所构成的三角形的面积;

(2) 利用行列式求过平面上两点 $A(1,2)$, $B(3,4)$ 的直线方程.

习题二参考答案

第二章自测题

第三章 矩阵

矩阵是线性代数最基本的概念，也是数学中最有力的工具之一.英国数学家凯莱首先提出矩阵，并发表了一系列文章，所以凯莱被认为是矩阵论的创立者.本章主要介绍矩阵的线性运算、矩阵的乘法、矩阵的转置、矩阵的初等变换和初等矩阵、可逆矩阵、矩阵的秩、分块矩阵，并利用矩阵理论给出线性方程组解的理论.

引例 密码问题

信息的加密和解密具有悠久的历史，古代主要采用隐写术和变换信息载体等方法来隐藏需要传递的信息，使得一般人无法理解而达到保密的目的.近几十年来随着计算机的发展，基于复杂计算的密码成为可能.

恺撒(Caesar)码(移位法)就是将明文的字母重新排列，一种简单的方法是将字母表中的字母平移若干位来构造密文字母表，如将所有字母向右平移3位：

明文字母：ABCDEFGHIJKLMNOPQRSTUVWXYZ

密文字母：DEFGHIJKLMNOPQRSTUVWXYZABC

例如，明文：I CAME I SAW I CONQUERED

(恺撒名言“吾临吾睹吾胜”)

密文：L FDPH L VDZ L FRQTXHUHG

上述方法简单易行，但由于明文字母和密文字母有相同的使用频率，破译者可以从统计出来的字母频率中找到破译的突破口.

希尔(Hill)代数密码就是利用线性代数中的矩阵运算打破字符间的对应关系，使密文很难被译.

请问如何传输信息“TIME TO ACT”，才能让人很难破译？

第一节 矩阵的基本运算

本节介绍矩阵的基本运算,它们是由凯莱给出的.

一、特殊矩阵

几个特殊的矩阵

(1) 行矩阵(或行向量) 只有一行的矩阵称为行矩阵(或行向量),如矩阵

$$\boldsymbol{A}=(a_1\quad a_2\quad \cdots\quad a_n)$$

是行矩阵.

(2) 列矩阵(或列向量) 只有一列的矩阵称为列矩阵(或列向量),如矩阵

$$\boldsymbol{B}=\begin{pmatrix} b_1 \\ b_2 \\ \vdots \\ b_n \end{pmatrix}$$

是列矩阵.

(3) 方阵 行数与列数相等的矩阵称为方阵,如

$$\boldsymbol{A}=\begin{pmatrix} a_{11} & a_{12} & \cdots & a_{1n} \\ a_{21} & a_{22} & \cdots & a_{2n} \\ \vdots & \vdots & & \vdots \\ a_{n1} & a_{n2} & \cdots & a_{nn} \end{pmatrix}$$

为 n 阶方阵或 n 阶矩阵,简记为 $\boldsymbol{A}=(a_{ij})_n$. 元素 $a_{11},a_{22},\cdots,a_{nn}$ 所在的直线称为方阵的主对角线.不改变方阵 $\boldsymbol{A}=(a_{ij})_n$ 中元素的排列顺序所构造的 n 阶行列式

$$\begin{vmatrix} a_{11} & a_{12} & \cdots & a_{1n} \\ a_{21} & a_{22} & \cdots & a_{2n} \\ \vdots & \vdots & & \vdots \\ a_{n1} & a_{n2} & \cdots & a_{nn} \end{vmatrix}$$

称为方阵 A 的行列式,记为 $|\boldsymbol{A}|$ 或 $\det \boldsymbol{A}$.

(4) 零矩阵 元素全为零的矩阵称为零矩阵, $m\times n$ 零矩阵记为 $\boldsymbol{O}_{m\times n}$ 或 $\boldsymbol{O}$.

(5) 单位矩阵 主对角线上的元素全为 1,其他元素全为零的 n 阶方阵称为 n 阶单位矩阵,记为 $\boldsymbol{E}_n$,简记为 $\boldsymbol{E}$,即

$$E_n=\begin{pmatrix} 1 & & & \\ & 1 & & \\ & & \ddots & \\ & & & 1 \end{pmatrix}.$$

（6）**数量矩阵（或纯量矩阵）** 主对角线上的元素相等，其他元素全为零的 n 阶方阵称为数量矩阵（或纯量矩阵），如

$$\begin{pmatrix} k & & & \\ & k & & \\ & & \ddots & \\ & & & k \end{pmatrix}$$

为 n 阶数量矩阵，记为 $k\boldsymbol{E}_n$ 或 $k\boldsymbol{E}$.

（7）**对角矩阵** 不在主对角线上的元素全为零的 n 阶方阵称为对角矩阵，如矩阵

$$\begin{pmatrix} \lambda_1 & & & \\ & \lambda_2 & & \\ & & \ddots & \\ & & & \lambda_n \end{pmatrix}$$

为 n 阶对角矩阵，记为 $\boldsymbol{\Lambda}_n$，简记为 $\boldsymbol{\Lambda}$ 或 $\mathrm{diag}(\lambda_1,\lambda_2,\cdots,\lambda_n)$.

二、矩阵的相等

我们把行数与列数分别相等的矩阵称为同型矩阵.

定义 1 设矩阵 $\boldsymbol{A}=(a_{ij})_{m\times n}$ 与 $\boldsymbol{B}=(b_{ij})_{m\times n}$ 为同型矩阵，若它们的对应元素相等，即

$$a_{ij}=b_{ij},\quad i=1,2,\cdots,m;j=1,2,\cdots,n,$$

则称矩阵 $\boldsymbol{A}$ 与矩阵 $\boldsymbol{B}$ 相等，记为 $\boldsymbol{A}=\boldsymbol{B}$.

三、数乘矩阵

定义 2 数 λ 与矩阵 $\boldsymbol{A}=(a_{ij})_{m\times n}$ 的乘积称为数量乘积，记为 $\lambda\boldsymbol{A}$，规定为

$$\lambda\boldsymbol{A}=(\lambda a_{ij})_{m\times n}=\begin{pmatrix} \lambda a_{11} & \lambda a_{12} & \cdots & \lambda a_{1n} \\ \lambda a_{21} & \lambda a_{22} & \cdots & \lambda a_{2n} \\ \vdots & \vdots & & \vdots \\ \lambda a_{m1} & \lambda a_{m2} & \cdots & \lambda a_{mn} \end{pmatrix}.$$

特别地，$m\times n$ 矩阵

$$(-1)\boldsymbol{A}=\begin{pmatrix} -a_{11} & -a_{12} & \cdots & -a_{1n} \\ -a_{21} & -a_{22} & \cdots & -a_{2n} \\ \vdots & \vdots & & \vdots \\ -a_{m1} & -a_{m2} & \cdots & -a_{mn} \end{pmatrix}$$

称为 $\boldsymbol{A}$ 的负矩阵，记为 $-\boldsymbol{A}$，即 $-\boldsymbol{A}=(-1)\boldsymbol{A}$.

要注意数乘矩阵与数乘行列式的区别.如设 $\boldsymbol{A}=\begin{pmatrix} 1 & 2 \\ 3 & 4 \end{pmatrix}$，则

$$2\boldsymbol{A}=\begin{pmatrix} 2 & 4 \\ 6 & 8 \end{pmatrix},$$

$$2\,|\boldsymbol{A}|=2\begin{vmatrix} 1 & 2 \\ 3 & 4 \end{vmatrix}\xlongequal{r_1\times 2}\begin{vmatrix} 2 & 4 \\ 3 & 4 \end{vmatrix}=-4,$$

$$|2\boldsymbol{A}| = \begin{vmatrix} 2 & 4 \\ 6 & 8 \end{vmatrix} = 2^2 \begin{vmatrix} 1 & 2 \\ 3 & 4 \end{vmatrix} = 2^2 |\boldsymbol{A}| = -8.$$

我们注意到 $|2\boldsymbol{A}| = 2^2|\boldsymbol{A}| \neq 2|\boldsymbol{A}|$.

由定义,很容易得到数乘矩阵满足下面的运算规律.

性质 1 $\lambda(\mu\boldsymbol{A}) = (\lambda\mu)\boldsymbol{A} = \mu(\lambda\boldsymbol{A})$, 其中 λ,μ 为实数.

性质 2 $0\boldsymbol{A} = \boldsymbol{O}, \lambda\boldsymbol{O} = \boldsymbol{O}$, 其中 λ 为实数.

性质 3 设 $\boldsymbol{A}$ 为 n 阶方阵, λ 为实数,则 $|\lambda\boldsymbol{A}| = \lambda^n|\boldsymbol{A}|$.

四、矩阵加法

定义 3 设矩阵 $\boldsymbol{A} = (a_{ij})_{m\times n}$ 与矩阵 $\boldsymbol{B} = (b_{ij})_{m\times n}$ 都是 $m\times n$ 矩阵,称 $m\times n$ 矩阵

$$(a_{ij} + b_{ij})_{m\times n}$$

为矩阵 $\boldsymbol{A}$ 与矩阵 $\boldsymbol{B}$ 之和,记为 $\boldsymbol{A}+\boldsymbol{B}$,即

$$\boldsymbol{A}+\boldsymbol{B} = (a_{ij}+b_{ij})_{m\times n}.$$

而矩阵 $\boldsymbol{A}$ 与矩阵 $\boldsymbol{B}$ 之差定义为 $\boldsymbol{A}-\boldsymbol{B} = \boldsymbol{A}+(-\boldsymbol{B})$.

如设 $\boldsymbol{A} = \begin{pmatrix} 1 & 2 & 3 \\ 4 & 5 & 6 \end{pmatrix}, \boldsymbol{B} = \begin{pmatrix} 1 & 3 & 5 \\ 5 & 3 & 1 \end{pmatrix}$, 则

$$\boldsymbol{A}+\boldsymbol{B} = \begin{pmatrix} 2 & 5 & 8 \\ 9 & 8 & 7 \end{pmatrix}, \quad \boldsymbol{A}-\boldsymbol{B} = \begin{pmatrix} 0 & -1 & -2 \\ -1 & 2 & 5 \end{pmatrix}.$$

值得注意的是,只有同型矩阵的加、减法才有意义.

由定义,很容易得到矩阵加法满足下面的运算规律.

性质 4 $\boldsymbol{A}+\boldsymbol{B} = \boldsymbol{B}+\boldsymbol{A}$.

性质 5 $(\boldsymbol{A}+\boldsymbol{B})+\boldsymbol{C} = \boldsymbol{A}+(\boldsymbol{B}+\boldsymbol{C})$.

性质 6 $\boldsymbol{A}+\boldsymbol{O} = \boldsymbol{A}, \boldsymbol{A}+(-\boldsymbol{A}) = \boldsymbol{O}$, 其中 $\boldsymbol{O}$ 与 $\boldsymbol{A}$ 是同型矩阵.

性质 7 $\lambda(\boldsymbol{A}+\boldsymbol{B}) = \lambda\boldsymbol{A}+\lambda\boldsymbol{B}, (\lambda+\mu)\boldsymbol{A} = \lambda\boldsymbol{A}+\mu\boldsymbol{A}$, 其中 λ,μ 为实数.

例 1 设 $\boldsymbol{A} = \begin{pmatrix} a_1 & x & u \\ b_1 & y & v \\ c_1 & z & w \end{pmatrix}, \boldsymbol{B} = \begin{pmatrix} a_2 & x & u \\ b_2 & y & v \\ c_2 & z & w \end{pmatrix}$, 且 $|\boldsymbol{A}| = 4$, $|\boldsymbol{B}| = 1$,求 $|\boldsymbol{A}+\boldsymbol{B}|$.

解
$$|\boldsymbol{A}+\boldsymbol{B}| = \begin{vmatrix} a_1+a_2 & 2x & 2u \\ b_1+b_2 & 2y & 2v \\ c_1+c_2 & 2z & 2w \end{vmatrix} = 4\begin{vmatrix} a_1+a_2 & x & u \\ b_1+b_2 & y & v \\ c_1+c_2 & z & w \end{vmatrix} = 4(|\boldsymbol{A}|+|\boldsymbol{B}|) = 20.$$

注意,一般地, $|\boldsymbol{A}\pm\boldsymbol{B}| \neq |\boldsymbol{A}| \pm |\boldsymbol{B}|$.

五、矩阵乘法

1. 矩阵乘法的定义

定义 4 设 $\boldsymbol{A} = (a_{ij})$ 为 $m\times s$ 矩阵, $\boldsymbol{B} = (b_{ij})$ 为 $s\times n$ 矩阵,定义矩阵 $\boldsymbol{A}$ 与 $\boldsymbol{B}$ 的乘积

$$AB = C = (c_{ij})$$

是一个 $m \times n$ 矩阵,其中 AB 的第 i 行第 j 列元素

$$c_{ij} = a_{i1}b_{1j} + a_{i2}b_{2j} + \cdots + a_{is}b_{sj}, \quad i = 1,2,\cdots,m; j = 1,2,\cdots,n.$$

注　只有左矩阵 A 的列数等于右矩阵 B 的行数时,AB 才有意义.

例 2　设 $A = \begin{pmatrix} -2 & 4 & -8 \\ 1 & -2 & 4 \end{pmatrix}, B = \begin{pmatrix} 2 & 4 \\ -3 & -6 \end{pmatrix}$,求 AB 与 BA.

解　A 是 2×3 矩阵,B 是 2×2 矩阵,因为 A 的列数不等于 B 的行数,所以 AB 无意义. B 的列数等于 A 的行数,所以 BA 有意义,且

$$\begin{aligned} BA &= \begin{pmatrix} 2 & 4 \\ -3 & -6 \end{pmatrix}\begin{pmatrix} -2 & 4 & -8 \\ 1 & -2 & 4 \end{pmatrix} \\ &= \begin{pmatrix} 2\times(-2)+4\times1 & 2\times4+4\times(-2) & 2\times(-8)+4\times4 \\ (-3)\times(-2)+(-6)\times1 & (-3)\times4+(-6)\times(-2) & (-3)\times(-8)+(-6)\times4 \end{pmatrix} \\ &= \begin{pmatrix} 0 & 0 & 0 \\ 0 & 0 & 0 \end{pmatrix} = O. \end{aligned}$$

例 2 表明,矩阵乘法不满足交换律,即 AB 一般不等于 BA;还告诉我们两个非零矩阵的乘积可以是零矩阵,所以由 $BA = O$, 不一定有 $A=O$ 或 $B=O$ 成立,这与数的乘法不同.

例 3　设 $A = \begin{pmatrix} 1 & 2 \\ 2 & 4 \end{pmatrix}, B = \begin{pmatrix} 1 & 3 \\ -2 & -1 \end{pmatrix}, C = \begin{pmatrix} -7 & 5 \\ 2 & -2 \end{pmatrix}$,求 AB 与 AC.

解　$AB = \begin{pmatrix} 1 & 2 \\ 2 & 4 \end{pmatrix}\begin{pmatrix} 1 & 3 \\ -2 & -1 \end{pmatrix} = \begin{pmatrix} -3 & 1 \\ -6 & 2 \end{pmatrix}$,

$AC = \begin{pmatrix} 1 & 2 \\ 2 & 4 \end{pmatrix}\begin{pmatrix} -7 & 5 \\ 2 & -2 \end{pmatrix} = \begin{pmatrix} -3 & 1 \\ -6 & 2 \end{pmatrix}$.

例 3 表明,虽然 $AB = AC$, 且 $A \neq O$, 但 $B \neq C$.

例 4　写出方程 $a_1x_1+a_2x_2+\cdots+a_nx_n=b$ 的一种矩阵形式.

解　令 $A=(a_1 \quad a_2 \quad \cdots \quad a_n), X=\begin{pmatrix} x_1 \\ x_2 \\ \vdots \\ x_n \end{pmatrix}$,则

$$AX = (a_1 \quad a_2 \quad \cdots \quad a_n)\begin{pmatrix} x_1 \\ x_2 \\ \vdots \\ x_n \end{pmatrix} = a_1x_1 + a_2x_2 + \cdots + a_nx_n = b.$$

所以方程 $a_1x_1+a_2x_2+\cdots+a_nx_n=b$ 可以表示为 $AX=b$.

例 5　设 $A = \mathrm{diag}(\lambda_1,\lambda_2,\cdots,\lambda_n), B = \mathrm{diag}(\mu_1,\mu_2,\cdots,\mu_n)$, 求 AB 与 BA.

解 $$AB=\begin{pmatrix}\lambda_1&0&\cdots&0\\0&\lambda_2&\cdots&0\\\vdots&\vdots&&\vdots\\0&0&\cdots&\lambda_n\end{pmatrix}\begin{pmatrix}\mu_1&0&\cdots&0\\0&\mu_2&\cdots&0\\\vdots&\vdots&&\vdots\\0&0&\cdots&\mu_n\end{pmatrix}=\begin{pmatrix}\lambda_1\mu_1&0&\cdots&0\\0&\lambda_2\mu_2&\cdots&0\\\vdots&\vdots&&\vdots\\0&0&\cdots&\lambda_n\mu_n\end{pmatrix},$$

$$BA=\begin{pmatrix}\mu_1&0&\cdots&0\\0&\mu_2&\cdots&0\\\vdots&\vdots&&\vdots\\0&0&\cdots&\mu_n\end{pmatrix}\begin{pmatrix}\lambda_1&0&\cdots&0\\0&\lambda_2&\cdots&0\\\vdots&\vdots&&\vdots\\0&0&\cdots&\lambda_n\end{pmatrix}=\begin{pmatrix}\lambda_1\mu_1&0&\cdots&0\\0&\lambda_2\mu_2&\cdots&0\\\vdots&\vdots&&\vdots\\0&0&\cdots&\lambda_n\mu_n\end{pmatrix}.$$

在例 5 中,有 $AB=BA$.若矩阵 A 与 B 满足 $AB=BA$,就称矩阵 A 与 B 可交换.例 5 表明,同阶对角矩阵的乘积还是对角矩阵,且它们是可交换的.

2. 矩阵乘法与线性方程组

了解矩阵乘法后,很多读者难以理解矩阵乘法.实际上矩阵乘法来源于线性方程组的应用.考虑线性方程组

$$\begin{cases}a_{11}x_1+a_{12}x_2+\cdots+a_{1n}x_n=b_1,\\a_{21}x_1+a_{22}x_2+\cdots+a_{2n}x_n=b_2,\\\cdots\cdots\cdots\cdots\\a_{m1}x_1+a_{m2}x_2+\cdots+a_{mn}x_n=b_m.\end{cases}\tag{3.1}$$

我们想将方程组(3.1)写成 $n=1$ 时的形式,即一元一次方程的标准形式 $ax=b$. 令

$$A=\begin{pmatrix}a_{11}&a_{12}&\cdots&a_{1n}\\a_{21}&a_{22}&\cdots&a_{2n}\\\vdots&\vdots&&\vdots\\a_{m1}&a_{m2}&\cdots&a_{mn}\end{pmatrix},\quad \boldsymbol{\beta}=\begin{pmatrix}b_1\\b_2\\\vdots\\b_m\end{pmatrix},\quad X=\begin{pmatrix}x_1\\x_2\\\vdots\\x_n\end{pmatrix},$$

由矩阵乘法,(3.1)可以表示为

$$A_{m\times n}X_{n\times 1}=\boldsymbol{\beta}_{m\times 1}.\tag{3.2}$$

(3.2)称为线性方程组(3.1)的矩阵形式.我们还可以这样考虑(3.2)的左边:

$$A_{m\times n}X_{n\times 1}=\begin{pmatrix}a_{11}x_1+a_{12}x_2+\cdots+a_{1n}x_n\\a_{21}x_1+a_{22}x_2+\cdots+a_{2n}x_n\\\vdots\\a_{m1}x_1+a_{m2}x_2+\cdots+a_{mn}x_n\end{pmatrix}=x_1\begin{pmatrix}a_{11}\\a_{21}\\\vdots\\a_{m1}\end{pmatrix}+x_2\begin{pmatrix}a_{12}\\a_{22}\\\vdots\\a_{m2}\end{pmatrix}+\cdots+x_n\begin{pmatrix}a_{1n}\\a_{2n}\\\vdots\\a_{mn}\end{pmatrix}.$$

令 $\boldsymbol{\alpha}_j=\begin{pmatrix}a_{1j}\\a_{2j}\\\vdots\\a_{mj}\end{pmatrix}$, $j=1,2,\cdots,n$, 称 $\boldsymbol{\alpha}_1,\boldsymbol{\alpha}_2,\cdots,\boldsymbol{\alpha}_n$ 为矩阵 $A_{m\times n}$ 的列向量组,则(3.2)可表示为

$$x_1\boldsymbol{\alpha}_1+x_2\boldsymbol{\alpha}_2+\cdots+x_n\boldsymbol{\alpha}_n=\boldsymbol{\beta}.\tag{3.3}$$

(3.3)称为线性方程组(3.1)的向量形式.

3. 矩阵乘法的性质

矩阵乘法满足以下运算规律(假设相关运算都有意义):

性质 8 $(AB)C=A(BC)$.

性质 9 $(A+B)C=AC+BC,(B+C)A=BA+CA$.

性质 10 $(\lambda A)B=\lambda(AB)=A(\lambda B)$，其中 λ 是实数.

性质 11 $AO=O,OA=O;AE=A,EA=A$.

性质 12 设 A,B 都是 n 阶方阵，则 $|AB|=|A|\cdot|B|$.

性质 12 的证明

性质 12 也称为行列式的乘法定理.

4. 矩阵的幂

定义 5 设 A 为 n 阶方阵，定义

$$A^1=A,\quad A^2=A^1A=AA,\quad \cdots,\quad A^k=A^{k-1}A=\underbrace{AA\cdots A}_{k个},$$

称 A^k 为 n 阶方阵 A 的 k 次幂，其中 k 为正整数.

注意只有方阵才有幂.由方阵幂的定义，设 k,l 为正整数，则

$$A^kA^l=A^{k+l},\ (A^k)^l=A^{kl},\quad |A^k|=|A|^k,$$

但一般地，$(AB)^k\neq A^kB^k$.

例 6 设 3 阶方阵 $A=\begin{pmatrix}0&1&0\\0&0&1\\0&0&0\end{pmatrix}$，求 A^2,A^3,A^4.

解 $A^2=AA=\begin{pmatrix}0&1&0\\0&0&1\\0&0&0\end{pmatrix}\begin{pmatrix}0&1&0\\0&0&1\\0&0&0\end{pmatrix}=\begin{pmatrix}0&0&1\\0&0&0\\0&0&0\end{pmatrix}$,

$$A^3=A^2A=\begin{pmatrix}0&0&1\\0&0&0\\0&0&0\end{pmatrix}\begin{pmatrix}0&1&0\\0&0&1\\0&0&0\end{pmatrix}=\begin{pmatrix}0&0&0\\0&0&0\\0&0&0\end{pmatrix}=O,$$

$$A^4=A^3A=OA=O.$$

例 7 设 n 阶对角矩阵 $\Lambda=\mathrm{diag}(\lambda_1,\lambda_2,\cdots,\lambda_n)$，求 Λ^k.

解 由例 5 得 $\Lambda^2=\mathrm{diag}(\lambda_1^2,\lambda_2^2,\cdots,\lambda_n^2)$，$\Lambda^3=\mathrm{diag}(\lambda_1^3,\lambda_2^3,\cdots,\lambda_n^3)$. 由数学归纳法得

$$\Lambda^k=\mathrm{diag}(\lambda_1^k,\lambda_2^k,\cdots,\lambda_n^k).$$

例 7 告诉我们，对角矩阵 Λ 的 k 次幂 Λ^k 还是对角矩阵，Λ^k 的主对角线上的元素分别等于 Λ 的主对角线上元素的 k 次幂.

例 8 设 $A=(a_1\ \ a_2\ \ \cdots\ \ a_n)$，$B=\begin{pmatrix}b_1\\b_2\\\vdots\\b_n\end{pmatrix}$，求 $AB,BA,(BA)^k$.

解 $AB=(a_1\ \ a_2\ \ \cdots\ \ a_n)\begin{pmatrix}b_1\\b_2\\\vdots\\b_n\end{pmatrix}=a_1b_1+a_2b_2+\cdots+a_nb_n$,

$$\boldsymbol{BA}=\begin{pmatrix} b_1 \\ b_2 \\ \vdots \\ b_n \end{pmatrix}(a_1 \quad a_2 \quad \cdots \quad a_n)=\begin{pmatrix} b_1a_1 & b_1a_2 & \cdots & b_1a_n \\ b_2a_1 & b_2a_2 & \cdots & b_2a_n \\ \vdots & \vdots & & \vdots \\ b_na_1 & b_na_2 & \cdots & b_na_n \end{pmatrix},$$

$$(\boldsymbol{BA})^k = \underbrace{(\boldsymbol{BA})(\boldsymbol{BA})(\boldsymbol{BA})\cdots(\boldsymbol{BA})}_{k个} = \boldsymbol{B}\underbrace{(\boldsymbol{AB})(\boldsymbol{AB})\cdots(\boldsymbol{AB})}_{(k-1)个}\boldsymbol{A} = (\boldsymbol{AB})^{k-1}(\boldsymbol{BA})$$

$$=\Big(\sum_{i=1}^{n} a_i b_i\Big)^{k-1}\begin{pmatrix} b_1a_1 & b_1a_2 & \cdots & b_1a_n \\ b_2a_1 & b_2a_2 & \cdots & b_2a_n \\ \vdots & \vdots & & \vdots \\ b_na_1 & b_na_2 & \cdots & b_na_n \end{pmatrix}.$$

六、矩阵的转置

1. 转置矩阵

定义 6 设矩阵 $\boldsymbol{A}=(a_{ij})_{m\times n}$，把 $\boldsymbol{A}$ 的行换成同序号的列所得到的矩阵 $(a_{ji})_{n\times m}$ 称为矩阵 $\boldsymbol{A}$ 的转置矩阵,记为 $\boldsymbol{A}^{\mathrm{T}}$, 即 $\boldsymbol{A}^{\mathrm{T}}=(a_{ji})_{n\times m}$.

如

$$\begin{pmatrix} 1 & 2 & 3 \\ 4 & 5 & 6 \end{pmatrix}^{\mathrm{T}}=\begin{pmatrix} 1 & 4 \\ 2 & 5 \\ 3 & 6 \end{pmatrix}, \quad \begin{pmatrix} 1 & 0 & 0 \\ 0 & 1 & 0 \\ 0 & 0 & 1 \end{pmatrix}^{\mathrm{T}}=\begin{pmatrix} 1 & 0 & 0 \\ 0 & 1 & 0 \\ 0 & 0 & 1 \end{pmatrix}.$$

矩阵的转置满足以下运算规律:

性质 13 $(\lambda\boldsymbol{A})^{\mathrm{T}}=\lambda\boldsymbol{A}^{\mathrm{T}}$, 其中 λ 为实数.

性质 14 $(\boldsymbol{A}\pm\boldsymbol{B})^{\mathrm{T}}=\boldsymbol{A}^{\mathrm{T}}\pm\boldsymbol{B}^{\mathrm{T}}$.

性质 15 $(\boldsymbol{AB})^{\mathrm{T}}=\boldsymbol{B}^{\mathrm{T}}\boldsymbol{A}^{\mathrm{T}}$.

性质 16 $|\boldsymbol{A}^{\mathrm{T}}|=|\boldsymbol{A}|$.

性质 17 $(\boldsymbol{A}^{\mathrm{T}})^{\mathrm{T}}=\boldsymbol{A}$.

证 我们只证明性质 15,其他性质的证明均可由定义导出.

设 $\boldsymbol{A}=(a_{ij})_{m\times l}$,$\boldsymbol{B}=(b_{ij})_{l\times n}$,则 $\boldsymbol{AB}$ 是 $m\times n$ 矩阵,$(\boldsymbol{AB})^{\mathrm{T}}$ 是 $n\times m$ 矩阵. 又 $\boldsymbol{B}^{\mathrm{T}}$ 是 $n\times l$ 矩阵,$\boldsymbol{A}^{\mathrm{T}}$ 是 $l\times m$ 矩阵,则 $\boldsymbol{B}^{\mathrm{T}}\boldsymbol{A}^{\mathrm{T}}$ 是 $n\times m$ 矩阵. 由此$(\boldsymbol{AB})^{\mathrm{T}}$ 与 $\boldsymbol{B}^{\mathrm{T}}\boldsymbol{A}^{\mathrm{T}}$ 是同型矩阵.

又设 $\boldsymbol{AB}=(c_{ij})_{m\times n}$,$\boldsymbol{B}^{\mathrm{T}}\boldsymbol{A}^{\mathrm{T}}=(d_{ij})_{n\times m}$,则$(\boldsymbol{AB})^{\mathrm{T}}$ 的第 i 行第 j 列元素是

$$c_{ji}=\sum_{k=1}^{l} a_{jk}b_{ki}=a_{j1}b_{1i}+a_{j2}b_{2i}+\cdots+a_{jl}b_{li}.$$

而 $\boldsymbol{B}^{\mathrm{T}}\boldsymbol{A}^{\mathrm{T}}$ 的第 i 行第 j 列元素是

$$d_{ij}=\sum_{k=1}^{l} b_{ki}a_{jk}=b_{1i}a_{j1}+b_{2i}a_{j2}+\cdots+b_{li}a_{jl}.$$

它们是相同的,所以

$$(\boldsymbol{AB})^{\mathrm{T}}=\boldsymbol{B}^{\mathrm{T}}\boldsymbol{A}^{\mathrm{T}}.$$

注 性质 15 可推广到有限多个矩阵乘积的转置,例如

$$(\boldsymbol{A}_1\boldsymbol{A}_2\boldsymbol{A}_3)^{\mathrm{T}}=((\boldsymbol{A}_1\boldsymbol{A}_2)\boldsymbol{A}_3)^{\mathrm{T}}=\boldsymbol{A}_3^{\mathrm{T}}(\boldsymbol{A}_1\boldsymbol{A}_2)^{\mathrm{T}}=\boldsymbol{A}_3^{\mathrm{T}}\boldsymbol{A}_2^{\mathrm{T}}\boldsymbol{A}_1^{\mathrm{T}}.$$

一般地,有

$$(\boldsymbol{A}_1\boldsymbol{A}_2\cdots\boldsymbol{A}_n)^{\mathrm{T}}=\boldsymbol{A}_n^{\mathrm{T}}\cdots\boldsymbol{A}_2^{\mathrm{T}}\boldsymbol{A}_1^{\mathrm{T}}.$$

例 9 设 $\boldsymbol{X}=(x_1\quad x_2\quad\cdots\quad x_n)^{\mathrm{T}}$满足 $\boldsymbol{X}^{\mathrm{T}}\boldsymbol{X}=1$,且 $\boldsymbol{H}=\boldsymbol{E}-2\boldsymbol{X}\boldsymbol{X}^{\mathrm{T}}$,证明:$\boldsymbol{H}^{\mathrm{T}}=\boldsymbol{H}$,且 $\boldsymbol{H}^2=\boldsymbol{E}$.

证 $\boldsymbol{H}^{\mathrm{T}}=(\boldsymbol{E}-2\boldsymbol{X}\boldsymbol{X}^{\mathrm{T}})^{\mathrm{T}}=\boldsymbol{E}^{\mathrm{T}}-(2\boldsymbol{X}\boldsymbol{X}^{\mathrm{T}})^{\mathrm{T}}=\boldsymbol{E}-2(\boldsymbol{X}^{\mathrm{T}})^{\mathrm{T}}\boldsymbol{X}^{\mathrm{T}}=\boldsymbol{E}-2\boldsymbol{X}\boldsymbol{X}^{\mathrm{T}}=\boldsymbol{H}.$

$$\begin{aligned}\boldsymbol{H}^2&=(\boldsymbol{E}-2\boldsymbol{X}\boldsymbol{X}^{\mathrm{T}})^2=(\boldsymbol{E}-2\boldsymbol{X}\boldsymbol{X}^{\mathrm{T}})(\boldsymbol{E}-2\boldsymbol{X}\boldsymbol{X}^{\mathrm{T}})\\&=\boldsymbol{E}-4\boldsymbol{X}\boldsymbol{X}^{\mathrm{T}}+4(\boldsymbol{X}\boldsymbol{X}^{\mathrm{T}})(\boldsymbol{X}\boldsymbol{X}^{\mathrm{T}})\\&=\boldsymbol{E}-4\boldsymbol{X}\boldsymbol{X}^{\mathrm{T}}+4\boldsymbol{X}(\boldsymbol{X}^{\mathrm{T}}\boldsymbol{X})\boldsymbol{X}^{\mathrm{T}}\\&=\boldsymbol{E}-4\boldsymbol{X}\boldsymbol{X}^{\mathrm{T}}+4\boldsymbol{X}\boldsymbol{X}^{\mathrm{T}}=\boldsymbol{E}.\end{aligned}$$

2. 对称矩阵与反对称矩阵

定义 7 设 $\boldsymbol{A}$ 为 n 阶矩阵.如果 $\boldsymbol{A}^{\mathrm{T}}=\boldsymbol{A}$,那么称 $\boldsymbol{A}$ 为对称矩阵;如果 $\boldsymbol{A}^{\mathrm{T}}=-\boldsymbol{A}$,那么称 $\boldsymbol{A}$ 为反对称矩阵.

由定义 7 知,例 9 中的矩阵 $\boldsymbol{H}$ 是对称矩阵.显然单位矩阵、数量矩阵、对角矩阵都是对称矩阵;反对称矩阵的主对角线上的元素必为零.对于对称矩阵,有

定理 1 n 阶矩阵 $\boldsymbol{A}=(a_{ij})$ 为对称矩阵的充要条件是 $a_{ij}=a_{ji},i,j=1,2,\cdots,n$.

证 n 阶矩阵 $\boldsymbol{A}$ 为对称矩阵 $\Leftrightarrow\boldsymbol{A}^{\mathrm{T}}=\boldsymbol{A}\Leftrightarrow(a_{ji})_{n\times n}=(a_{ij})_{n\times n}$

$$\Leftrightarrow a_{ij}=a_{ji},i,j=1,2,\cdots,n.$$

由定理 1 知,$\boldsymbol{A}$ 为对称矩阵的充要条件是 $\boldsymbol{A}$ 的元素关于主对角线对称,这就是对称矩阵名称的由来.

例 10 设 $\boldsymbol{A},\boldsymbol{B}$ 为 n 阶对称矩阵,证明:$\boldsymbol{AB}$ 为对称矩阵的充要条件是 $\boldsymbol{AB}=\boldsymbol{BA}$,即 $\boldsymbol{A}$ 与 $\boldsymbol{B}$ 可交换.

证 $\boldsymbol{AB}$ 为对称矩阵 $\Leftrightarrow\boldsymbol{AB}=(\boldsymbol{AB})^{\mathrm{T}}=\boldsymbol{B}^{\mathrm{T}}\boldsymbol{A}^{\mathrm{T}}=\boldsymbol{BA}$.

可以证明,对称矩阵的数乘、和与转置还是对称矩阵,但例 10 表明,对称矩阵的乘积不一定是对称矩阵.

思考题一

1. 试问 $\begin{vmatrix}1&2\\3&4\end{vmatrix}$ 与 $\begin{pmatrix}1&2\\3&4\end{pmatrix}$ 相等吗?这带给我们什么启示?

2. 不同型的零矩阵相等吗?不同型的单位矩阵相等吗?

3. 设 $\boldsymbol{A}$ 为 n 阶矩阵,试问 $|\lambda\boldsymbol{A}|=\lambda|\boldsymbol{A}|$ 吗?这带给我们什么启示?

4. 设 $\boldsymbol{A},\boldsymbol{B}$ 为同阶矩阵,试问 $|\boldsymbol{A}+\boldsymbol{B}|=|\boldsymbol{A}|+|\boldsymbol{B}|$ 吗?$|\boldsymbol{AB}|=|\boldsymbol{BA}|$ 吗?

5. 举例说明下列结论不成立:

(1) 设 $\boldsymbol{A},\boldsymbol{B}$ 为同阶矩阵,则 $\boldsymbol{AB}=\boldsymbol{BA}$;

(2) 若 $\boldsymbol{AB}=\boldsymbol{O}$,则 $\boldsymbol{A}=\boldsymbol{O}$ 或 $\boldsymbol{B}=\boldsymbol{O}$;

(3) 若 $\boldsymbol{AB}=\boldsymbol{AC}$,且 $\boldsymbol{A}\neq\boldsymbol{O}$,则 $\boldsymbol{B}=\boldsymbol{C}$;

(4) 设 $\boldsymbol{A}$ 为 n 阶矩阵,且 $\boldsymbol{A}^2=\boldsymbol{O}$,则 $\boldsymbol{A}=\boldsymbol{O}$;

(5)设 $\boldsymbol{A}$ 为 n 阶矩阵,且 $\boldsymbol{A}^2=\boldsymbol{E}$,则 $\boldsymbol{A}=\pm\boldsymbol{E}$.

6. 设 $\boldsymbol{A},\boldsymbol{B}$ 为同阶矩阵,试问 $\boldsymbol{A}^2-\boldsymbol{B}^2=(\boldsymbol{A}+\boldsymbol{B})(\boldsymbol{A}-\boldsymbol{B})$ 吗?$(\boldsymbol{A}\pm\boldsymbol{B})^2=\boldsymbol{A}^2\pm2\boldsymbol{AB}+\boldsymbol{B}^2$ 吗?试问等号在什么情形下成立?

7. 设 n 阶方阵

$$\boldsymbol{A}=\begin{pmatrix}0&0&\cdots&0&0\\1&0&\cdots&0&0\\0&1&\cdots&0&0\\\vdots&\vdots&&\vdots&\vdots\\0&0&\cdots&1&0\end{pmatrix},$$

你能快速写出 $\boldsymbol{A}^2,\boldsymbol{A}^3,\cdots,\boldsymbol{A}^k(k\geqslant n)$ 吗?

8. 设 $\boldsymbol{A},\boldsymbol{B},\boldsymbol{C}$ 为同阶矩阵,试问 $(\boldsymbol{ABC})^{\mathrm{T}}=\boldsymbol{A}^{\mathrm{T}}\boldsymbol{B}^{\mathrm{T}}\boldsymbol{C}^{\mathrm{T}}$ 成立吗?如果不成立,正确结论又是什么呢?

9. 为什么反对称矩阵的主对角线上的元素必为零?

第二节 逆矩阵

本节讨论矩阵乘法的逆运算.由于矩阵乘法与数的乘法有很大不同,故矩阵乘法的逆运算与数的乘法的逆运算也有很大不同.读者在学习过程中要特别注意.

一、伴随矩阵

伴随矩阵

定义 8 设 $\boldsymbol{A}=(a_{ij})$ 为 n 阶矩阵,称 n 阶矩阵

$$\begin{pmatrix}A_{11}&A_{21}&\cdots&A_{n1}\\A_{12}&A_{22}&\cdots&A_{n2}\\\vdots&\vdots&&\vdots\\A_{1n}&A_{2n}&\cdots&A_{nn}\end{pmatrix}$$

为 $\boldsymbol{A}$ 的伴随矩阵,记为 $\boldsymbol{A}^*$,其中 A_{ij} 为 $|\boldsymbol{A}|$ 中元素 a_{ij} 的代数余子式.

注 $\boldsymbol{A}^*$ 的第 j 列元素是矩阵 $\boldsymbol{A}$ 的行列式 $|\boldsymbol{A}|$ 中第 j 行对应元素的代数余子式.

例 11 设 $\boldsymbol{A}=\begin{pmatrix}a&b\\c&d\end{pmatrix}$,求 $\boldsymbol{A}$ 的伴随矩阵 $\boldsymbol{A}^*$.

解 $A_{11}=(-1)^{1+1}|d|=d,\quad A_{12}=(-1)^{1+2}|c|=-c,$

$A_{21}=(-1)^{2+1}|b|=-b,\quad A_{22}=(-1)^{2+2}|a|=a,$

则

$$\boldsymbol{A}^*=\begin{pmatrix}d&-b\\-c&a\end{pmatrix}.$$

方阵 $\boldsymbol{A}$ 与其伴随矩阵 $\boldsymbol{A}^*$ 有如下重要关系.

定理 2 设 $\boldsymbol{A}^*$ 为 n 阶矩阵 $\boldsymbol{A}$ 的伴随矩阵,则

$$\boldsymbol{A}\boldsymbol{A}^* = \boldsymbol{A}^*\boldsymbol{A} = |\boldsymbol{A}|\boldsymbol{E}. \tag{3.4}$$

证 令 $\boldsymbol{A}\boldsymbol{A}^* = \boldsymbol{B} = (b_{ij})$, 则 $b_{ij} = a_{i1}A_{j1} + a_{i2}A_{j2} + \cdots + a_{in}A_{jn}$. 由行列式按行(或列)展开定理得

$$b_{ij} = \begin{cases} |\boldsymbol{A}|, & i = j, \\ 0, & i \neq j, \end{cases}$$

即 $\boldsymbol{A}\boldsymbol{A}^* = |\boldsymbol{A}|\boldsymbol{E}$. 同理可证 $\boldsymbol{A}^*\boldsymbol{A} = |\boldsymbol{A}|\boldsymbol{E}$.

二、逆矩阵及其性质

1. 逆矩阵的定义

在初等代数中,对于任意实数 $a \neq 0$, 必存在实数 $b \neq 0$, 使得 $ab = ba = 1$, 此时 $b = a^{-1}$. 我们把这个事实推广到矩阵乘法的逆运算.

定义 9 设 $\boldsymbol{A}$ 为 n 阶矩阵,若存在 n 阶矩阵 $\boldsymbol{B}$,使得

$$\boldsymbol{A}\boldsymbol{B} = \boldsymbol{B}\boldsymbol{A} = \boldsymbol{E}, \tag{3.5}$$

则称矩阵 $\boldsymbol{A}$ 可逆(或称 $\boldsymbol{A}$ 是可逆矩阵),$\boldsymbol{B}$ 是 $\boldsymbol{A}$ 的逆矩阵,记为 $\boldsymbol{A}^{-1}$,即 $\boldsymbol{B}=\boldsymbol{A}^{-1}$.

若不存在 n 阶矩阵 $\boldsymbol{B}$ 满足(3.5),则称矩阵 $\boldsymbol{A}$ 不可逆.

注 可逆矩阵 $\boldsymbol{A}$ 的逆矩阵不能记为$\dfrac{1}{\boldsymbol{A}}$(或$\dfrac{\boldsymbol{E}}{\boldsymbol{A}}$).

定理 3 可逆矩阵的逆矩阵是唯一的.

证 设矩阵 $\boldsymbol{B},\boldsymbol{C}$ 分别是可逆矩阵 $\boldsymbol{A}$ 的逆矩阵,下面证明 $\boldsymbol{B}=\boldsymbol{C}$.事实上,

$$\boldsymbol{B} = \boldsymbol{B}\boldsymbol{E} \xlongequal{\boldsymbol{AC} = \boldsymbol{CA} = \boldsymbol{E}} \boldsymbol{B}(\boldsymbol{A}\boldsymbol{C}) = (\boldsymbol{B}\boldsymbol{A})\boldsymbol{C} \xlongequal{\boldsymbol{AB} = \boldsymbol{BA} = \boldsymbol{E}} \boldsymbol{E}\boldsymbol{C} = \boldsymbol{C}.$$

2. 矩阵可逆的条件

n 阶矩阵 $\boldsymbol{A}$ 在什么条件下可逆呢?如果可逆,又怎样求出它的逆矩阵呢?下面的定理回答了这个问题.

定理 4 n 阶矩阵 $\boldsymbol{A}$ 可逆的充要条件是 $|\boldsymbol{A}| \neq 0$,且当 $\boldsymbol{A}$ 可逆时,有

$$\boldsymbol{A}^{-1} = \frac{1}{|\boldsymbol{A}|}\boldsymbol{A}^*. \tag{3.6}$$

证 必要性:若 $\boldsymbol{A}$ 可逆,则有 $\boldsymbol{A}\boldsymbol{A}^{-1} = \boldsymbol{E}$. 两边取行列式,得

$$1 = |\boldsymbol{E}| = |\boldsymbol{A}\boldsymbol{A}^{-1}| = |\boldsymbol{A}| \cdot |\boldsymbol{A}^{-1}|,$$

所以 $|\boldsymbol{A}| \neq 0$.

充分性:因为 $|\boldsymbol{A}| \neq 0$, 将(3.4)两边除以 $|\boldsymbol{A}|$, 得

$$\boldsymbol{A}\left(\frac{1}{|\boldsymbol{A}|}\boldsymbol{A}^*\right) = \left(\frac{1}{|\boldsymbol{A}|}\boldsymbol{A}^*\right)\boldsymbol{A} = \boldsymbol{E}.$$

由定义 9 知 $\boldsymbol{A}$ 可逆,且 $\boldsymbol{A}^{-1} = \dfrac{1}{|\boldsymbol{A}|}\boldsymbol{A}^*$.

如果 $|\boldsymbol{A}| \neq 0$, 那么称 $\boldsymbol{A}$ 为非奇异矩阵;如果 $|\boldsymbol{A}| = 0$, 那么称 $\boldsymbol{A}$ 为奇异矩阵.显然,非奇异矩阵为可逆矩阵,奇异矩阵为不可逆矩阵.

推论 若 n 阶矩阵 $\boldsymbol{A}$ 与 $\boldsymbol{B}$ 满足 $\boldsymbol{AB}=\boldsymbol{E}$(或 $\boldsymbol{BA}=\boldsymbol{E}$),则 $\boldsymbol{A}$ 可逆,且 $\boldsymbol{A}^{-1}=\boldsymbol{B}$.

证 由 $\boldsymbol{AB}=\boldsymbol{E}$ 得 $|\boldsymbol{AB}|=|\boldsymbol{A}|\cdot|\boldsymbol{B}|=|\boldsymbol{E}|=1$, 所以 $|\boldsymbol{A}|\neq 0$, 即 $\boldsymbol{A}$ 可逆,且

$$\boldsymbol{B}=\boldsymbol{EB}=(\boldsymbol{A}^{-1}\boldsymbol{A})\boldsymbol{B}=\boldsymbol{A}^{-1}(\boldsymbol{AB})=\boldsymbol{A}^{-1}\boldsymbol{E}=\boldsymbol{A}^{-1}.$$

例 12 设 $\boldsymbol{A}=\begin{pmatrix}a & b\\ c & d\end{pmatrix}$, 且 $ad-bc\neq 0$, 求 $\boldsymbol{A}$ 的逆矩阵 $\boldsymbol{A}^{-1}$.

解 $|\boldsymbol{A}|=ad-bc\neq 0$, 则 $\boldsymbol{A}^{-1}$ 存在.由例 11 得 $\boldsymbol{A}^{*}=\begin{pmatrix}d & -b\\ -c & a\end{pmatrix}$, 所以

$$\boldsymbol{A}^{-1}=\frac{1}{|\boldsymbol{A}|}\boldsymbol{A}^{*}=\frac{1}{ad-bc}\begin{pmatrix}d & -b\\ -c & a\end{pmatrix}.$$

例 13 设 $\boldsymbol{A}=\begin{pmatrix}1 & -1 & 0\\ 1 & 0 & -1\\ 1 & 0 & 2\end{pmatrix}$,求 $\boldsymbol{A}^{-1}$.

解 $|\boldsymbol{A}|=3\neq 0$. 又

$$A_{11}=(-1)^{1+1}\begin{vmatrix}0 & -1\\ 0 & 2\end{vmatrix}=0,\quad A_{12}=(-1)^{1+2}\begin{vmatrix}1 & -1\\ 1 & 2\end{vmatrix}=-3,$$

$$A_{13}=(-1)^{1+3}\begin{vmatrix}1 & 0\\ 1 & 0\end{vmatrix}=0,$$

$$A_{21}=2,\quad A_{22}=2,\quad A_{23}=-1,\quad A_{31}=1,\quad A_{32}=1,\quad A_{33}=1,$$

则 $\boldsymbol{A}^{*}=\begin{pmatrix}0 & 2 & 1\\ -3 & 2 & 1\\ 0 & -1 & 1\end{pmatrix}$. 所以

$$\boldsymbol{A}^{-1}=\frac{\boldsymbol{A}^{*}}{|\boldsymbol{A}|}=\frac{1}{3}\begin{pmatrix}0 & 2 & 1\\ -3 & 2 & 1\\ 0 & -1 & 1\end{pmatrix}=\begin{pmatrix}0 & \frac{2}{3} & \frac{1}{3}\\ -1 & \frac{2}{3} & \frac{1}{3}\\ 0 & -\frac{1}{3} & \frac{1}{3}\end{pmatrix}.$$

从例 13 知,若 $\boldsymbol{A}$ 为 n 阶可逆矩阵,为了求出 $\boldsymbol{A}^{-1}$, 需要计算一个 n 阶行列式和 n^2 个 $n-1$ 阶行列式,计算量是非常大的.只有当 $n\leqslant 3$ 时,利用(3.6)求逆矩阵才稍微方便.事实上,求逆矩阵的一般方法是初等行变换法(见本章第四节).

例 14 设 n 阶矩阵 $\boldsymbol{A}$ 满足 $\boldsymbol{A}^2-3\boldsymbol{A}=\boldsymbol{O}$, 证明 $\boldsymbol{A}-\boldsymbol{E}$ 可逆,并求其逆.

解 由 $\boldsymbol{A}^2-3\boldsymbol{A}=\boldsymbol{O}$ 得 $\boldsymbol{A}^2-3\boldsymbol{A}+2\boldsymbol{E}=2\boldsymbol{E}$, 则

$$(\boldsymbol{A}-\boldsymbol{E})\frac{1}{2}(\boldsymbol{A}-2\boldsymbol{E})=\boldsymbol{E}.$$

所以 $\boldsymbol{A}-\boldsymbol{E}$ 可逆,且 $(\boldsymbol{A}-\boldsymbol{E})^{-1}=\frac{1}{2}(\boldsymbol{A}-2\boldsymbol{E})$.

3. 逆矩阵的性质

性质 1 设矩阵 $\boldsymbol{A}$ 可逆, λ 是非零实数,则 $\lambda\boldsymbol{A}$ 可逆,且 $(\lambda\boldsymbol{A})^{-1}=\frac{1}{\lambda}\boldsymbol{A}^{-1}$.

性质 2 设 $\boldsymbol{A},\boldsymbol{B}$ 为 n 阶可逆矩阵,则 $\boldsymbol{AB}$ 可逆,且 $(\boldsymbol{AB})^{-1}=\boldsymbol{B}^{-1}\boldsymbol{A}^{-1}$.

证 由 $(\boldsymbol{AB})(\boldsymbol{B}^{-1}\boldsymbol{A}^{-1})=\boldsymbol{A}(\boldsymbol{BB}^{-1})\boldsymbol{A}^{-1}=\boldsymbol{AEA}^{-1}=\boldsymbol{AA}^{-1}=\boldsymbol{E}$, 得 $\boldsymbol{AB}$ 可逆,且

$$(\boldsymbol{AB})^{-1}=\boldsymbol{B}^{-1}\boldsymbol{A}^{-1}.$$

性质 3 设 $\boldsymbol{A}$ 为 n 阶可逆矩阵,则

(1) $\boldsymbol{A}^{\mathrm{T}}$ 可逆,且 $(\boldsymbol{A}^{\mathrm{T}})^{-1}=(\boldsymbol{A}^{-1})^{\mathrm{T}}$;

(2) $\boldsymbol{A}^{-1}$ 可逆,且 $(\boldsymbol{A}^{-1})^{-1}=\boldsymbol{A}$;

(3) $|\boldsymbol{A}^{-1}|=|\boldsymbol{A}|^{-1}$;

(4) $\boldsymbol{A}^*$ 可逆,且$(\boldsymbol{A}^*)^{-1}=(\boldsymbol{A}^{-1})^*=\dfrac{\boldsymbol{A}}{|\boldsymbol{A}|}$;

(5) $|\boldsymbol{A}^*|=|\boldsymbol{A}|^{n-1}$.

证 (1),(2)和(3)由矩阵可逆的定义易证得,我们只证明(4)和(5).

(4) 由(3.6)得 $\boldsymbol{A}^*=|\boldsymbol{A}|\boldsymbol{A}^{-1}$, 所以 $\boldsymbol{A}^*$ 可逆,且

$$(\boldsymbol{A}^*)^{-1}=(|\boldsymbol{A}|\boldsymbol{A}^{-1})^{-1}=\frac{1}{|\boldsymbol{A}|}(\boldsymbol{A}^{-1})^{-1}=\frac{\boldsymbol{A}}{|\boldsymbol{A}|},$$

$$(\boldsymbol{A}^{-1})^*=|\boldsymbol{A}^{-1}|(\boldsymbol{A}^{-1})^{-1}=|\boldsymbol{A}^{-1}|\boldsymbol{A}=\frac{\boldsymbol{A}}{|\boldsymbol{A}|},$$

因此

$$(\boldsymbol{A}^*)^{-1}=(\boldsymbol{A}^{-1})^*=\frac{\boldsymbol{A}}{|\boldsymbol{A}|}.$$

(5) 当 $\boldsymbol{A}$ 可逆时,有

$$|\boldsymbol{A}^*|=||\boldsymbol{A}|\boldsymbol{A}^{-1}|=|\boldsymbol{A}|^n|\boldsymbol{A}^{-1}|=|\boldsymbol{A}|^n\cdot\frac{1}{|\boldsymbol{A}|}=|\boldsymbol{A}|^{n-1}.$$

注 一般地,对于任意 n 阶矩阵 $\boldsymbol{A}$, 有 $|\boldsymbol{A}^*|=|\boldsymbol{A}|^{n-1}$.

事实上,若$|\boldsymbol{A}|=0$,分两种情况讨论:

(a) 若 $\boldsymbol{A}=\boldsymbol{O}$,则 $\boldsymbol{A}^*=\boldsymbol{O}$,从而$|\boldsymbol{A}^*|=0$.

(b) 若 $\boldsymbol{A}\neq\boldsymbol{O}$,假设$|\boldsymbol{A}^*|\neq0$,则 $\boldsymbol{A}^*$ 可逆,由此得

$$\boldsymbol{A}=\boldsymbol{AE}=\boldsymbol{A}(\boldsymbol{A}^*(\boldsymbol{A}^*)^{-1})=(\boldsymbol{AA}^*)(\boldsymbol{A}^*)^{-1}=|\boldsymbol{A}|\boldsymbol{E}(\boldsymbol{A}^*)^{-1}=\boldsymbol{O},$$

与 $\boldsymbol{A}\neq\boldsymbol{O}$ 矛盾,故$|\boldsymbol{A}^*|=0$.

例 15 设 $\boldsymbol{A}$ 为三阶矩阵,且 $|\boldsymbol{A}|=\dfrac{1}{2}$, 求 $|(3\boldsymbol{A})^{-1}-2\boldsymbol{A}^*|$.

解 方法一 $(3\boldsymbol{A})^{-1}-2\boldsymbol{A}^*=\dfrac{1}{3}\boldsymbol{A}^{-1}-2|\boldsymbol{A}|\boldsymbol{A}^{-1}=-\dfrac{2}{3}\boldsymbol{A}^{-1}$, 则

$$|(3\boldsymbol{A})^{-1}-2\boldsymbol{A}^*|=\left|-\frac{2}{3}\boldsymbol{A}^{-1}\right|=\left(-\frac{2}{3}\right)^3|\boldsymbol{A}^{-1}|=-\frac{8}{27}\cdot\frac{1}{|\boldsymbol{A}|}=-\frac{16}{27}.$$

方法二 $(3\boldsymbol{A})^{-1}-2\boldsymbol{A}^*=\dfrac{1}{3}\boldsymbol{A}^{-1}-2\boldsymbol{A}^*=\dfrac{1}{3}\cdot\dfrac{\boldsymbol{A}^*}{|\boldsymbol{A}|}-2\boldsymbol{A}^*=-\dfrac{4}{3}\boldsymbol{A}^*$, 则

$$|(3\boldsymbol{A})^{-1}-2\boldsymbol{A}^*|=\left|-\frac{4}{3}\boldsymbol{A}^*\right|=\left(-\frac{4}{3}\right)^3|\boldsymbol{A}^*|=\left(-\frac{4}{3}\right)^3|\boldsymbol{A}|^2=-\frac{16}{27}.$$

例 16 设 $\boldsymbol{A},\boldsymbol{B},\boldsymbol{A}+\boldsymbol{B}$ 都可逆,证明 $\boldsymbol{A}^{-1}+\boldsymbol{B}^{-1}$ 也可逆,并求其逆.

解 因为

$$A^{-1}+B^{-1}=A^{-1}(E+AB^{-1})=A^{-1}(A+B)B^{-1},$$

所以 $A^{-1}+B^{-1}$ 可逆,且

$$(A^{-1}+B^{-1})^{-1}=[A^{-1}(A+B)B^{-1}]^{-1}=B(A+B)^{-1}A.$$

例 17 设 $A=\begin{pmatrix}1&0&0\\2&2&0\\3&3&3\end{pmatrix}$, 求 $(A^*)^{-1}$.

解 $|A|=6$, 则

$$(A^*)^{-1}=\frac{1}{|A|}A=\frac{1}{6}\begin{pmatrix}1&0&0\\2&2&0\\3&3&3\end{pmatrix}=\begin{pmatrix}\frac{1}{6}&0&0\\\frac{1}{3}&\frac{1}{3}&0\\\frac{1}{2}&\frac{1}{2}&\frac{1}{2}\end{pmatrix}.$$

例 18 设矩阵 X 满足矩阵方程 $X=AX+B$, 且

$$A=\begin{pmatrix}0&1&0\\-1&1&1\\-1&0&-1\end{pmatrix},\quad B=\begin{pmatrix}1&-1\\2&0\\5&3\end{pmatrix},$$

求矩阵 X.

解 由 $X=AX+B$ 得 $(E-A)X=B$, 又

$$E-A=\begin{pmatrix}1&-1&0\\1&0&-1\\1&0&2\end{pmatrix},\quad |E-A|=3\neq 0,$$

则 $E-A$ 可逆,且 $X=(E-A)^{-1}B$. 经计算得(参考例 13)

$$(E-A)^{-1}=\frac{1}{|E-A|}(E-A)^*=\frac{1}{3}\begin{pmatrix}0&2&1\\-3&2&1\\0&-1&1\end{pmatrix}.$$

所以

$$X=(E-A)^{-1}B=\frac{1}{3}\begin{pmatrix}0&2&1\\-3&2&1\\0&-1&1\end{pmatrix}\begin{pmatrix}1&-1\\2&0\\5&3\end{pmatrix}=\begin{pmatrix}3&1\\2&2\\1&1\end{pmatrix}.$$

作为本节的结尾,下面给出克拉默法则的证明.

证 方程组(2.18)的矩阵形式为

$$A_{n\times n}X_{n\times 1}=\beta_{n\times 1},$$

其中 $A=(a_{ij})_n$, $\beta=(b_1\quad b_2\quad\cdots\quad b_n)^{\mathrm T}$. 因为 $|A|=D\neq 0$, 所以 A^{-1} 存在.由逆矩阵的唯一性知,方程组有唯一解,且解为

$$X=A^{-1}\beta=\frac{1}{|A|}A^*\beta=\frac{1}{D}\begin{pmatrix}A_{11}&A_{21}&\cdots&A_{n1}\\A_{12}&A_{22}&\cdots&A_{n2}\\\vdots&\vdots&&\vdots\\A_{1n}&A_{2n}&\cdots&A_{nn}\end{pmatrix}\begin{pmatrix}b_1\\b_2\\\vdots\\b_n\end{pmatrix},$$

即

$$\begin{pmatrix} x_1 \\ x_2 \\ \vdots \\ x_n \end{pmatrix} = \frac{1}{D}\begin{pmatrix} b_1A_{11} + b_2A_{21} + \cdots + b_nA_{n1} \\ b_1A_{12} + b_2A_{22} + \cdots + b_nA_{n2} \\ \vdots \\ b_1A_{1n} + b_2A_{2n} + \cdots + b_nA_{nn} \end{pmatrix} = \frac{1}{D}\begin{pmatrix} D_1 \\ D_2 \\ \vdots \\ D_n \end{pmatrix},$$

所以

$$x_j = \frac{D_j}{D}, j = 1, 2, \cdots, n.$$

思考题二

1. 矩阵 $\boldsymbol{A}$ 的伴随矩阵 $\boldsymbol{A}^*$ 的第 i 行第 j 列元素是什么？
2. 为什么可逆矩阵 $\boldsymbol{A}$ 的逆矩阵不能记为$\frac{1}{\boldsymbol{A}}$(或$\frac{\boldsymbol{E}}{\boldsymbol{A}}$)？
3. n 阶矩阵 $\boldsymbol{A}$ 可逆的条件是什么？举例说明当 $\boldsymbol{A} \neq \boldsymbol{O}$ 时,$\boldsymbol{A}$ 不一定可逆.
4. 设 $\boldsymbol{A},\boldsymbol{B}$ 为同阶可逆矩阵,问 $(\boldsymbol{AB})^{-1} = \boldsymbol{A}^{-1}\boldsymbol{B}^{-1}$ 吗？
5. 设 $\boldsymbol{A}$ 为可逆矩阵,且 $\boldsymbol{AB}=\boldsymbol{AC}$,则 $\boldsymbol{B}=\boldsymbol{C}$.此结论成立吗？说明理由.
6. 设三阶对角矩阵 $\boldsymbol{A} = \mathrm{diag}(\lambda_1,\lambda_2,\lambda_3)$，其中 $\lambda_1,\lambda_2,\lambda_3$ 全不为零,证明：

$$\boldsymbol{A}^{-1} = \mathrm{diag}(\lambda_1^{-1},\lambda_2^{-1},\lambda_3^{-1}).$$

由此能得到 n 阶对角矩阵可逆的条件和其逆矩阵的计算公式吗？

第三节 分块矩阵

从本章前两节的讨论中可以看出,小型矩阵(即行数与列数较小的矩阵)一般比大型矩阵(即行数与列数较大的矩阵)易于计算,很自然地想到把大型矩阵转化为小型矩阵来处理.这种方法就是本节介绍的分块矩阵法,它在处理大型矩阵,特别是稀疏矩阵(大量为零的元素而且成块地出现)的运算时比较简单,而且在讨论矩阵的理论时也不失为一种有效的方法.

一、分块矩阵的定义

定义 10 将矩阵用若干条横线与若干条纵线分成若干小块,每个小块称为矩阵的子块;以子块为元素的形式上的矩阵称为分块矩阵.

如矩阵

$$\boldsymbol{A} = \begin{pmatrix} a & b & 0 & 0 \\ c & d & 0 & 0 \\ 0 & 0 & p & q \\ 0 & 0 & r & s \end{pmatrix}$$

可按下述不同的两种分法分块：

$$\boldsymbol{A}=\left(\begin{array}{cc:cc} a & b & 0 & 0 \\ c & d & 0 & 0 \\ \hdashline 0 & 0 & p & q \\ 0 & 0 & r & s \end{array}\right), \quad \boldsymbol{A}=\left(\begin{array}{c:c:c:c} a & b & 0 & 0 \\ c & d & 0 & 0 \\ 0 & 0 & p & q \\ 0 & 0 & r & s \end{array}\right).$$

令 $\boldsymbol{A}_{11}=\begin{pmatrix} a & b \\ c & d \end{pmatrix}$，$\boldsymbol{A}_{22}=\begin{pmatrix} p & q \\ r & s \end{pmatrix}$；$\boldsymbol{B}_1=\begin{pmatrix} a \\ c \\ 0 \\ 0 \end{pmatrix}$，$\boldsymbol{B}_2=\begin{pmatrix} b \\ d \\ 0 \\ 0 \end{pmatrix}$，$\boldsymbol{B}_3=\begin{pmatrix} 0 \\ 0 \\ p \\ r \end{pmatrix}$，$\boldsymbol{B}_4=\begin{pmatrix} 0 \\ 0 \\ q \\ s \end{pmatrix}$，则矩阵 $\boldsymbol{A}$ 的分块矩阵分别为 $\boldsymbol{A}=\begin{pmatrix} \boldsymbol{A}_{11} & \boldsymbol{O} \\ \boldsymbol{O} & \boldsymbol{A}_{22} \end{pmatrix}$ 与 $\boldsymbol{A}=(\boldsymbol{B}_1 \quad \boldsymbol{B}_2 \quad \boldsymbol{B}_3 \quad \boldsymbol{B}_4)$. 显然一个矩阵的分块矩阵是不唯一的，与矩阵的分法有关.因此，在利用分块矩阵讨论具体问题时，对矩阵应采用适当的分块法，使问题的解决简单方便.

二、分块矩阵的运算

下面介绍分块矩阵的运算，它与矩阵的运算基本类似.

1. 数乘

设 $\boldsymbol{A}=\begin{pmatrix} \boldsymbol{A}_{11} & \boldsymbol{A}_{12} & \cdots & \boldsymbol{A}_{1s} \\ \boldsymbol{A}_{21} & \boldsymbol{A}_{22} & \cdots & \boldsymbol{A}_{2s} \\ \vdots & \vdots & & \vdots \\ \boldsymbol{A}_{r1} & \boldsymbol{A}_{r2} & \cdots & \boldsymbol{A}_{rs} \end{pmatrix}$，$\lambda$ 为实数，则

$$\lambda\boldsymbol{A}=\begin{pmatrix} \lambda\boldsymbol{A}_{11} & \lambda\boldsymbol{A}_{12} & \cdots & \lambda\boldsymbol{A}_{1s} \\ \lambda\boldsymbol{A}_{21} & \lambda\boldsymbol{A}_{22} & \cdots & \lambda\boldsymbol{A}_{2s} \\ \vdots & \vdots & & \vdots \\ \lambda\boldsymbol{A}_{r1} & \lambda\boldsymbol{A}_{r2} & \cdots & \lambda\boldsymbol{A}_{rs} \end{pmatrix}.$$

2. 加法

将 $m\times n$ 矩阵 $\boldsymbol{A}$ 与 $\boldsymbol{B}$ 按相同的分块法分别分成 $r\times s$ 分块矩阵：

$$\boldsymbol{A}=\begin{pmatrix} \boldsymbol{A}_{11} & \boldsymbol{A}_{12} & \cdots & \boldsymbol{A}_{1s} \\ \boldsymbol{A}_{21} & \boldsymbol{A}_{22} & \cdots & \boldsymbol{A}_{2s} \\ \vdots & \vdots & & \vdots \\ \boldsymbol{A}_{r1} & \boldsymbol{A}_{r2} & \cdots & \boldsymbol{A}_{rs} \end{pmatrix}, \quad \boldsymbol{B}=\begin{pmatrix} \boldsymbol{B}_{11} & \boldsymbol{B}_{12} & \cdots & \boldsymbol{B}_{1s} \\ \boldsymbol{B}_{21} & \boldsymbol{B}_{22} & \cdots & \boldsymbol{B}_{2s} \\ \vdots & \vdots & & \vdots \\ \boldsymbol{B}_{r1} & \boldsymbol{B}_{r2} & \cdots & \boldsymbol{B}_{rs} \end{pmatrix},$$

则

$$\boldsymbol{A}+\boldsymbol{B}=\begin{pmatrix} \boldsymbol{A}_{11}+\boldsymbol{B}_{11} & \boldsymbol{A}_{12}+\boldsymbol{B}_{12} & \cdots & \boldsymbol{A}_{1s}+\boldsymbol{B}_{1s} \\ \boldsymbol{A}_{21}+\boldsymbol{B}_{21} & \boldsymbol{A}_{22}+\boldsymbol{B}_{22} & \cdots & \boldsymbol{A}_{2s}+\boldsymbol{B}_{2s} \\ \vdots & \vdots & & \vdots \\ \boldsymbol{A}_{r1}+\boldsymbol{B}_{r1} & \boldsymbol{A}_{r2}+\boldsymbol{B}_{r2} & \cdots & \boldsymbol{A}_{rs}+\boldsymbol{B}_{rs} \end{pmatrix}.$$

3. 乘法

设 $\boldsymbol{A}$ 为 $m\times l$ 矩阵，$\boldsymbol{B}$ 为 $l\times n$ 矩阵，按 $\boldsymbol{A}$ 的列的分法与 $\boldsymbol{B}$ 的行的分法相同的分块法把 $\boldsymbol{A}$ 与 $\boldsymbol{B}$ 分成

$$\boldsymbol{A}=\begin{pmatrix}\boldsymbol{A}_{11}&\boldsymbol{A}_{12}&\cdots&\boldsymbol{A}_{1t}\\\boldsymbol{A}_{21}&\boldsymbol{A}_{22}&\cdots&\boldsymbol{A}_{2t}\\\vdots&\vdots&&\vdots\\\boldsymbol{A}_{r1}&\boldsymbol{A}_{r2}&\cdots&\boldsymbol{A}_{rt}\end{pmatrix},\quad \boldsymbol{B}=\begin{pmatrix}\boldsymbol{B}_{11}&\boldsymbol{B}_{12}&\cdots&\boldsymbol{B}_{1s}\\\boldsymbol{B}_{21}&\boldsymbol{B}_{22}&\cdots&\boldsymbol{B}_{2s}\\\vdots&\vdots&&\vdots\\\boldsymbol{B}_{t1}&\boldsymbol{B}_{t2}&\cdots&\boldsymbol{B}_{ts}\end{pmatrix},$$

则 $\boldsymbol{AB}=\boldsymbol{C}=(\boldsymbol{C}_{ij})_{r\times s}$，其中

$$\boldsymbol{C}_{ij}=\boldsymbol{A}_{i1}\boldsymbol{B}_{1j}+\boldsymbol{A}_{i2}\boldsymbol{B}_{2j}+\cdots+\boldsymbol{A}_{it}\boldsymbol{B}_{tj},\quad i=1,2,\cdots,r;j=1,2,\cdots,s.$$

例 19　设 $\boldsymbol{A}=\begin{pmatrix}1&2&0&0\\3&4&0&0\\1&0&3&1\\0&1&2&5\end{pmatrix}$，$\boldsymbol{B}=\begin{pmatrix}1&0\\0&1\\0&0\\0&0\end{pmatrix}$，利用分块矩阵的乘法计算 $\boldsymbol{AB}$.

解　把矩阵 $\boldsymbol{A}$ 与 $\boldsymbol{B}$ 分别分成

$$\boldsymbol{A}=\left(\begin{array}{cc:cc}1&2&0&0\\3&4&0&0\\\hdashline 1&0&3&1\\0&1&2&5\end{array}\right)=\begin{pmatrix}\boldsymbol{A}_{11}&\boldsymbol{O}\\\boldsymbol{E}&\boldsymbol{A}_{22}\end{pmatrix},\quad \boldsymbol{B}=\left(\begin{array}{cc}1&0\\0&1\\\hdashline 0&0\\0&0\end{array}\right)=\begin{pmatrix}\boldsymbol{E}\\\boldsymbol{O}\end{pmatrix},$$

则

$$\boldsymbol{AB}=\begin{pmatrix}\boldsymbol{A}_{11}&\boldsymbol{O}\\\boldsymbol{E}&\boldsymbol{A}_{22}\end{pmatrix}\begin{pmatrix}\boldsymbol{E}\\\boldsymbol{O}\end{pmatrix}=\begin{pmatrix}\boldsymbol{A}_{11}\\\boldsymbol{E}\end{pmatrix}=\begin{pmatrix}1&2\\3&4\\1&0\\0&1\end{pmatrix}.$$

在利用分块矩阵的乘法讨论 $\boldsymbol{AB}$ 时，下面的特殊情形值得注意.设 $\boldsymbol{A}$ 为 $m\times l$ 矩阵，$\boldsymbol{B}$ 为 $l\times n$ 矩阵，将右矩阵 $\boldsymbol{B}$ 按列分块：$\boldsymbol{B}=(\boldsymbol{\beta}_1\quad\boldsymbol{\beta}_2\quad\cdots\quad\boldsymbol{\beta}_n)$，则

$$\boldsymbol{AB}=(\boldsymbol{A\beta}_1\quad\boldsymbol{A\beta}_2\quad\cdots\quad\boldsymbol{A\beta}_n).$$

若 $\boldsymbol{AB}=\boldsymbol{O}$，则 $(\boldsymbol{A\beta}_1\quad\boldsymbol{A\beta}_2\quad\cdots\quad\boldsymbol{A\beta}_n)=(\boldsymbol{O}\quad\boldsymbol{O}\quad\cdots\quad\boldsymbol{O})$，从而

$$\boldsymbol{A\beta}_j=\boldsymbol{O},\quad j=1,2,\cdots,n,$$

即 $\boldsymbol{\beta}_j\ (j=1,2,\cdots,n)$ 是齐次线性方程组 $\boldsymbol{A}_{m\times l}\boldsymbol{X}_{l\times 1}=\boldsymbol{O}_{m\times 1}$ 的解，也就是说 $\boldsymbol{B}$ 的列是齐次线性方程组 $\boldsymbol{A}_{m\times l}\boldsymbol{X}_{l\times 1}=\boldsymbol{O}_{m\times 1}$ 的解.

4. 分块矩阵的转置

设 $\boldsymbol{A}=\begin{pmatrix}\boldsymbol{A}_{11}&\boldsymbol{A}_{12}&\cdots&\boldsymbol{A}_{1s}\\\boldsymbol{A}_{21}&\boldsymbol{A}_{22}&\cdots&\boldsymbol{A}_{2s}\\\vdots&\vdots&&\vdots\\\boldsymbol{A}_{r1}&\boldsymbol{A}_{r2}&\cdots&\boldsymbol{A}_{rs}\end{pmatrix}$，则 $\boldsymbol{A}$ 的转置矩阵

$$A^{\mathrm{T}}=\begin{pmatrix}A_{11}^{\mathrm{T}} & A_{21}^{\mathrm{T}} & \cdots & A_{r1}^{\mathrm{T}}\\ A_{12}^{\mathrm{T}} & A_{22}^{\mathrm{T}} & \cdots & A_{r2}^{\mathrm{T}}\\ \vdots & \vdots & & \vdots\\ A_{1s}^{\mathrm{T}} & A_{2s}^{\mathrm{T}} & \cdots & A_{rs}^{\mathrm{T}}\end{pmatrix}.$$

分块三角形矩阵求逆

5. 分块三角形矩阵的逆

设分块三角形矩阵 $A=\begin{pmatrix}A_1 & O\\ B & A_2\end{pmatrix}$，其中 A_1,A_2 分别为 s 阶和 t 阶可逆矩阵，B 为 $t\times s$ 矩阵，则矩阵 A 可逆，且

$$A^{-1}=\begin{pmatrix}A_1^{-1} & O\\ -A_2^{-1}BA_1^{-1} & A_2^{-1}\end{pmatrix}.$$

特别地，当 $B=O$ 时，$\begin{pmatrix}A_1 & O\\ O & A_2\end{pmatrix}^{-1}=\begin{pmatrix}A_1^{-1} & O\\ O & A_2^{-1}\end{pmatrix}$.

事实上，由第三章第一节性质 12(乘法定理)的证明过程可得出 $|A|=|A_1||A_2|$，而 A_1,A_2 分别为 s 阶和 t 阶可逆矩阵，即 $|A_1|\neq 0$，$|A_2|\neq 0$，从而 $|A|\neq 0$，即 A 为可逆矩阵.

设 $A^{-1}=\begin{pmatrix}X_1 & X_2\\ X_3 & X_4\end{pmatrix}$，其中 X_1,X_4 分别与 A_1,A_2 同阶，则

$$AA^{-1}=\begin{pmatrix}A_1 & O\\ B & A_2\end{pmatrix}\begin{pmatrix}X_1 & X_2\\ X_3 & X_4\end{pmatrix}=\begin{pmatrix}A_1X_1 & A_1X_2\\ BX_1+A_2X_3 & BX_2+A_2X_4\end{pmatrix}=E=\begin{pmatrix}E_s & O\\ O & E_t\end{pmatrix},$$

于是

$$\begin{cases}A_1X_1=E_s,\\ A_1X_2=O,\\ BX_1+A_2X_3=O,\\ BX_2+A_2X_4=E_t,\end{cases}$$

解得

$$\begin{cases}X_1=A_1^{-1},\\ X_2=O,\\ X_3=-A_2^{-1}BA_1^{-1},\\ X_4=A_2^{-1}.\end{cases}$$

故

$$A^{-1}=\begin{pmatrix}A_1^{-1} & O\\ -A_2^{-1}BA_1^{-1} & A_2^{-1}\end{pmatrix}.$$

这是一种常用的分块矩阵求逆方法.

三、分块对角矩阵

定义 11 形如 $\boldsymbol{A}=\begin{pmatrix}\boldsymbol{A}_1 & & & \\ & \boldsymbol{A}_2 & & \\ & & \ddots & \\ & & & \boldsymbol{A}_r\end{pmatrix}$ 的分块矩阵称为分块对角矩阵(或准对角矩阵),简记为 $\boldsymbol{A}=\operatorname{diag}(\boldsymbol{A}_1,\boldsymbol{A}_2,\cdots,\boldsymbol{A}_r)$,其中 $\boldsymbol{A}_i(i=1,2,\cdots,r)$ 为方阵.

分块对角矩阵的运算相当简单,完全类似于对角矩阵.下面给出几条重要性质.

性质 1 设 $\boldsymbol{A}=\operatorname{diag}(\boldsymbol{A}_1,\boldsymbol{A}_2,\cdots,\boldsymbol{A}_r)$,则 $|\boldsymbol{A}|=|\boldsymbol{A}_1||\boldsymbol{A}_2|\cdots|\boldsymbol{A}_r|$.

性质 2 设 $\boldsymbol{A}=\operatorname{diag}(\boldsymbol{A}_1,\boldsymbol{A}_2,\cdots,\boldsymbol{A}_r)$,则 $\boldsymbol{A}^k=\operatorname{diag}(\boldsymbol{A}_1^k,\boldsymbol{A}_2^k,\cdots,\boldsymbol{A}_r^k)$,其中 k 为正整数.

性质 3 设 $\boldsymbol{A}=\operatorname{diag}(\boldsymbol{A}_1,\boldsymbol{A}_2,\cdots,\boldsymbol{A}_r)$,若 $\boldsymbol{A}_i(i=1,2,\cdots,r)$ 均可逆,则 $\boldsymbol{A}^{-1}=\operatorname{diag}(\boldsymbol{A}_1^{-1},\boldsymbol{A}_2^{-1},\cdots,\boldsymbol{A}_r^{-1})$.

例 20 设矩阵 $\boldsymbol{A}=\begin{pmatrix}5 & 2 & 0 & 0\\ 2 & 1 & 0 & 0\\ 0 & 0 & 1 & -2\\ 0 & 0 & 1 & 1\end{pmatrix}$,求 $|\boldsymbol{A}|$ 和 $\boldsymbol{A}^{-1}$.

解 令 $\boldsymbol{A}=\begin{pmatrix}\boldsymbol{A}_1 & \boldsymbol{O}\\ \boldsymbol{O} & \boldsymbol{A}_2\end{pmatrix}$,其中 $\boldsymbol{A}_1=\begin{pmatrix}5 & 2\\ 2 & 1\end{pmatrix}$,$\boldsymbol{A}_2=\begin{pmatrix}1 & -2\\ 1 & 1\end{pmatrix}$,有

$$|\boldsymbol{A}|=|\boldsymbol{A}_1|\cdot|\boldsymbol{A}_2|=3,\text{且 }\boldsymbol{A}^{-1}=\begin{pmatrix}\boldsymbol{A}_1^{-1} & \boldsymbol{O}\\ \boldsymbol{O} & \boldsymbol{A}_2^{-1}\end{pmatrix}.$$

又 $\boldsymbol{A}_1^{-1}=\begin{pmatrix}1 & -2\\ -2 & 5\end{pmatrix}$,$\boldsymbol{A}_2^{-1}=\dfrac{1}{3}\begin{pmatrix}1 & 2\\ -1 & 1\end{pmatrix}$,所以

$$\boldsymbol{A}^{-1}=\begin{pmatrix}1 & -2 & 0 & 0\\ -2 & 5 & 0 & 0\\ 0 & 0 & \dfrac{1}{3} & \dfrac{2}{3}\\ 0 & 0 & -\dfrac{1}{3} & \dfrac{1}{3}\end{pmatrix}.$$

例 21 设 $\boldsymbol{A}=\begin{pmatrix}1 & 0 & 0\\ 2 & 2 & 0\\ 0 & 0 & 3\end{pmatrix}$,求 $\boldsymbol{A}^k$,其中 k 为正整数.

解 令 $\boldsymbol{A}=\begin{pmatrix}\boldsymbol{A}_1 & \boldsymbol{O}\\ \boldsymbol{O} & \boldsymbol{A}_2\end{pmatrix}$,其中 $\boldsymbol{A}_1=\begin{pmatrix}1 & 0\\ 2 & 2\end{pmatrix}$,$\boldsymbol{A}_2=(3)$,则 $\boldsymbol{A}^k=\begin{pmatrix}\boldsymbol{A}_1^k & \\ & \boldsymbol{A}_2^k\end{pmatrix}$.又

$$\boldsymbol{A}_1^2=\begin{pmatrix}1 & 0\\ 2^3-2 & 2^2\end{pmatrix},\quad \boldsymbol{A}_1^3=\boldsymbol{A}_1^2\boldsymbol{A}_1=\begin{pmatrix}1 & 0\\ 2^4-2 & 2^3\end{pmatrix},$$

由数学归纳法可得 $\boldsymbol{A}_1^k=\begin{pmatrix}1 & 0\\ 2^{k+1}-2 & 2^k\end{pmatrix}$.所以

$$A^k=\begin{pmatrix}1&0&0\\2^{k+1}-2&2^k&0\\0&0&3^k\end{pmatrix}.$$

思考题三

1. 矩阵的分块矩阵唯一吗?
2. 比较分块对角矩阵与对角矩阵的运算.
3. 如何用分块法计算两个矩阵的乘积?

第四节 矩阵的初等变换

矩阵的初等变换是线性代数中最重要的变换之一,起源于线性方程组的求解,在求可逆矩阵的逆矩阵、矩阵的秩、解线性方程组及矩阵理论等方面起着非常重要的作用.

一、矩阵的初等变换与矩阵的等价

在第一章第二节,我们看到矩阵的初等行变换在解线性方程组时起着非常重要的作用.不仅如此,事实上,矩阵的初等变换在很多方面都起着非常重要的作用.

定义 12 以下对矩阵的三类变换称为矩阵的初等列变换:

(1) 交换矩阵的两列;

(2) 以不为零的数 k 乘矩阵某一列中的所有元素;

(3) 将矩阵的某一列乘数 k 加到另一列上去.

矩阵的初等行变换与初等列变换统称为矩阵的初等变换.可以证明,矩阵的三类初等变换是可逆的,且其逆变换为同类的初等变换.

为了方便,我们用 $c_i\leftrightarrow c_j$ 表示交换矩阵的第 i 列与第 j 列,用 $c_j\times k$ 表示以不为零的数 k 乘矩阵的第 j 列,用 c_i+kc_j 表示将矩阵的第 j 列乘数 k 加到第 i 列上.

定义 13 若矩阵 $\boldsymbol{A}$ 经过有限次初等变换变成矩阵 $\boldsymbol{B}$,则称矩阵 $\boldsymbol{A}$ 与 $\boldsymbol{B}$ 等价,记作 $\boldsymbol{A}\to\boldsymbol{B}$.

矩阵的等价具有以下性质:

性质 1 反身性:$\boldsymbol{A}\to\boldsymbol{A}$.

性质 2 对称性:若 $\boldsymbol{A}\to\boldsymbol{B}$, 则 $\boldsymbol{B}\to\boldsymbol{A}$.

性质 3 传递性:若 $\boldsymbol{A}\to\boldsymbol{B}$, $\boldsymbol{B}\to\boldsymbol{C}$, 则 $\boldsymbol{A}\to\boldsymbol{C}$.

定义 14 形如 $\begin{pmatrix}\boldsymbol{E}_r&\boldsymbol{O}\\\boldsymbol{O}&\boldsymbol{O}\end{pmatrix}$ 的矩阵称为标准形矩阵,其中 $\boldsymbol{E}_r$ 是 r 阶单位矩阵.

利用矩阵的初等行变换可以把矩阵化为行最简形矩阵,再利用矩阵的初等列变换可以把矩阵化为标准形矩阵.如对行最简形矩阵 $A = \begin{pmatrix} 1 & 0 & -1 & 1 \\ 0 & 1 & 2 & 0 \\ 0 & 0 & 0 & 0 \\ 0 & 0 & 0 & 0 \end{pmatrix}$,再利用初等列变换,有

$$A \xrightarrow[\substack{c_3 + c_1 \\ c_3 - 2c_2 \\ c_4 - c_1}]{} \begin{pmatrix} 1 & 0 & 0 & 0 \\ 0 & 1 & 0 & 0 \\ 0 & 0 & 0 & 0 \\ 0 & 0 & 0 & 0 \end{pmatrix} = F = \begin{pmatrix} E_2 & O \\ O & O \end{pmatrix}.$$

以上讨论告诉我们:**任意非零矩阵经过有限次初等变换可以变成标准形矩阵.**

矩阵的初等变换是矩阵极为重要的变换.为了进一步讨论矩阵初等变换的应用,有

定理 5 设 A,B 为 $m \times n$ 矩阵,则 $A \xrightarrow{r} B$ 的充要条件是存在 m 阶可逆矩阵 P,使得 $PA = B$.

为了证明定理 5,我们引入初等矩阵.

二、初等矩阵

定义 15 由单位矩阵经过一次初等变换所得到的方阵,称为初等矩阵.

由三类初等变换,可得到如下三类初等矩阵:

(1) **交换矩阵** $E(i,j)$:交换单位矩阵的第 i 行(列)与第 j 行(列)所得到的方阵,

$$E(i,j) = \begin{pmatrix} 1 & & & & & & & & \\ & \ddots & & & & & & & \\ & & 1 & & & & & & \\ & & & 0 & & \cdots & 1 & & \\ & & & & 1 & & & & \\ & & & \vdots & & \ddots & \vdots & & \\ & & & & & 1 & & & \\ & & & 1 & \cdots & \cdots & \cdots\ 0 & & \\ & & & & & & & 1 & \\ & & & & & & & & \ddots \\ & & & & & & & & & 1 \end{pmatrix} \begin{matrix} \\ \\ \\ \leftarrow r_i \\ \\ \\ \\ \leftarrow r_j \\ \\ \\ \\ \end{matrix}.$$

由行列式的性质 6 得 $|E(i,j)| = -1$,且 $E^{-1}(i,j) = E(i,j)$.可以证明:

$$A_{m\times n} \xrightarrow{r_i \leftrightarrow r_j} B_{m\times n} \Leftrightarrow E_m(i,j)A_{m\times n} = B_{m\times n},\quad A_{m\times n} \xrightarrow[c_i \leftrightarrow c_j]{} B_{m\times n} \Leftrightarrow A_{m\times n}E_n(i,j) = B_{m\times n}.$$

(2) **倍乘矩阵** $E(i(k))$:以不为零的数 k 乘单位矩阵的第 i 行(或列)所得到的方阵,

$$\boldsymbol{E}(i(k))=\begin{pmatrix}1&&&&&&\\&\ddots&&&&&\\&&1&&&&\\&&&k&&&\\&&&&1&&\\&&&&&\ddots&\\&&&&&&1\end{pmatrix}\begin{matrix}\\\\\\\leftarrow r_i.\\\\\\\\\end{matrix}$$

直接计算(或由行列式的性质2)得 $|\boldsymbol{E}(i(k))|=k$, 且 $\boldsymbol{E}^{-1}(i(k))=\boldsymbol{E}\left(i\left(\dfrac{1}{k}\right)\right)$. 可以证明:

$$\boldsymbol{A}_{m\times n}\xrightarrow{r_i\times k}\boldsymbol{B}_{m\times n}\Leftrightarrow\boldsymbol{E}_m(i(k))\boldsymbol{A}_{m\times n}=\boldsymbol{B}_{m\times n},\quad \boldsymbol{A}_{m\times n}\xrightarrow[c_i\times k]{}\boldsymbol{B}_{m\times n}\Leftrightarrow\boldsymbol{A}_{m\times n}\boldsymbol{E}_n(i(k))=\boldsymbol{B}_{m\times n}.$$

(3) 倍加矩阵 $\boldsymbol{E}(i,j(k))$: 将单位矩阵的第 j 行(或第 i 列)乘数 k 加到第 i 行(或第 j 列)上所得到的方阵,

$$\boldsymbol{E}(i,j(k))=\begin{pmatrix}1&&&&&&&&&\\&\ddots&&&&&&&&\\&&1&&&&&&&\\&&&1&&\cdots&&k&&\\&&&&1&&&&&\\&&&\vdots&&\ddots&&\vdots&&\\&&&&&&1&&&\\&&&0&\cdots&\cdots&\cdots&1&&\\&&&&&&&&1&\\&&&&&&&&&\ddots&\\&&&&&&&&&&1\end{pmatrix}\begin{matrix}\\\\\\\leftarrow r_i\\\\\\\\\leftarrow r_j\\\\\\\\\end{matrix}.$$

由行列式的性质 5 得 $|\boldsymbol{E}(i,j(k))|=1$, 且 $\boldsymbol{E}^{-1}(i,j(k))=\boldsymbol{E}(i,j(-k))$. 可以证明:

$$\boldsymbol{A}_{m\times n}\xrightarrow{r_i+kr_j}\boldsymbol{B}_{m\times n}\Leftrightarrow\boldsymbol{E}_m(i,j(k))\boldsymbol{A}_{m\times n}=\boldsymbol{B}_{m\times n},$$
$$\boldsymbol{A}_{m\times n}\xrightarrow[c_j+kc_i]{}\boldsymbol{B}_{m\times n}\Leftrightarrow\boldsymbol{A}_{m\times n}\boldsymbol{E}_n(i,j(k))=\boldsymbol{B}_{m\times n}.$$

由以上讨论得

定理 6 (1) 初等矩阵都可逆,且其逆矩阵为同类的初等矩阵.

(2) 设 $\boldsymbol{A}$ 为 $m\times n$ 矩阵,对 $\boldsymbol{A}$ 作一次初等行变换,相当于在 $\boldsymbol{A}$ 的左边乘一个相应的 m 阶初等矩阵;对 $\boldsymbol{A}$ 作一次初等列变换,相当于在 $\boldsymbol{A}$ 的右边乘一个相应的 n 阶初等矩阵.

推论 $\boldsymbol{A}_{m\times n}\to\boldsymbol{B}_{m\times n}$ 的充要条件是存在 m 阶可逆矩阵 $\boldsymbol{P}$ 和 n 阶可逆矩阵 $\boldsymbol{Q}$,使得 $\boldsymbol{B}=\boldsymbol{PAQ}$.

下面给出定理 5 的证明.

证 $\boldsymbol{A}\xrightarrow{r}\boldsymbol{B}\Leftrightarrow\boldsymbol{A}$ 经过有限次(不妨设为 s 次)初等行变换变成 $\boldsymbol{B}$

$\Leftrightarrow$ 存在 m 阶初等矩阵 $\boldsymbol{P}_i(i=1,2,\cdots,s)$, 使得 $\boldsymbol{P}_1\boldsymbol{P}_2\cdots\boldsymbol{P}_s\boldsymbol{A}=\boldsymbol{B}$

$\Leftrightarrow$ 存在 m 阶可逆矩阵 $\boldsymbol{P}$,使得 $\boldsymbol{PA}=\boldsymbol{B}$,其中 $\boldsymbol{P}=\boldsymbol{P}_1\boldsymbol{P}_2\cdots\boldsymbol{P}_s$.

三、求逆矩阵的初等行变换法

定理 7　n 阶矩阵 $\boldsymbol{A}$ 可逆的充要条件是 $\boldsymbol{A}$ 可以表示成有限个初等矩阵的乘积,即

$$\boldsymbol{A}=\boldsymbol{P}_1\boldsymbol{P}_2\cdots\boldsymbol{P}_s,$$

其中 $P_i(i=1,2,\cdots,s)$ 为初等矩阵.

证　必要性:$\boldsymbol{A}$ 可逆,$\boldsymbol{A}$ 的标准形 $\boldsymbol{F}_A=\boldsymbol{E}$,则 $\boldsymbol{A}\to\boldsymbol{E}$,得 $\boldsymbol{E}\to\boldsymbol{A}$,即 n 阶单位矩阵 $\boldsymbol{E}$ 经过有限次初等变换变成 $\boldsymbol{A}$.不妨设 $\boldsymbol{E}$ 经过 t 次行变换和 $s-t$ 次列变换变成 $\boldsymbol{A}$,则存在初等矩阵 $\boldsymbol{P}_i(i=1,2,\cdots,s)$,使得 $\boldsymbol{A}=\boldsymbol{P}_1\cdots\boldsymbol{P}_t\boldsymbol{E}\boldsymbol{P}_{t+1}\cdots\boldsymbol{P}_s=\boldsymbol{P}_1\boldsymbol{P}_2\cdots\boldsymbol{P}_s$.

充分性:设 $\boldsymbol{A}=\boldsymbol{P}_1\boldsymbol{P}_2\cdots\boldsymbol{P}_s$,其中 $\boldsymbol{P}_1,\boldsymbol{P}_2,\cdots,\boldsymbol{P}_s$ 为初等矩阵,则 $\boldsymbol{A}$ 可逆.

推论　n 阶矩阵 $\boldsymbol{A}$ 可逆的充要条件是 $\boldsymbol{A}\xrightarrow{r}\boldsymbol{E}$.

设 n 阶矩阵 $\boldsymbol{A}$ 可逆,则 $\boldsymbol{A}\xrightarrow{r}\boldsymbol{E}$,即存在 n 阶可逆矩阵 $\boldsymbol{P}$,使得 $\boldsymbol{PA}=\boldsymbol{E}$,所以

$$\boldsymbol{P}=\boldsymbol{A}^{-1}.$$

由分块矩阵的乘法可知 $\boldsymbol{P}(\boldsymbol{A}\mid\boldsymbol{E})=(\boldsymbol{PA}\mid\boldsymbol{PE})=(\boldsymbol{E}\mid\boldsymbol{A}^{-1})$. 由定理 5 得

$$(\boldsymbol{A}\mid\boldsymbol{E})\xrightarrow{r}(\boldsymbol{E}\mid\boldsymbol{A}^{-1}).\tag{3.7}$$

注　设 $\boldsymbol{A}$ 为 n 阶可逆矩阵,由(3.7)得利用初等行变换求逆矩阵的方法,其步骤是

(1) 写出 $n\times 2n$ 矩阵 $(\boldsymbol{A}_n\mid\boldsymbol{E}_n)$;

(2) 利用初等行变换将 $(\boldsymbol{A}_n\mid\boldsymbol{E}_n)$ 变成行最简形矩阵;

(3) 写出 $\boldsymbol{A}$ 的逆矩阵 $\boldsymbol{A}^{-1}$.

例 22　设矩阵 $\boldsymbol{A}=\begin{pmatrix}1&-1&0\\1&0&-1\\1&0&2\end{pmatrix}$,利用初等行变换证明 $\boldsymbol{A}$ 可逆,并求 $\boldsymbol{A}$ 的逆矩阵 $\boldsymbol{A}^{-1}$(与例 13 进行比较).

解

$$(\boldsymbol{A}\mid\boldsymbol{E})=\left(\begin{array}{ccc|ccc}1&-1&0&1&0&0\\1&0&-1&0&1&0\\1&0&2&0&0&1\end{array}\right)\xrightarrow[r_2-r_1]{r_3-r_2}\left(\begin{array}{ccc|ccc}1&-1&0&1&0&0\\0&1&-1&-1&1&0\\0&0&3&0&-1&1\end{array}\right)$$

$$\xrightarrow{r_3\times\frac{1}{3}}\left(\begin{array}{ccc|ccc}1&-1&0&1&0&0\\0&1&-1&-1&1&0\\0&0&1&0&-\frac{1}{3}&\frac{1}{3}\end{array}\right)$$

$$\xrightarrow[r_1+r_2]{r_2+r_3}\left(\begin{array}{ccc|ccc}1&0&0&0&\frac{2}{3}&\frac{1}{3}\\0&1&0&-1&\frac{2}{3}&\frac{1}{3}\\0&0&1&0&-\frac{1}{3}&\frac{1}{3}\end{array}\right).$$

因为 $A \xrightarrow{r} E$，所以 A 可逆，且 $A^{-1}=\begin{pmatrix} 0 & \frac{2}{3} & \frac{1}{3} \\ -1 & \frac{2}{3} & \frac{1}{3} \\ 0 & -\frac{1}{3} & \frac{1}{3} \end{pmatrix}$.

初等变换求解矩阵方程

对于矩阵方程 $AX=B$，如果 A 可逆，那么 $X=A^{-1}B$. 令 $P=A^{-1}$，有

$$P(A \mid B)=(PA \mid PB)=(A^{-1}A \mid A^{-1}B)=(E \mid X),$$

即 $(A \mid B) \xrightarrow{r} (E \mid X)$.

例 23　利用初等行变换求解例 18.

解　由 $X=AX+B$ 得 $(E-A)X=B$，又

$$(E-A \mid B)=\left(\begin{array}{ccc|cc} 1 & -1 & 0 & 1 & -1 \\ 1 & 0 & -1 & 2 & 0 \\ 1 & 0 & 2 & 5 & 3 \end{array}\right) \xrightarrow[r_2-r_1]{r_3-r_2} \left(\begin{array}{ccc|cc} 1 & -1 & 0 & 1 & -1 \\ 0 & 1 & -1 & 1 & 1 \\ 0 & 0 & 3 & 3 & 3 \end{array}\right)$$

$$\xrightarrow{r_3 \times \frac{1}{3}} \left(\begin{array}{ccc|cc} 1 & -1 & 0 & 1 & -1 \\ 0 & 1 & -1 & 1 & 1 \\ 0 & 0 & 1 & 1 & 1 \end{array}\right) \xrightarrow{r_2+r_3} \left(\begin{array}{ccc|cc} 1 & -1 & 0 & 1 & -1 \\ 0 & 1 & 0 & 2 & 2 \\ 0 & 0 & 1 & 1 & 1 \end{array}\right)$$

$$\xrightarrow{r_1+r_2} \left(\begin{array}{ccc|cc} 1 & 0 & 0 & 3 & 1 \\ 0 & 1 & 0 & 2 & 2 \\ 0 & 0 & 1 & 1 & 1 \end{array}\right),$$

所以 $E-A$ 可逆，且 $X=\begin{pmatrix} 3 & 1 \\ 2 & 2 \\ 1 & 1 \end{pmatrix}$.

思考题四

1. 用矩阵等式表示“矩阵 A 与 B 列等价(即 A 经过有限次初等列变换变成 B)”.

2. 为什么初等变换不改变矩阵的可逆性？并由此说明可逆矩阵的标准形为单位矩阵.

3. 本书所介绍的用初等行变换求逆矩阵的方法，是否可用初等列变换？若能，是怎样的表现形式？

4. 对于矩阵方程 $XA=B$，其中 A,B 是已知矩阵.在 A 可逆的条件下，怎样利用矩阵的初等行变换来求未知矩阵 X？

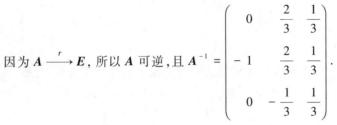

第五节 矩阵的秩

矩阵的秩反映了矩阵的内在特性，在线性代数的理论中占有非常重要的地位.它是讨论矩阵的可逆性、向量的线性表示与线性相关、线性方程组解的理论等问题的主要依据，起着无可比拟的作用.

一、矩阵秩的定义

定义 16 在 $m\times n$ 矩阵 $\boldsymbol{A}$ 中，任意选取 k 行 k 列（$k\leqslant \min\{m,n\}$）交叉处的 k^2 个元素，不改变它们在 $\boldsymbol{A}$ 中原来的顺序所构成的 k 阶行列式称为矩阵 $\boldsymbol{A}$ 的 k 阶子式.

根据排列组合的知识，$m\times n$ 矩阵 $\boldsymbol{A}$ 共有 $\mathrm{C}_m^k\mathrm{C}_n^k$ 个 k 阶子式.

定义 17 若矩阵 $\boldsymbol{A}$ 中存在一个 r 阶子式 D_r 不等于零，而所有的 $r+1$ 阶子式（如果存在）全等于零，则不等于零的 r 阶子式 D_r 称为矩阵 $\boldsymbol{A}$ 的最高阶非零子式.

定义 18 矩阵 $\boldsymbol{A}$ 的最高阶非零子式的阶数称为矩阵 $\boldsymbol{A}$ 的秩，记为 $R(\boldsymbol{A})$.

由于零矩阵没有非零子式，规定零矩阵的秩为零，即 $R(\boldsymbol{O})=0$.

对于 n 阶矩阵 $\boldsymbol{A}$，其 n 阶子式为 $|\boldsymbol{A}|$，当且仅当 $|\boldsymbol{A}|\neq 0$ 时，$R(\boldsymbol{A})=n$，此时称 $\boldsymbol{A}$ 为满秩矩阵；当且仅当 $|\boldsymbol{A}|=0$ 时，$R(\boldsymbol{A})<n$，此时称 $\boldsymbol{A}$ 为降秩矩阵.显然，满秩矩阵是非奇异矩阵，也是可逆矩阵；降秩矩阵是奇异矩阵，也是不可逆矩阵.

例 24 设 3×4 矩阵 $\boldsymbol{A}=\begin{pmatrix}1&2&3&4\\0&5&6&7\\0&0&0&0\end{pmatrix}$，用矩阵秩的定义求 $\boldsymbol{A}$ 的秩.

解 $\boldsymbol{A}$ 的二阶子式 $\begin{vmatrix}1&3\\0&6\end{vmatrix}=6\neq 0$，显然 $\boldsymbol{A}$ 的三阶子式全等于零，则 $\begin{vmatrix}1&3\\0&6\end{vmatrix}$ 为 $\boldsymbol{A}$ 的最高阶非零子式，所以 $R(\boldsymbol{A})=2$.

由例 24 可以体会到，当矩阵的行数与列数较大时，利用矩阵秩的定义计算具体矩阵的秩，计算量非常大，因而是不可取的.观察例 24 中的矩阵 $\boldsymbol{A}$，我们发现 $\boldsymbol{A}$ 是行阶梯形矩阵，其有 2 个非零行，矩阵 $\boldsymbol{A}$ 的秩等于 $\boldsymbol{A}$ 的非零行的行数.由矩阵秩的定义，可得行阶梯形矩阵的秩等于其非零行的行数.

二、矩阵秩的计算

既然行阶梯形矩阵的秩等于非零行的行数，能否把求矩阵的秩转化为求行阶梯形矩阵的秩呢？由于任意矩阵都可由初等行变换化成行阶梯形矩阵，故问题归结为讨论初等变换怎样影响矩阵的秩.我们有如下定理.

定理 8 的证明

定理 8 初等变换不改变矩阵的秩.

注 由定理 8 得求矩阵 $\boldsymbol{A}$ 的秩 $R(\boldsymbol{A})$ 的方法：

$$A \xrightarrow{r} \text{行阶梯形矩阵 } B,$$

则 $R(A)=R(B)=$ 行阶梯形矩阵 B 的非零行的行数.

例 25 求矩阵 $A=\begin{pmatrix}1 & 2 & -1 & -2 & 0\\ 2 & -1 & -1 & 1 & 1\\ 3 & 1 & -2 & -1 & 1\end{pmatrix}$ 的秩.

解 $A=\begin{pmatrix}1 & 2 & -1 & -2 & 0\\ 2 & -1 & -1 & 1 & 1\\ 3 & 1 & -2 & -1 & 1\end{pmatrix}\xrightarrow[r_3-r_2]{\substack{r_2-2r_1\\ r_3-3r_1}}\begin{pmatrix}1 & 2 & -1 & -2 & 0\\ 0 & -5 & 1 & 5 & 1\\ 0 & 0 & 0 & 0 & 0\end{pmatrix}$, 则 $R(A)=2$.

例 26 设矩阵 $A=\begin{pmatrix}\lambda & 1 & 1\\ 1 & \lambda & 1\\ 1 & 1 & \lambda\end{pmatrix}$, 问 λ 为何值时, $R(A)=1, R(A)=2, R(A)=3$?

解 方法一 利用初等行变换将矩阵 A 化成行阶梯形矩阵:

$$A=\begin{pmatrix}\lambda & 1 & 1\\ 1 & \lambda & 1\\ 1 & 1 & \lambda\end{pmatrix}\xrightarrow[r_3-\lambda r_1]{\substack{r_1\leftrightarrow r_3\\ r_2-r_1}}\begin{pmatrix}1 & 1 & \lambda\\ 0 & \lambda-1 & 1-\lambda\\ 0 & 1-\lambda & 1-\lambda^2\end{pmatrix}\xrightarrow{r_3+r_2}\begin{pmatrix}1 & 1 & \lambda\\ 0 & \lambda-1 & 1-\lambda\\ 0 & 0 & (2+\lambda)(1-\lambda)\end{pmatrix}. \tag{3.8}$$

讨论:

(1) 要使 $R(A)=3$, 则 $\begin{cases}\lambda-1\neq 0,\\ (2+\lambda)(1-\lambda)\neq 0,\end{cases}$ 即 $\lambda\neq 1$ 且 $\lambda\neq -2$.

(2) 当 $\lambda=1$ 时,把 $\lambda=1$ 代入(3.8)的最后一个矩阵,得 $A\to\begin{pmatrix}1 & 1 & 1\\ 0 & 0 & 0\\ 0 & 0 & 0\end{pmatrix}$, 则 $R(A)=1$.

(3) 当 $\lambda=-2$ 时,把 $\lambda=-2$ 代入(3.8)的最后一个矩阵,得 $A\to\begin{pmatrix}1 & 1 & -2\\ 0 & -3 & 3\\ 0 & 0 & 0\end{pmatrix}$, 则 $R(A)=2$.

方法二 $|A|=(\lambda-1)^2(\lambda+2)$, 所以

(1) 当 $|A|\neq 0$, 即 $\lambda\neq 1$ 且 $\lambda\neq -2$ 时, $R(A)=3$.

(2) 当 $\lambda=1$ 时,把 $\lambda=1$ 代入矩阵 A,得 $A=\begin{pmatrix}1 & 1 & 1\\ 1 & 1 & 1\\ 1 & 1 & 1\end{pmatrix}\to\begin{pmatrix}1 & 1 & 1\\ 0 & 0 & 0\\ 0 & 0 & 0\end{pmatrix}$, 则 $R(A)=1$.

(3) 当 $\lambda=-2$ 时,把 $\lambda=-2$ 代入矩阵 A, 得

$$A=\begin{pmatrix}-2 & 1 & 1\\ 1 & -2 & 1\\ 1 & 1 & -2\end{pmatrix}\to\begin{pmatrix}1 & 1 & -2\\ 0 & -3 & 3\\ 0 & 0 & 0\end{pmatrix},$$

则 $R(A)=2$.

三、矩阵秩的性质

下面我们不加证明地给出矩阵秩的一些常用性质：

性质 1 设 $\boldsymbol{A}$ 为 $m\times n$ 矩阵，则 $0\leqslant R(\boldsymbol{A})\leqslant \min\{m,n\}$.

性质 2 $R(\boldsymbol{A}^{\mathrm{T}})=R(\boldsymbol{A})$.

性质 3 $R(\lambda\boldsymbol{A})=\begin{cases}0, & \lambda=0,\\ R(\boldsymbol{A}), & \lambda\neq 0,\end{cases}$ 其中 λ 为常数.

性质 4 若 $\boldsymbol{A}\rightarrow\boldsymbol{B}$，则 $R(\boldsymbol{A})=R(\boldsymbol{B})$，即等价矩阵有相同的秩.但反之不然.

性质 5 设 $\boldsymbol{A}$ 为 $m\times n$ 矩阵，$\boldsymbol{P}$ 为 m 阶可逆矩阵，$\boldsymbol{Q}$ 为 n 阶可逆矩阵，则

$$R(\boldsymbol{PAQ})=R(\boldsymbol{PA})=R(\boldsymbol{AQ})=R(\boldsymbol{A}).$$

例 27 设 4×3 矩阵 $\boldsymbol{A}$ 的秩 $R(\boldsymbol{A})=2$，$\boldsymbol{B}=\begin{pmatrix}1&1&1\\0&2&2\\0&0&3\end{pmatrix}$，求 $R(\boldsymbol{AB})$.

解 显然 $\boldsymbol{B}$ 为可逆矩阵，则 $R(\boldsymbol{AB})=R(\boldsymbol{A})=2$.

性质 6 设 $\boldsymbol{A}$ 为 $m\times s$ 矩阵，$\boldsymbol{B}$ 为 $m\times t$ 矩阵，则

$$\max\{R(\boldsymbol{A}),R(\boldsymbol{B})\}\leqslant R(\boldsymbol{A}\quad\boldsymbol{B})\leqslant R(\boldsymbol{A})+R(\boldsymbol{B}).$$

特别地，$R(\boldsymbol{A})\leqslant R(\boldsymbol{A}\quad\boldsymbol{\beta})\leqslant R(\boldsymbol{A})+1$，其中 $\boldsymbol{\beta}$ 为 $m\times 1$ 矩阵.

性质 7 设 $\boldsymbol{A},\boldsymbol{B}$ 均为 $m\times n$ 矩阵，则 $R(\boldsymbol{A}+\boldsymbol{B})\leqslant R(\boldsymbol{A})+R(\boldsymbol{B})$.

性质 8 设 $\boldsymbol{A}$ 为 $m\times s$ 矩阵，$\boldsymbol{B}$ 为 $s\times n$ 矩阵，则

$$R(\boldsymbol{A})+R(\boldsymbol{B})-s\leqslant R(\boldsymbol{AB})\leqslant \min\{R(\boldsymbol{A}),R(\boldsymbol{B})\}.$$

性质 6—8 的证明

性质 9 设 $\boldsymbol{A}$ 为 $m\times s$ 矩阵，$\boldsymbol{B}$ 为 $s\times n$ 矩阵，且 $\boldsymbol{AB}=\boldsymbol{O}$，则 $R(\boldsymbol{A})+R(\boldsymbol{B})\leqslant s$.

证 由于 $\boldsymbol{AB}=\boldsymbol{O}$，故根据性质 8，有 $R(\boldsymbol{A})+R(\boldsymbol{B})-s\leqslant R(\boldsymbol{AB})=0$，所以 $R(\boldsymbol{A})+R(\boldsymbol{B})\leqslant s$.

例 28 设 $\boldsymbol{A}$ 为 n 阶矩阵，满足 $\boldsymbol{A}^2-3\boldsymbol{A}-4\boldsymbol{E}=\boldsymbol{O}$，证明：

$$R(\boldsymbol{A}+\boldsymbol{E})+R(\boldsymbol{A}-4\boldsymbol{E})=n.$$

证

$$\begin{aligned}R(\boldsymbol{A}+\boldsymbol{E})+R(\boldsymbol{A}-4\boldsymbol{E})&=R(\boldsymbol{A}+\boldsymbol{E})+R(4\boldsymbol{E}-\boldsymbol{A})\\&\geqslant R((\boldsymbol{A}+\boldsymbol{E})+(4\boldsymbol{E}-\boldsymbol{A}))\\&=R(5\boldsymbol{E})=R(\boldsymbol{E})=n,\end{aligned}$$

即

$$R(\boldsymbol{A}+\boldsymbol{E})+R(\boldsymbol{A}-4\boldsymbol{E})\geqslant n. \tag{3.9}$$

又 $(\boldsymbol{A}+\boldsymbol{E})(\boldsymbol{A}-4\boldsymbol{E})=\boldsymbol{A}^2-3\boldsymbol{A}-4\boldsymbol{E}=\boldsymbol{O}$，得

$$R(\boldsymbol{A}+\boldsymbol{E})+R(\boldsymbol{A}-4\boldsymbol{E})\leqslant n. \tag{3.10}$$

综合(3.9)式与(3.10)式，得 $R(\boldsymbol{A}+\boldsymbol{E})+R(\boldsymbol{A}-4\boldsymbol{E})=n$.

性质 10 设 $\boldsymbol{A}$ 为 $n(n\geqslant 2)$ 阶矩阵，则

$$R(\boldsymbol{A}^*)=\begin{cases}n, & R(\boldsymbol{A})=n,\\1, & R(\boldsymbol{A})=n-1,\\0, & R(\boldsymbol{A})<n-1.\end{cases}$$

证 (1) 当 $R(\boldsymbol{A})=n$ 时,有 $|\boldsymbol{A}|\neq 0$.由 $|\boldsymbol{A}^*|=|\boldsymbol{A}|^{n-1}$,有 $|\boldsymbol{A}^*|\neq 0$,所以 $R(\boldsymbol{A}^*)=n$.

(2) 当 $R(\boldsymbol{A})=n-1$ 时,有 $|\boldsymbol{A}|=0$.由 $\boldsymbol{A}\boldsymbol{A}^*=|\boldsymbol{A}|\boldsymbol{E}$,有 $\boldsymbol{A}\boldsymbol{A}^*=\boldsymbol{O}$,由性质 9 有 $R(\boldsymbol{A})+R(\boldsymbol{A}^*)\leqslant n$,所以 $R(\boldsymbol{A}^*)\leqslant n-R(\boldsymbol{A})=1$.又因为 $R(\boldsymbol{A})=n-1$,由定义 18 知 $\boldsymbol{A}$ 中至少有$n-1$ 阶子式不为零,故 $\boldsymbol{A}^*$ 中至少有一个元素不为零,所以 $R(\boldsymbol{A}^*)\geqslant 1$. 综上,$R(\boldsymbol{A}^*)=1$.

(3) 当 $R(\boldsymbol{A})<n-1$ 时,由定义 18 知 $\boldsymbol{A}$ 中所有的 $n-1$ 阶子式都为零,故 $\boldsymbol{A}^*$ 中所有元素都为零,所以 $\boldsymbol{A}^*=\boldsymbol{O}$,故 $R(\boldsymbol{A}^*)=0$.

思考题五

1. 秩为 r 的矩阵是否存在值为零的 $r-1$ 阶子式、r 阶子式、$r+1$ 阶子式(如果存在)?

2. 矩阵的最高阶非零子式是否唯一?

3. 举例说明结论"若 $R(\boldsymbol{A})=R(\boldsymbol{B})$, 则 $\boldsymbol{A}\to\boldsymbol{B}$"不成立;问在怎样的条件下该结论成立?

4. 由性质 6,若将矩阵 $\boldsymbol{A}$ 增加 s 列(或行)得到矩阵 $\boldsymbol{B}$,问 $R(\boldsymbol{A})$ 与 $R(\boldsymbol{B})$ 有何关系?

5. 问矩阵可逆的等价条件有哪些? 请一一列举.

6. 结合解线性方程组的消元法和第一章定理 2,请用矩阵的秩给出 m 个方程 n 个未知量的线性方程组 $\boldsymbol{A}_{m\times n}\boldsymbol{X}_{n\times 1}=\boldsymbol{\beta}_{m\times 1}$ 有解的条件.

第六节 线性方程组解的理论

对于 m 个方程 n 个未知量的线性方程组

$$\begin{cases} a_{11}x_1+a_{12}x_2+\cdots+a_{1n}x_n=b_1, \\ a_{21}x_1+a_{22}x_2+\cdots+a_{2n}x_n=b_2, \\ \cdots\cdots\cdots\cdots \\ a_{m1}x_1+a_{m2}x_2+\cdots+a_{mn}x_n=b_m, \end{cases}$$

其矩阵形式为

$$\boldsymbol{A}_{m\times n}\boldsymbol{X}_{n\times 1}=\boldsymbol{\beta}_{m\times 1}. \tag{3.11}$$

若 $\boldsymbol{\beta}\neq\boldsymbol{0}$, 则称为非齐次线性方程组;若 $\boldsymbol{\beta}=\boldsymbol{0}$, 则称为齐次线性方程组,其矩阵形式为

$$\boldsymbol{A}_{m\times n}\boldsymbol{X}_{n\times 1}=\boldsymbol{0}_{m\times 1}. \tag{3.12}$$

本节借助矩阵的秩,解决线性方程组何时有解,在有解时何时有唯一解或无穷多解(将第一章定理 2 简洁化)的问题.

一、非齐次线性方程组解的理论

非齐次线性方程组可能有解也可能无解,在有解时可能是唯一解或无穷多解.根据第

一章定理 2 及矩阵秩的计算，有下述定理.

定理 9 对于非齐次线性方程组(3.11)，其系数矩阵为 $\boldsymbol{A}$，增广矩阵为 $\boldsymbol{B}$，则

(1) 非齐次线性方程组(3.11)有解的充要条件是 $R(\boldsymbol{A})=R(\boldsymbol{B})$；

(2) 非齐次线性方程组(3.11)有唯一解的充要条件是 $R(\boldsymbol{A})=R(\boldsymbol{B})=n$；

(3) 非齐次线性方程组(3.11)有无穷多解的充要条件是 $R(\boldsymbol{A})=R(\boldsymbol{B})<n$.

定理 9 的证明

推论 n 个方程 n 个未知量的非齐次线性方程组 $\boldsymbol{AX}=\boldsymbol{\beta}$ 有唯一解的充要条件是其系数行列式 $|\boldsymbol{A}|\neq 0$.

例 29 求解非齐次线性方程组

$$\begin{cases} x_1+x_2-3x_3-x_4=1, \\ 3x_1-x_2-3x_3+4x_4=4, \\ x_1+5x_2-9x_3-8x_4=0. \end{cases}$$

解 对增广矩阵进行行变换化成行阶梯形矩阵：

$$\boldsymbol{B}=(\boldsymbol{A}\mid\boldsymbol{\beta})=\left(\begin{array}{cccc|c} 1 & 1 & -3 & -1 & 1 \\ 3 & -1 & -3 & 4 & 4 \\ 1 & 5 & -9 & -8 & 0 \end{array}\right)\xrightarrow{r}\left(\begin{array}{cccc|c} 1 & 1 & -3 & -1 & 1 \\ 0 & -4 & 6 & 7 & 1 \\ 0 & 0 & 0 & 0 & 0 \end{array}\right).$$

因为 $R(\boldsymbol{A})=R(\boldsymbol{B})=2<4$，所以方程组有无穷多解.再利用行变换把增广矩阵化成行最简形矩阵：

$$\boldsymbol{B}\xrightarrow{r}\left(\begin{array}{cccc|c} 1 & 0 & -\dfrac{3}{2} & \dfrac{3}{4} & \dfrac{5}{4} \\ 0 & 1 & -\dfrac{3}{2} & -\dfrac{7}{4} & -\dfrac{1}{4} \\ 0 & 0 & 0 & 0 & 0 \end{array}\right),$$

得方程组的解为

$$\begin{cases} x_1=\dfrac{3}{2}x_3-\dfrac{3}{4}x_4+\dfrac{5}{4}, \\ x_2=\dfrac{3}{2}x_3+\dfrac{7}{4}x_4-\dfrac{1}{4}, \end{cases}$$

其中 x_3,x_4 为自由变量.令 $x_3=2k_1,x_4=4k_2$，得方程组的通解

$$\begin{pmatrix} x_1 \\ x_2 \\ x_3 \\ x_4 \end{pmatrix}=k_1\begin{pmatrix} 3 \\ 3 \\ 2 \\ 0 \end{pmatrix}+k_2\begin{pmatrix} -3 \\ 7 \\ 0 \\ 4 \end{pmatrix}+\begin{pmatrix} \dfrac{5}{4} \\ -\dfrac{1}{4} \\ 0 \\ 0 \end{pmatrix}，其中 k_1,k_2 为任意常数.$$

例 30 已知矩阵 $\boldsymbol{A}=\begin{pmatrix} 1 & 0 & -1 \\ 1 & 1 & -1 \\ 0 & 1 & a^2-1 \end{pmatrix}$，$\boldsymbol{\beta}=\begin{pmatrix} 0 \\ 1 \\ a \end{pmatrix}$.若线性方程组 $\boldsymbol{AX}=\boldsymbol{\beta}$ 有无穷多解，求 a.

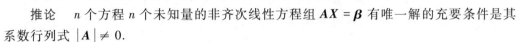

解 若线性方程组 $\boldsymbol{AX}=\boldsymbol{\beta}$ 有无穷多解,则 $R(\boldsymbol{A})=R(\boldsymbol{A}\,\vdots\,\boldsymbol{\beta})<3$.

$$(\boldsymbol{A}\,\vdots\,\boldsymbol{\beta})=\begin{pmatrix}1&0&-1&\vdots&0\\1&1&-1&\vdots&1\\0&1&a^2-1&\vdots&a\end{pmatrix}\xrightarrow{r}\begin{pmatrix}1&0&-1&\vdots&0\\0&1&0&\vdots&1\\0&0&a^2-1&\vdots&a-1\end{pmatrix},$$

所以当 $a=1$ 时,$R(\boldsymbol{A})=R(\boldsymbol{A}\,\vdots\,\boldsymbol{\beta})=2<3$.

例 31 问 λ 取何值时,非齐次线性方程组

$$\begin{cases}\lambda x_1+x_2+x_3=1,\\x_1+\lambda x_2+x_3=\lambda,\\x_1+x_2+\lambda x_3=\lambda^2\end{cases}\tag{3.13}$$

(1) 有唯一解;(2) 无解;(3) 有无穷多解.

解 **方法一** 对增广矩阵进行行变换化成行阶梯形矩阵:

$$\boldsymbol{B}=(\boldsymbol{A}\,\vdots\,\boldsymbol{\beta})=\begin{pmatrix}\lambda&1&1&\vdots&1\\1&\lambda&1&\vdots&\lambda\\1&1&\lambda&\vdots&\lambda^2\end{pmatrix}$$

$$\xrightarrow{r}\begin{pmatrix}1&1&\lambda&\vdots&\lambda^2\\0&\lambda-1&1-\lambda&\vdots&\lambda-\lambda^2\\0&0&(1-\lambda)(2+\lambda)&\vdots&(1-\lambda)(1+\lambda)^2\end{pmatrix}.\tag{3.14}$$

(1) 方程组有唯一解 $\Leftrightarrow R(\boldsymbol{A})=R(\boldsymbol{B})=3$

$$\Leftrightarrow\begin{cases}\lambda-1\neq 0,\\(1-\lambda)(2+\lambda)\neq 0\end{cases}$$

$$\Leftrightarrow \lambda\neq 1\text{ 且 }\lambda\neq -2.$$

((1)的逆否命题:当 $\lambda=1$ 或 $\lambda=-2$ 时,方程组可能无解或有无穷多解.因此下面只需讨论 $\lambda=1$ 和 $\lambda=-2$ 两种情形.)

(2) 当 $\lambda=1$ 时,把 $\lambda=1$ 代入(3.14),得

$$\boldsymbol{B}=(\boldsymbol{A}\,\vdots\,\boldsymbol{\beta})=\begin{pmatrix}1&1&1&\vdots&1\\1&1&1&\vdots&1\\1&1&1&\vdots&1\end{pmatrix}\xrightarrow{r}\begin{pmatrix}1&1&1&\vdots&1\\0&0&0&\vdots&0\\0&0&0&\vdots&0\end{pmatrix}.$$

因为 $R(\boldsymbol{A})=R(\boldsymbol{B})=1<3$, 所以方程组有无穷多解.

(3) 当 $\lambda=-2$ 时,把 $\lambda=-2$ 代入(3.14),得

$$\boldsymbol{B}=(\boldsymbol{A}\,\vdots\,\boldsymbol{\beta})=\begin{pmatrix}-2&1&1&\vdots&1\\1&-2&1&\vdots&-2\\1&1&-2&\vdots&4\end{pmatrix}\xrightarrow{r}\begin{pmatrix}1&1&-2&\vdots&4\\0&-3&3&\vdots&-6\\0&0&0&\vdots&3\end{pmatrix}.$$

因为 $R(\boldsymbol{A})=2, R(\boldsymbol{B})=3$, 所以方程组无解.

方法二 方程组的系数行列式 $|\boldsymbol{A}|=(1-\lambda)^2(2+\lambda)$.

(1) 由定理 9 的推论,当 $|\boldsymbol{A}|\neq 0$ 即 $\lambda\neq 1$ 且 $\lambda\neq -2$ 时,方程组有唯一解.

(2) 当 $\lambda=1$ 时,把 $\lambda=1$ 代入(3.13),得

$$B=(A\mid\beta)=\begin{pmatrix}1&1&1&\vdots&1\\1&1&1&\vdots&1\\1&1&1&\vdots&1\end{pmatrix}\xrightarrow{r}\begin{pmatrix}1&1&1&\vdots&1\\0&0&0&\vdots&0\\0&0&0&\vdots&0\end{pmatrix}.$$

因为 $R(\boldsymbol{A})=R(\boldsymbol{B})=1<3$，所以方程组有无穷多解.

(3) 当 $\lambda=-2$ 时，把 $\lambda=-2$ 代入(3.13)，得

$$B=(A\mid\beta)=\begin{pmatrix}-2&1&1&\vdots&1\\1&-2&1&\vdots&-2\\1&1&-2&\vdots&4\end{pmatrix}\xrightarrow{r}\begin{pmatrix}1&1&-2&\vdots&4\\0&-3&3&\vdots&-6\\0&0&0&\vdots&3\end{pmatrix}.$$

因为 $R(\boldsymbol{A})=2,R(\boldsymbol{B})=3$，所以方程组无解.

二、齐次线性方程组解的理论

齐次线性方程组 $\boldsymbol{A}_{m\times n}\boldsymbol{X}_{n\times 1}=\boldsymbol{0}_{m\times 1}$ 至少有一个零解(即 $\boldsymbol{X}=\boldsymbol{0}$)，因此我们只需讨论其何时只有零解或有非零解.根据第一章定理 2 及矩阵秩的计算，有下述定理.

定理 10 齐次线性方程组(3.12)有非零解的充要条件是 $R(\boldsymbol{A})<n$.

定理 10 的逆否命题：(3.12)只有零解的充要条件是 $R(\boldsymbol{A})=n$.

推论 1 当 $m<n$ 时，(3.12)必有非零解.

推论 2 当 $m=n$ 时，(3.12)有非零解的充要条件是其系数行列式 $|\boldsymbol{A}|=0$.

对于齐次线性方程组，只要将其系数矩阵化成行最简形矩阵，即可写出其通解.

例 32 求解齐次线性方程组

$$\begin{cases}x_1+2x_2+2x_3+x_4=0,\\2x_1+x_2-2x_3-2x_4=0,\\x_1-x_2-4x_3-3x_4=0.\end{cases}$$

解 对系数矩阵进行行变换化成行最简形矩阵：

$$A=\begin{pmatrix}1&2&2&1\\2&1&-2&-2\\1&-1&-4&-3\end{pmatrix}\xrightarrow{r}\begin{pmatrix}1&0&-2&-\frac{5}{3}\\0&1&2&\frac{4}{3}\\0&0&0&0\end{pmatrix},$$

因为 $R(\boldsymbol{A})=2<4$，所以方程组有非零解，且解为

$$\begin{cases}x_1=2x_3+\frac{5}{3}x_4,\\x_2=-2x_3-\frac{4}{3}x_4,\end{cases}$$

其中 x_3,x_4 为自由变量.令 $x_3=k_1,x_4=3k_2$，得方程组的通解

$$\begin{pmatrix}x_1\\x_2\\x_3\\x_4\end{pmatrix}=k_1\begin{pmatrix}2\\-2\\1\\0\end{pmatrix}+k_2\begin{pmatrix}5\\-4\\0\\3\end{pmatrix}，\text{其中 } k_1,k_2 \text{ 为任意常数.}$$

到现在为止,我们对线性方程组得到了非常好的结论.但是,当线性方程组有无穷多解时,其通解的形式可以不同.如例 32,若取 x_2,x_4 为自由变量,则方程组的解为

$$\begin{cases}x_1=-\quad x_2+\dfrac{1}{3}x_4,\\ x_3=-\dfrac{1}{2}x_2-\dfrac{2}{3}x_4,\end{cases}$$

令 $x_2=2c_1,x_4=3c_2$,则方程组的通解为

$$\begin{pmatrix}x_1\\x_2\\x_3\\x_4\end{pmatrix}=c_1\begin{pmatrix}-2\\2\\-1\\0\end{pmatrix}+c_2\begin{pmatrix}1\\0\\-2\\3\end{pmatrix}，\text{其中 } c_1,c_2 \text{ 为任意常数.}$$

细心的读者会有些许迷惑:为什么该齐次线性方程组的通解有这种形式,且形式不同;这两种不同的形式是否等价(即都表示该齐次线性方程组的通解吗)？这是线性方程组解的结构问题.下一章将回答这个问题.

思考题六

1. 复述定理 9 与定理 10.

2. 对于齐次线性方程组 $\boldsymbol{A}_{m\times n}\boldsymbol{X}_{n\times 1}=\boldsymbol{0}_{m\times 1}$,下列结论是否正确:

(1) 当 $m=n$ 时,方程组只有零解;

(2) 当 $m<n$ 时,方程组有非零解.

3. 对于非齐次线性方程组 $\boldsymbol{A}_{m\times n}\boldsymbol{X}_{n\times 1}=\boldsymbol{\beta}_{m\times 1}$,下列结论是否正确:

(1) 当 $m=n$ 时,方程组有唯一解;

(2) 当 $m<n$ 时,方程组有无穷多解;

(3) 当 $m>n$ 时,方程组无解.

4. 设非齐次线性方程组 $\boldsymbol{A}_{m\times n}\boldsymbol{X}_{n\times 1}=\boldsymbol{\beta}_{m\times 1}$,对应的齐次线性方程组为 $\boldsymbol{A}_{m\times n}\boldsymbol{X}_{n\times 1}=\boldsymbol{0}_{m\times 1}$,下列结论是否正确:

(1) 若 $\boldsymbol{A}_{m\times n}\boldsymbol{X}_{n\times 1}=\boldsymbol{0}_{m\times 1}$ 只有零解,则 $\boldsymbol{A}_{m\times n}\boldsymbol{X}_{n\times 1}=\boldsymbol{\beta}_{m\times 1}$ 有唯一解;

(2) 若 $\boldsymbol{A}_{m\times n}\boldsymbol{X}_{n\times 1}=\boldsymbol{0}_{m\times 1}$ 有非零解,则 $\boldsymbol{A}_{m\times n}\boldsymbol{X}_{n\times 1}=\boldsymbol{\beta}_{m\times 1}$ 有无穷多解;

(3) 若 $\boldsymbol{A}_{m\times n}\boldsymbol{X}_{n\times 1}=\boldsymbol{\beta}_{m\times 1}$ 有唯一解,则 $\boldsymbol{A}_{m\times n}\boldsymbol{X}_{n\times 1}=\boldsymbol{0}_{m\times 1}$ 只有零解;

(4) 若 $\boldsymbol{A}_{m\times n}\boldsymbol{X}_{n\times 1}=\boldsymbol{\beta}_{m\times 1}$ 有无穷多解,则 $\boldsymbol{A}_{m\times n}\boldsymbol{X}_{n\times 1}=\boldsymbol{0}_{m\times 1}$ 有非零解.

你能从正确结论中得到非齐次线性方程组与对应的齐次线性方程组的解的情形的关系吗?

5. 本节将齐次线性方程组的求解方法(参考例 32)进行了简化处理,你注意到了吗?

为什么可以这样处理呢？

第七节 应用举例

一、引例解答

我们可将26个英文字母分别与正整数1,2,…,26一一对应，如

$$\begin{matrix} A & B & \cdots & Z \\ \updownarrow & \updownarrow & & \updownarrow \\ 1 & 2 & \cdots & 26 \end{matrix}$$

则此信息的编码是19,5,14,4,13,15,14,5,25.我们把要传送的信息构成矩阵

$$\boldsymbol{B}=\begin{pmatrix} 19 & 4 & 14 \\ 5 & 13 & 5 \\ 14 & 15 & 25 \end{pmatrix},$$

利用矩阵乘法来对明文加密，即选取一个矩阵 $\boldsymbol{A}$，使得 $\boldsymbol{AB}=\boldsymbol{C}$，其中 $\boldsymbol{C}$ 为密文，这样密文将很难被破译.那么怎样选取加密矩阵 $\boldsymbol{A}$ 呢？

(1) 为了破译密文，有 $\boldsymbol{B}=\boldsymbol{A}^{-1}\boldsymbol{C}$，因此 $\boldsymbol{A}$ 为可逆矩阵.

(2) 为了传送准确，由于 $\boldsymbol{B},\boldsymbol{C}$ 是整数矩阵，所以 $\boldsymbol{A}$ 为整数矩阵.

(3) 当 $\boldsymbol{A}$ 为整数矩阵时，$\boldsymbol{A}^*$ 必为整数矩阵.为了破译准确（即 $\boldsymbol{A}^{-1}$ 为整数矩阵），由 $\boldsymbol{A}^{-1}=\dfrac{1}{|\boldsymbol{A}|}\boldsymbol{A}^*$ 知，可取 $|\boldsymbol{A}|=\pm 1$.

由以上分析知，$\boldsymbol{A}$ **是 $|\boldsymbol{A}|=\pm 1$ 的整数矩阵**.如取 $\boldsymbol{A}=\begin{pmatrix} 1 & 2 & 1 \\ 2 & 5 & 3 \\ 2 & 3 & 2 \end{pmatrix}$，由于

$$\boldsymbol{C}=\boldsymbol{AB}=\begin{pmatrix} 1 & 2 & 1 \\ 2 & 5 & 3 \\ 2 & 3 & 2 \end{pmatrix}\begin{pmatrix} 19 & 4 & 14 \\ 5 & 13 & 5 \\ 14 & 15 & 25 \end{pmatrix}=\begin{pmatrix} 43 & 45 & 49 \\ 105 & 118 & 128 \\ 81 & 77 & 93 \end{pmatrix},$$

故传送的密文为43,105,81,45,118,77,49,128,93.对密文进行破译，由

$$\boldsymbol{B}=\boldsymbol{A}^{-1}\boldsymbol{C}=\begin{pmatrix} 1 & -1 & 1 \\ 2 & 0 & -1 \\ -4 & 1 & 1 \end{pmatrix}\begin{pmatrix} 43 & 45 & 49 \\ 105 & 118 & 128 \\ 81 & 77 & 93 \end{pmatrix}=\begin{pmatrix} 19 & 4 & 14 \\ 5 & 13 & 5 \\ 14 & 15 & 25 \end{pmatrix},$$

可得到明文为19,5,14,4,13,15,14,5,25.

事实上，$|\boldsymbol{A}|=\pm 1$ 不是必须的.我们可以采用适当方式对密文进行破译后，得到的明文为整数串——希尔密码就是这种情形，有兴趣的读者可参考相关资料.

二、网络与图

所谓图 $G=(V,E)$ 是指由点集 V 和边集 E 构成的二元组,其中点集 V 的元素称为图 G 的顶点.如由点集 $V=\{a,b,c,d\}$ 和 $E=\{(a,b),(a,c),(b,c),(b,d),(c,d)\}$ 构成图 3-1.

和图有关的问题与图的路有关.所谓路,是指连接一个顶点到另一个顶点的边的序列.如 (a,b,c) 表示图 3-1 中顶点 a 与 c 之间长度为 2 的一条路.所谓路的长度,是指构成该路的边的数量.当一个网络含有大量的顶点和边时,用图表示该网络显得很混乱.因此,我们可用图的邻接矩阵来表示图:假设图 G 有 n 个顶点,令

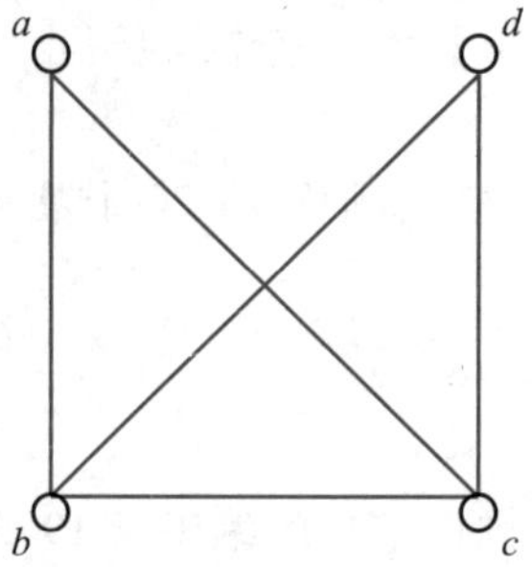

图 3-1

$$a_{ij}=\begin{cases}1, & \text{若顶点 } V_i \text{ 与 } V_j \text{ 之间有一条边},\\ 0, & \text{否则},\end{cases}$$

则 n 阶矩阵 $\boldsymbol{A}=(a_{ij})$ 称为图 G 的邻接矩阵.显然邻接矩阵为对称矩阵.图 3-1 的邻接矩阵为

$$\boldsymbol{A}=\begin{pmatrix}0&1&1&0\\1&0&1&1\\1&1&0&1\\0&1&1&0\end{pmatrix}.$$

我们的问题是找出图 3-1 中长度为 k 的路的条数.

定理 11 设 n 阶矩阵 $\boldsymbol{A}=(a_{ij})$ 为图 G 的邻接矩阵,令 $\boldsymbol{A}^k=(a_{ij}^{(k)})$,则 $a_{ji}^{(k)}$ 等于顶点 V_i 与 V_j 之间长度为 k 的路的条数.

考虑图 3-1.由

$$\boldsymbol{A}^2=\begin{pmatrix}2&1&1&2\\1&3&2&1\\1&2&3&1\\2&1&1&2\end{pmatrix}$$

得,顶点 a 与顶点 b 之间长度为 2 的路的条数为 1,顶点 a 与顶点 c 之间长度为 2 的路的条数为 1,顶点 a 与顶点 d 之间长度为 2 的路的条数为 2,等等.由

$$\boldsymbol{A}^3=\begin{pmatrix}2&5&5&2\\5&4&5&5\\5&5&4&5\\2&5&5&2\end{pmatrix}$$

得,顶点 a 与顶点 b 之间长度为 3 的路的条数为 5,顶点 a 与顶点 c 之间长度为 3 的路的条数为 5,顶点 a 与顶点 d 之间长度为 3 的路的条数为 2,等等.

因此要找出图 3-1 中长度为 k 的路的条数,我们只需计算 $\boldsymbol{A}^k$.

三、人口迁徙问题

假设一个城市中的总人口数是固定的,人口的分布因居民在市区和郊区之间迁徙而变化,每年有 6%的市区居民搬到郊区,而有 2%的郊区居民搬到市区;又假设开始时有 30%的居民住在市区,70%的居民住在郊区.

问题:一年后市区与郊区的居民人口比例是多少? 10 年,20 年后又如何?

令 $\boldsymbol{x}_k=\begin{pmatrix}x_1^{(k)}\\x_2^{(k)}\end{pmatrix}$,其中 k 表示年份的次序,$x_1^{(k)}$ 表示 k 年后市区人口所占的比例,$x_2^{(k)}$ 表示 k 年后郊区人口所占的比例.

当 $k=0$ 时,初始人口比例向量 $\boldsymbol{x}_0=\begin{pmatrix}x_1^{(0)}\\x_2^{(0)}\end{pmatrix}=\begin{pmatrix}0.3\\0.7\end{pmatrix}$.

一年后,有

$$\begin{cases}x_1^{(1)}=(1-0.06)x_1^{(0)}+0.02x_2^{(0)}=0.94x_1^{(0)}+0.02x_2^{(0)},\\x_2^{(1)}=0.06x_1^{(0)}+(1-0.02)x_2^{(0)}=0.06x_1^{(0)}+0.98x_2^{(0)},\end{cases}$$

则 $\boldsymbol{x}_1=\begin{pmatrix}x_1^{(1)}\\x_2^{(1)}\end{pmatrix}=\begin{pmatrix}0.94&0.02\\0.06&0.98\end{pmatrix}\begin{pmatrix}x_1^{(0)}\\x_2^{(0)}\end{pmatrix}$,即

$$\boldsymbol{x}_1=\boldsymbol{A}\boldsymbol{x}_0,$$

其中 $\boldsymbol{A}=\begin{pmatrix}0.94&0.02\\0.06&0.98\end{pmatrix}$. 所以

$$\boldsymbol{x}_k=\boldsymbol{A}^k\boldsymbol{x}_0.$$

从而一年后市区与郊区的居民人口比例向量

$$\boldsymbol{x}_1=\boldsymbol{A}\boldsymbol{x}_0=\begin{pmatrix}0.296\\0.704\end{pmatrix},$$

即市区人口占总人口的 29.6%,郊区人口占总人口的 70.4%;10 年后,有 $\boldsymbol{x}_{10}=\boldsymbol{A}^{10}\boldsymbol{x}_0$;20 年后,有 $\boldsymbol{x}_{20}=\boldsymbol{A}^{20}\boldsymbol{x}_0$.

注 该问题实质上属于马尔可夫(Markov)链数学模型.马尔可夫链数学模型在实际中有广泛的应用,第四章我们将介绍马尔可夫链.

习 题 三

(A)

1. 下列矩阵中,哪些是对角矩阵、数量矩阵、单位矩阵:

$$\boldsymbol{A}=\begin{pmatrix}1&2\\0&3\end{pmatrix},\quad \boldsymbol{B}=\begin{pmatrix}1&0&0&0\\0&1&0&0\\0&0&1&0\end{pmatrix},\quad \boldsymbol{C}=\begin{pmatrix}1&0&0\\4&2&0\\0&5&3\end{pmatrix},\quad \boldsymbol{D}=\begin{pmatrix}3&0&0\\0&3&0\\0&0&3\end{pmatrix}.$$

2. 设矩阵 $\boldsymbol{A}=\begin{pmatrix}1&1&2\\1&1&-1\\2&-1&1\end{pmatrix}$，$\boldsymbol{B}=\begin{pmatrix}1&2&3\\-1&-2&2\\0&3&-1\end{pmatrix}$.

(1) 计算 $2\boldsymbol{A}+\boldsymbol{B}$；　　(2) 若 $\boldsymbol{X}$ 满足 $3\boldsymbol{A}+\boldsymbol{X}=2\boldsymbol{B}$，求 $\boldsymbol{X}$.

3. 设有三阶方阵

$$\boldsymbol{A}=\begin{pmatrix}a_1&c_1&d_1\\a_2&c_2&d_2\\a_3&c_3&d_3\end{pmatrix},\ \boldsymbol{B}=\begin{pmatrix}b_1&c_1&d_1\\b_2&c_2&d_2\\b_3&c_3&d_3\end{pmatrix},$$

且 $|\boldsymbol{A}|=1$，$|\boldsymbol{B}|=2$，求 $|\boldsymbol{A}+2\boldsymbol{B}|$.

4. 计算下列矩阵的乘积：

(1) $\begin{pmatrix}2&-3\\4&-6\end{pmatrix}\begin{pmatrix}9&-6\\6&-1\end{pmatrix}$；　　(2) $\begin{pmatrix}1&3&-1\\0&4&2\\7&0&1\end{pmatrix}\begin{pmatrix}1\\2\\-1\end{pmatrix}$；

(3) $(3\quad 2\quad 1)\begin{pmatrix}1\\2\\3\end{pmatrix}$；　　(4) $\begin{pmatrix}1\\2\\3\end{pmatrix}(3\quad 2\quad 1)$；

(5) $\begin{pmatrix}2&0&0\\0&-1&0\\0&0&3\end{pmatrix}\begin{pmatrix}\frac{1}{2}&0&0\\0&-1&0\\0&0&\frac{1}{3}\end{pmatrix}$；

(6) $(x_1\quad x_2\quad x_3)\begin{pmatrix}a_{11}&a_{12}&a_{13}\\a_{12}&a_{22}&a_{23}\\a_{13}&a_{23}&a_{33}\end{pmatrix}\begin{pmatrix}x_1\\x_2\\x_3\end{pmatrix}$.

5. 已知矩阵 $\boldsymbol{A}=\begin{pmatrix}1&0&3\\0&2&1\\0&0&1\end{pmatrix}$，$\boldsymbol{B}=\begin{pmatrix}1&0&0\\0&2&1\\3&0&1\end{pmatrix}$，求：

(1) $\boldsymbol{AB}$ 与 $\boldsymbol{BA}$；　　(2) $(\boldsymbol{A}+\boldsymbol{B})(\boldsymbol{A}-\boldsymbol{B})$ 与 $\boldsymbol{A}^2-\boldsymbol{B}^2$.

6. 求与矩阵 $\boldsymbol{A}=\begin{pmatrix}1&a\\0&1\end{pmatrix}$ $(a\neq 0)$ 可交换的所有矩阵.

7. 利用数学归纳法，计算下列矩阵的 k 次幂，其中 k 为正整数：

(1) $\begin{pmatrix}\cos\theta&-\sin\theta\\\sin\theta&\cos\theta\end{pmatrix}$；　　(2) $\begin{pmatrix}1&2\\0&1\end{pmatrix}$；　　(3) $\begin{pmatrix}1&1&0\\0&1&1\\0&0&1\end{pmatrix}$.

8. 已知矩阵 $\boldsymbol{\alpha}=(1\quad 2\quad 3)$，$\boldsymbol{\beta}=\left(1\quad \frac{1}{2}\quad \frac{1}{3}\right)$. 令 $\boldsymbol{A}=\boldsymbol{\alpha}^{\mathrm{T}}\boldsymbol{\beta}$，求 $\boldsymbol{A}^n$，其中 n 为正整数.

9. 若 $\boldsymbol{A}$ 为 n 阶对称矩阵，$\boldsymbol{P}$ 为 n 阶矩阵，证明：$\boldsymbol{P}^{\mathrm{T}}\boldsymbol{AP}$ 为对称矩阵.

10. 利用公式法求下列矩阵的逆矩阵：

(1) $\begin{pmatrix}3&4\\2&1\end{pmatrix}$；　　(2) $\begin{pmatrix}1&0&0\\2&1&0\\3&3&1\end{pmatrix}$；

(3) $\begin{pmatrix}1&2&2\\2&1&-2\\2&-2&1\end{pmatrix}$；　　(4) $\begin{pmatrix}1&1&1&1\\1&1&-1&-1\\1&-1&1&-1\\1&-1&-1&1\end{pmatrix}$.

11. 解下列矩阵方程：

(1) $\begin{pmatrix}1&2\\2&3\end{pmatrix}\boldsymbol{X}=\begin{pmatrix}0&2&1\\2&-1&3\end{pmatrix}$；

(2) 设 $\boldsymbol{X}=\boldsymbol{AX}+\boldsymbol{B}$，其中 $\boldsymbol{A}=\begin{pmatrix}0&1&0\\-1&1&1\\-1&0&-1\end{pmatrix}$，$\boldsymbol{B}=\begin{pmatrix}1\\1\\1\end{pmatrix}$；

(3) $\begin{pmatrix}1&0&0\\0&0&1\\0&1&0\end{pmatrix}\boldsymbol{X}\begin{pmatrix}0&0&1\\0&1&0\\1&0&0\end{pmatrix}=\begin{pmatrix}3&2&1\\9&8&7\\6&5&4\end{pmatrix}$.

12. 设 $\boldsymbol{A}=\mathrm{diag}(1,-2,1)$，且矩阵 $\boldsymbol{B}$ 满足 $\boldsymbol{A}^*\boldsymbol{BA}=2\boldsymbol{BA}-8\boldsymbol{E}$，求矩阵 $\boldsymbol{B}$.

13. 设 $\boldsymbol{A},\boldsymbol{B},\boldsymbol{C}$ 都是 n 阶矩阵，证明：$\boldsymbol{ABC}$ 可逆的充要条件是 $\boldsymbol{A},\boldsymbol{B},\boldsymbol{C}$ 都可逆.

14. 设 n 阶矩阵 $\boldsymbol{A}$ 满足 $\boldsymbol{A}^2-3\boldsymbol{A}=\boldsymbol{O}$，证明 $\boldsymbol{A}-2\boldsymbol{E}$ 可逆，并求 $(\boldsymbol{A}-2\boldsymbol{E})^{-1}$.

15. 设 $\boldsymbol{A}$ 为 n 阶矩阵，且 $\boldsymbol{A}^3=\boldsymbol{O}$，证明：$\boldsymbol{E}-\boldsymbol{A}$ 及 $\boldsymbol{E}+\boldsymbol{A}$ 都是可逆矩阵.

16. 已知 $\boldsymbol{A}$ 为三阶矩阵，且 $|\boldsymbol{A}|=-2$，求：

(1) $|(2\boldsymbol{A})^{-1}|$；　　(2) $|\boldsymbol{A}^*|$；　　(3) $\left|\boldsymbol{A}^*-\frac{1}{2}\boldsymbol{A}^{-1}\right|$.

17. 设 $\boldsymbol{A}=\begin{pmatrix}1&2&3\\2&3&1\\3&1&2\end{pmatrix}$，求 $(\boldsymbol{A}^*)^{-1}$.

18. (1) 设 $\boldsymbol{P}^{-1}\boldsymbol{AP}=\boldsymbol{B}$，证明：$\boldsymbol{B}^k=\boldsymbol{P}^{-1}\boldsymbol{A}^k\boldsymbol{P}$；

(2) 设 $\boldsymbol{AP}=\boldsymbol{PB}$，且 $\boldsymbol{P}=\begin{pmatrix}1&0&0\\2&-1&0\\2&1&1\end{pmatrix}$，$\boldsymbol{B}=\begin{pmatrix}1&0&0\\0&0&0\\0&0&-1\end{pmatrix}$，求 $\boldsymbol{A}$ 与 $\boldsymbol{A}^{2011}$.

19. 利用分块矩阵计算下列矩阵的乘积：

(1) $\begin{pmatrix}1&2&1&0\\0&1&0&1\\0&0&2&1\\0&0&0&3\end{pmatrix}\begin{pmatrix}1&0&3&0\\0&1&2&-1\\0&0&-2&3\\0&0&0&3\end{pmatrix}$；　　(2) $\begin{pmatrix}a&0&1&0\\0&a&0&1\\1&0&b&0\\0&1&0&b\end{pmatrix}\begin{pmatrix}0&c\\c&0\\d&0\\0&d\end{pmatrix}$.

20. 利用分块矩阵求下列矩阵的逆矩阵：

(1) $\begin{pmatrix} 1 & 3 & 0 \\ -1 & 2 & 0 \\ 0 & 0 & 5 \end{pmatrix}$； (2) $\begin{pmatrix} 2 & 1 & 0 & 0 \\ 1 & 3 & 0 & 0 \\ 0 & 0 & 3 & 3 \\ 0 & 0 & 4 & 2 \end{pmatrix}$； (3) $\begin{pmatrix} 2 & 0 & 0 & 0 & 0 \\ 0 & 1 & 2 & 0 & 0 \\ 0 & 1 & 3 & 0 & 0 \\ 0 & 0 & 0 & 2 & 5 \\ 0 & 0 & 0 & -2 & -1 \end{pmatrix}$.

21. 设矩阵 $\boldsymbol{A}=\begin{pmatrix} 1 & 1 & 0 & 0 \\ 0 & 1 & 0 & 0 \\ 0 & 0 & 1 & 2 \\ 0 & 0 & 2 & 1 \end{pmatrix}$，利用分块矩阵计算 $\boldsymbol{A}^4$.

22. 设矩阵 $\boldsymbol{A}=\begin{pmatrix} 2 & 5 & 0 & 0 \\ 1 & 3 & 0 & 0 \\ 0 & 0 & 2 & 1 \\ 0 & 0 & 12 & 2 \end{pmatrix}$，利用分块矩阵计算 $|\boldsymbol{A}^{2022}|$.

23. (1) 设 $\boldsymbol{A}=\begin{pmatrix} \boldsymbol{O} & \boldsymbol{B} \\ \boldsymbol{C} & \boldsymbol{O} \end{pmatrix}$，且 m 阶矩阵 $\boldsymbol{B}$ 和 n 阶矩阵 $\boldsymbol{C}$ 均可逆，证明：

$$\boldsymbol{A}^{-1}=\begin{pmatrix} \boldsymbol{O} & \boldsymbol{C}^{-1} \\ \boldsymbol{B}^{-1} & \boldsymbol{O} \end{pmatrix};$$

(2) 设矩阵 $\boldsymbol{A}=\begin{pmatrix} 0 & a_1 & 0 & \cdots & 0 \\ 0 & 0 & a_2 & \cdots & 0 \\ \vdots & \vdots & \vdots & & \vdots \\ 0 & 0 & 0 & \cdots & a_{n-1} \\ a_n & 0 & 0 & \cdots & 0 \end{pmatrix}$，其中 $a_1,a_2,\cdots,a_n$ 为非零常数，求 $\boldsymbol{A}^{-1}$.

24. 利用矩阵的初等行变换判断下列矩阵是否可逆；如可逆，求其逆矩阵：

(1) $\begin{pmatrix} 1 & 3 & 0 \\ 3 & -1 & 2 \\ 4 & -3 & 3 \end{pmatrix}$； (2) $\begin{pmatrix} 1 & 2 & 2 \\ 2 & 1 & -2 \\ 2 & -2 & 1 \end{pmatrix}$；

(3) $\begin{pmatrix} 3 & -2 & 0 & -1 \\ 0 & 2 & 2 & 1 \\ 1 & -2 & -3 & -2 \\ 0 & 1 & 2 & 1 \end{pmatrix}$； (4) $\begin{pmatrix} 1 & 1 & 1 & 1 \\ 1 & 1 & -1 & -1 \\ 1 & -1 & -1 & -1 \\ 1 & -1 & -1 & -1 \end{pmatrix}$.

25. 利用矩阵的初等行变换解下列矩阵方程：

(1) $\begin{pmatrix} 1 & 2 & -3 \\ 3 & 2 & -4 \\ 2 & -1 & 0 \end{pmatrix}\boldsymbol{X}=\begin{pmatrix} 1 & -3 & 0 \\ 10 & 2 & 7 \\ 10 & 7 & 8 \end{pmatrix}$；

(2) $\boldsymbol{X}\begin{pmatrix} 5 & 3 & 1 \\ 1 & -3 & -2 \\ -5 & 2 & 1 \end{pmatrix}=\begin{pmatrix} -8 & 3 & 0 \\ -5 & 9 & 0 \\ -2 & 15 & 0 \end{pmatrix}$.

26. 求下列矩阵的秩：

(1) $\begin{pmatrix} 1 & -5 & 6 & -2 \\ 2 & -1 & 3 & -2 \\ -1 & -4 & 3 & 0 \end{pmatrix}$；　　(2) $\begin{pmatrix} 2 & -1 & 3 & -2 & 4 \\ 4 & -2 & 5 & 1 & 7 \\ 2 & -1 & 1 & 8 & 2 \end{pmatrix}$；

(3) $\begin{pmatrix} 1 & 3 & -1 & -2 \\ 2 & -1 & 2 & 3 \\ 3 & 2 & 1 & 1 \\ 1 & -4 & 3 & 5 \end{pmatrix}$；　　(4) $\begin{pmatrix} 3 & -1 & 3 & 2 & 5 \\ 5 & -3 & 2 & 3 & 4 \\ 1 & -3 & -5 & 0 & -7 \\ 7 & -5 & 1 & 4 & 1 \end{pmatrix}$.

27. 设矩阵 $\boldsymbol{A} = \begin{pmatrix} 1 & 2 & -1 & \lambda \\ 2 & 5 & \lambda & -1 \\ 1 & 1 & -6 & 10 \end{pmatrix}$，且 $R(\boldsymbol{A}) = 3$，求 λ 的值.

28. 设矩阵 $\boldsymbol{A} = \begin{pmatrix} 1 & -2 & 3k \\ -1 & 2k & -3 \\ k & -2 & 3 \end{pmatrix}$，问 k 取何值时，使得 (1) $R(\boldsymbol{A}) = 1$；(2) $R(\boldsymbol{A}) = 2$；(3) $R(\boldsymbol{A}) = 3$.

29. 设 $\boldsymbol{A}$ 是 4×3 矩阵，且 $\boldsymbol{A}$ 的秩为 2，而 $\boldsymbol{B} = \begin{pmatrix} 1 & 0 & 1 \\ -1 & 1 & 1 \\ -1 & -2 & -3 \end{pmatrix}$，求 $R(\boldsymbol{AB})$.

30. 设 $\boldsymbol{A}$ 为 n 阶矩阵，满足 $\boldsymbol{A}^2 + 5\boldsymbol{A} + 6\boldsymbol{E} = \boldsymbol{O}$，证明：

$$R(\boldsymbol{A} + 2\boldsymbol{E}) + R(\boldsymbol{A} + 3\boldsymbol{E}) = n.$$

31. 设三阶矩阵 $\boldsymbol{A} = \begin{pmatrix} 1 & 1 & 0 \\ -2 & -1 & -2 \\ -1 & -2 & 2 \end{pmatrix}$，求 $R(\boldsymbol{A})$ 与 $R(\boldsymbol{A}^*)$.

32. 求解下列线性方程组：

(1) $\begin{cases} x_1 + x_2 - 4x_3 = 0, \\ 2x_1 + 9x_2 + 6x_3 = 0, \\ 3x_1 + 5x_2 + 2x_3 = 0; \end{cases}$　　(2) $\begin{cases} x_1 + 2x_2 - x_3 = 1, \\ 2x_1 - x_2 + x_3 = 3, \\ -x_1 + 2x_2 + 3x_3 = 7; \end{cases}$

(3) $\begin{cases} 2x_1 + 3x_2 - x_3 - 7x_4 = 0, \\ 3x_1 + x_2 + 2x_3 - 7x_4 = 0, \\ 4x_1 + x_2 - 3x_3 + 6x_4 = 0, \\ x_1 - 2x_2 + 5x_3 - 5x_4 = 0; \end{cases}$　　(4) $\begin{cases} x_1 + x_2 + x_3 + x_4 = 0, \\ 2x_1 + 3x_2 - x_3 - x_4 = 2, \\ 3x_1 + 2x_2 + x_3 + x_4 = 5, \\ 3x_1 + 6x_2 - x_3 - x_4 = 4; \end{cases}$

(5) $\begin{cases} 2x_1 - x_2 + 5x_3 = 15, \\ x_1 + 3x_2 - x_3 = 4, \\ x_1 - 4x_2 + 6x_3 = 11, \\ 3x_1 + 2x_2 + 4x_3 = 19; \end{cases}$　　(6) $\begin{cases} x_1 - x_2 + 3x_3 + 2x_4 = 1, \\ -x_1 + x_2 - 2x_3 + x_4 = -2, \\ 2x_1 - 2x_2 + 7x_3 + 7x_4 = 1, \\ 2x_1 - 2x_2 + 8x_3 + 10x_4 = 0. \end{cases}$

33. 问 λ 取何值时，下列非齐次线性方程组无解、有唯一解、有无穷多解：

(1) $\begin{cases}(1+\lambda)x_1+x_2+x_3=1,\\ x_1+(1+\lambda)x_2+x_3=\lambda,\\ x_1+x_2+(1+\lambda)x_3=-\lambda-1;\end{cases}$

(2) $\begin{cases}(2-\lambda)x_1+2x_2-2x_3=1,\\ 2x_1+(5-\lambda)x_2-4x_3=2,\\ -2x_1-4x_2+(5-\lambda)x_3=-\lambda-1.\end{cases}$

34. 问 λ 取何值时,非齐次线性方程组 $\begin{cases}x_1 \quad\quad + x_3=\lambda,\\ 4x_1+x_2+2x_3=\lambda+2,\\ 6x_1+x_2+4x_3=2\lambda+3\end{cases}$ 有解,并求解.

35. 求平面上三点 $(x_1,y_1),(x_2,y_2),(x_3,y_3)$ 共线的充要条件.

(B)

1. 选择题:

(1) 设 $\boldsymbol{A},\boldsymbol{B}$ 为 n 阶矩阵,以下结论正确的是( ).

A. 若 $\boldsymbol{A},\boldsymbol{B}$ 是对称矩阵,则 $\boldsymbol{AB}$ 也是对称矩阵

B. $(\boldsymbol{A}-\boldsymbol{B})(\boldsymbol{A}+\boldsymbol{B})=\boldsymbol{A}^2-\boldsymbol{B}^2$

C. 若 $\boldsymbol{AB}=\boldsymbol{O}$, 且 $\boldsymbol{A}$ 可逆,则 $\boldsymbol{B}=\boldsymbol{O}$

D. 若 $\boldsymbol{A}$ 与 $\boldsymbol{B}$ 等价,则 $\boldsymbol{A}$ 与 $\boldsymbol{B}$ 相等

(2) 设 $\boldsymbol{A}$ 和 $\boldsymbol{B}$ 均为 n 阶矩阵,则必有( ).

A. $|\boldsymbol{A}+\boldsymbol{B}|=|\boldsymbol{A}|+|\boldsymbol{B}|$ B. $\boldsymbol{AB}=\boldsymbol{BA}$

C. $|\boldsymbol{AB}|=|\boldsymbol{BA}|$ D. $(\boldsymbol{A}+\boldsymbol{B})^{-1}=\boldsymbol{A}^{-1}+\boldsymbol{B}^{-1}$

(3) 设 $\boldsymbol{A}$ 为 $n(n\geqslant 2)$ 阶矩阵, $\boldsymbol{A}^*$ 是 $\boldsymbol{A}$ 的伴随矩阵, k 为常数,则 $(k\boldsymbol{A})^*=$ ( ).

A. $\boldsymbol{A}^*$ B. $k\boldsymbol{A}^*$ C. $k^{n-1}\boldsymbol{A}^*$ D. $k^n\boldsymbol{A}^*$

(4) 设 $\boldsymbol{A}$ 和 $\boldsymbol{B}$ 均为 n 阶非零矩阵,且 $\boldsymbol{AB}=\boldsymbol{O}$, 则 $\boldsymbol{A}$ 和 $\boldsymbol{B}$ 的秩( ).

A. 必有一个等于零 B. 一个等于 n, 一个小于 n

C. 都等于 n D. 都小于 n

(5) 对于非齐次线性方程组 $\boldsymbol{A}_{m\times n}\boldsymbol{X}_{n\times 1}=\boldsymbol{\beta}_{m\times 1}$, 若 $R(\boldsymbol{A})=r$, 则( ).

A. 当 $r=m$ 时, $\boldsymbol{A}_{m\times n}\boldsymbol{X}_{n\times 1}=\boldsymbol{\beta}_{m\times 1}$ 有解

B. 当 $r=n$ 时, $\boldsymbol{A}_{m\times n}\boldsymbol{X}_{n\times 1}=\boldsymbol{\beta}_{m\times 1}$ 有唯一解

C. 当 $m=n$ 时, $\boldsymbol{A}_{m\times n}\boldsymbol{X}_{n\times 1}=\boldsymbol{\beta}_{m\times 1}$ 有唯一解

D. 当 $r<n$ 时, $\boldsymbol{A}_{m\times n}\boldsymbol{X}_{n\times 1}=\boldsymbol{\beta}_{m\times 1}$ 有无穷多解

2. 设矩阵 $\boldsymbol{A}=\begin{pmatrix}2&1&3&4\\0&2&1&3\\0&0&2&1\\0&0&0&2\end{pmatrix}, \boldsymbol{B}=\begin{pmatrix}2&1&2&6\\0&3&3&4\\0&0&4&5\\0&0&0&5\end{pmatrix}$, 求 $|(\boldsymbol{E}-\boldsymbol{A}^{-1}\boldsymbol{B})^{\mathrm{T}}\boldsymbol{A}^{\mathrm{T}}|$.

3. 设矩阵 $\boldsymbol{A}=\begin{pmatrix}1&0&1\\0&2&0\\3&0&1\end{pmatrix}$, 且 $\boldsymbol{A}^2\boldsymbol{B}-\boldsymbol{A}-\boldsymbol{B}=\boldsymbol{E}$, 求 $|\boldsymbol{B}|$.

4. 设矩阵 $\boldsymbol{A}=\begin{pmatrix}1&0&0\\2&3&0\\0&4&5\end{pmatrix}$，且 $\boldsymbol{B}=(\boldsymbol{E}+\boldsymbol{A})^{-1}(\boldsymbol{E}-\boldsymbol{A})$，求 $(\boldsymbol{E}+\boldsymbol{B})^{-1}$.

5. 设矩阵 $\boldsymbol{A}=\begin{pmatrix}0&-1&0\\1&0&0\\0&0&-1\end{pmatrix}$，$\boldsymbol{B}=\boldsymbol{P}^{-1}\boldsymbol{AP}$，求 $\boldsymbol{B}^{2012}-\boldsymbol{A}^2$.

6. 设矩阵 $\boldsymbol{A}=\begin{pmatrix}1&1&-1\\-1&1&1\\1&-1&1\end{pmatrix}$，矩阵 $\boldsymbol{X}$ 满足 $\boldsymbol{A}^*\boldsymbol{X}=\boldsymbol{A}^{-1}+2\boldsymbol{X}$，求矩阵 $\boldsymbol{X}$.

7. 设矩阵 $\boldsymbol{A}=\begin{pmatrix}1&\frac{1}{2}&0\\2&1&0\\1&\frac{1}{2}&0\end{pmatrix}$，$\boldsymbol{\beta}=\begin{pmatrix}0\\0\\1\end{pmatrix}$，且矩阵 $\boldsymbol{X}$ 满足 $\boldsymbol{AX}=2\boldsymbol{X}+\boldsymbol{\beta}$，求矩阵 $\boldsymbol{X}$.

8. 设 $n(n\geqslant 3)$ 阶矩阵 $\boldsymbol{A}=\begin{pmatrix}1&a&\cdots&a\\a&1&\cdots&a\\\vdots&\vdots&&\vdots\\a&a&\cdots&1\end{pmatrix}$，求 $\boldsymbol{A}$ 的秩.

9. 求 p,q 取何值时，齐次线性方程组

$$\begin{cases}x_1+x_2-2x_3+3x_4=0,\\2x_1+x_2-6x_3+4x_4=0,\\3x_1+2x_2+px_3+qx_4=0,\\2x_1+x_2+x_4=0\end{cases}$$

有非零解，并求通解.

10. 求 a 取何值时，非齐次线性方程组

$$\begin{cases}2x_1+ax_2-x_3=1,\\ax_1-x_2+x_3=2,\\4x_1+5x_2-5x_3=-1\end{cases}$$

无解、有唯一解或无穷多解，并在有无穷多解时求方程组的通解.

11. 设矩阵 $\boldsymbol{A}=\begin{pmatrix}1&2&-2\\4&t&3\\3&-1&1\end{pmatrix}$，$\boldsymbol{B}$ 为三阶非零矩阵，求常数 t，使得 $\boldsymbol{AB}=\boldsymbol{O}$.

12. 证明：

（1）设 $\boldsymbol{A},\boldsymbol{B}$ 为矩阵，则 $\boldsymbol{AB}-\boldsymbol{BA}$ 有意义的充要条件是 $\boldsymbol{A},\boldsymbol{B}$ 为同阶矩阵；

（2）对任意 n 阶矩阵 $\boldsymbol{A},\boldsymbol{B}$，都有 $\boldsymbol{AB}-\boldsymbol{BA}\neq\boldsymbol{E}$，其中 $\boldsymbol{E}$ 为单位矩阵.

13. 证明：任意 n 阶矩阵都可表示为一个对称矩阵与一个反对称矩阵的和.

14. 已知 n 阶矩阵 $\boldsymbol{A},\boldsymbol{B}$ 满足 $\boldsymbol{AB}=\boldsymbol{A}+\boldsymbol{B}$，证明 $\boldsymbol{A}-\boldsymbol{E}$ 可逆，并求 $(\boldsymbol{A}-\boldsymbol{E})^{-1}$.

15. 设 $\boldsymbol{A}$ 是元素全为 1 的 $n(n>1)$ 阶方阵，证明：$(\boldsymbol{E}-\boldsymbol{A})^{-1}=\boldsymbol{E}-\frac{1}{n-1}\boldsymbol{A}$.

16. 设 n 阶矩阵 $\boldsymbol{A}$ 与 $\boldsymbol{B}$ 等价，且 $|\boldsymbol{A}|\neq 0$，证明：$|\boldsymbol{B}|\neq 0$.

17. 设 $\boldsymbol{A}$ 为 n 阶矩阵，且 $\boldsymbol{A}^2=\boldsymbol{A}$，证明：$R(\boldsymbol{A})+R(\boldsymbol{A}-\boldsymbol{E})=n$.

18. 设 $\boldsymbol{A}$ 是 $n\times m$ 矩阵，$\boldsymbol{B}$ 是 $m\times n$ 矩阵，其中 $n<m$. 若 $\boldsymbol{AB}=\boldsymbol{E}$，其中 $\boldsymbol{E}$ 为 n 阶单位矩阵，证明：方程组 $\boldsymbol{BX}=\boldsymbol{O}$ 只有零解.

19. 某公司某年销售到三地(甲、乙、丙)的两种货物(A,B)的数量以及两种货物的单位价格、单位质量、单位体积如下表，利用矩阵乘法计算该公司销售到三地的货物的总价值、总质量、总体积.

货物	数量			单位价格/万元	单位质量/t	单位体积/m^3
	甲	乙	丙			
A	3 000	2 000	2 500	0.5	0.05	0.2
B	1 500	1 000	2 000	0.4	0.06	0.5

习题三参考答案

第三章自测题

第四章 向量组的线性相关性

本章首先介绍向量组的线性组合、线性相关性和秩等概念,给出向量组线性相(无)关的判断条件;其次介绍向量空间及其基与维数等概念,并应用于线性方程组,圆满地解决线性方程组解的结构等问题.

引例 食品调味料配置问题

向量组抽象的线性相(无)关等概念和结论在现实生活中也有重要作用,如用多种不同的原料可以生产出原料含量不同的各类型的产品(如药品、调料品等),如何用最少的原料配制生产出一些新的产品？这种类型的问题可以利用向量组的线性无关性来解决.如下面的调味料配制问题.

某食品调料公司通常用辣椒、大葱、姜、胡椒、大蒜、花椒和盐七种材料制造多种调味品,表 4-1 给出了该公司生产的六种调味品每袋所含七种材料的含量(单位:g).

表 4-1 材料含量表 单位:g

材料	调味品					
	A	B	C	D	E	F
辣椒	30	15	45	75	90	45
大葱	20	40	0	80	10	60
姜	10	20	0	40	20	30
胡椒	10	20	0	40	10	30
大蒜	5	10	0	20	20	15
花椒	5	10	0	20	20	15
盐	2.5	5	0	20	10	7.5

1. 一位顾客只想购买六种调味品中的一部分,并用它们配置出其余的调味品.问这位顾客至少需购买几类调味品才能配置出其余几种调味品？

2. 要配置含量分别是辣椒 180 g、大葱 180 g、姜 90 g、胡椒 90 g、大蒜 45 g、花椒 45 g 和盐 32.5 g 的一种新调味品，计算需要每种调味品各多少袋？

第一节 向量及其线性表示

一、n 维向量的概念

定义 1 由 n 个数 $x_1,x_2,\cdots,x_n$ 组成的 n 元有序数组 $(x_1,x_2,\cdots,x_n)$ 称为一个 n 维（元）向量，其中 x_i 称为向量的第 i 个分量，n 称为向量的维数.

分量都是实数的向量称为实向量.若无特殊说明，本书中所指的向量都是实向量.

向量形式上分为行向量和列向量，分别记作

$$\boldsymbol{\alpha}^{\mathrm{T}} = (x_1,x_2,\cdots,x_n)\ ,\ \boldsymbol{\beta} = \begin{pmatrix} y_1 \\ y_2 \\ \vdots \\ y_n \end{pmatrix}.$$

本书用 $\boldsymbol{\alpha},\boldsymbol{\beta},\boldsymbol{\gamma},\cdots$ 表示列向量，用 $\boldsymbol{\alpha}^{\mathrm{T}},\boldsymbol{\beta}^{\mathrm{T}},\boldsymbol{\gamma}^{\mathrm{T}},\cdots$ 表示行向量.

全体 n 维实向量的集合记作

$$\mathbf{R}^n = \{(x_1,x_2,\cdots,x_n)^{\mathrm{T}} \mid x_i \in \mathbf{R}, i = 1,2,\cdots,n\}\ , \tag{4.1}$$

也叫做 n 维向量空间.如 3 维向量空间为 $\mathbf{R}^3 = \{(x,y,z)^{\mathrm{T}} \mid x,y,z \in \mathbf{R}\}$，取定空间直角坐标系以后，空间中的点 $P(x,y,z)$ 与向量 $\boldsymbol{\alpha} = (x,y,z)^{\mathrm{T}}$ 一一对应.

特别地，分量全为 0 的向量称为零向量，记作 $\mathbf{0}$.

我们规定：两个向量**相等**，当且仅当两者的所有分量对应相等.

二、向量的线性运算

定义 2 设

$$\boldsymbol{\alpha} = \begin{pmatrix} x_1 \\ x_2 \\ \vdots \\ x_n \end{pmatrix},\quad \boldsymbol{\beta} = \begin{pmatrix} y_1 \\ y_2 \\ \vdots \\ y_n \end{pmatrix}$$

为 n 维向量，k 为实数，定义向量的加法和数乘分别为

$$\boldsymbol{\alpha} + \boldsymbol{\beta} = \begin{pmatrix} x_1 + y_1 \\ x_2 + y_2 \\ \vdots \\ x_n + y_n \end{pmatrix},\quad k\boldsymbol{\alpha} = \begin{pmatrix} kx_1 \\ kx_2 \\ \vdots \\ kx_n \end{pmatrix}. \tag{4.2}$$

向量的加法和数乘称为向量的线性运算.特别地,把$-\boldsymbol{\alpha}=(-1)\boldsymbol{\alpha}$称为$\boldsymbol{\alpha}$的负向量.

由定义容易验证,向量的线性运算满足以下运算规律($\forall \boldsymbol{\alpha},\boldsymbol{\beta},\boldsymbol{\gamma}\in \mathbf{R}^n,k,l\in \mathbf{R}$):

(1) $\boldsymbol{\alpha}+\boldsymbol{\beta}=\boldsymbol{\beta}+\boldsymbol{\alpha}$;

(2) $(\boldsymbol{\alpha}+\boldsymbol{\beta})+\boldsymbol{\gamma}=\boldsymbol{\alpha}+(\boldsymbol{\beta}+\boldsymbol{\gamma})$;

(3) $\boldsymbol{\alpha}+\mathbf{0}=\boldsymbol{\alpha}$;

(4) $\boldsymbol{\alpha}+(-\boldsymbol{\alpha})=\mathbf{0}$;

(5) $1\boldsymbol{\alpha}=\boldsymbol{\alpha}$;

(6) $k\boldsymbol{\alpha}=\boldsymbol{\alpha}k,\ k(l\boldsymbol{\alpha})=(kl)\boldsymbol{\alpha}$;

(7) $k(\boldsymbol{\alpha}+\boldsymbol{\beta})=k\boldsymbol{\alpha}+k\boldsymbol{\beta}$;

(8) $(k+l)\boldsymbol{\alpha}=k\boldsymbol{\alpha}+l\boldsymbol{\alpha}$.

这 8 条运算规律称为线性运算的规范性.

例 1 设$\boldsymbol{\alpha}_1=(2,5,1,3)^{\mathrm{T}},\boldsymbol{\alpha}_2=(10,1,5,10)^{\mathrm{T}},\boldsymbol{\alpha}_3=(4,1,-1,1)^{\mathrm{T}}$,而向量$\boldsymbol{\alpha}$满足

$$3(\boldsymbol{\alpha}_1-\boldsymbol{\alpha})+2(\boldsymbol{\alpha}_2+\boldsymbol{\alpha})=5(\boldsymbol{\alpha}_3+\boldsymbol{\alpha}),$$

求$\boldsymbol{\alpha}$.

解 由$3(\boldsymbol{\alpha}_1-\boldsymbol{\alpha})+2(\boldsymbol{\alpha}_2+\boldsymbol{\alpha})=5(\boldsymbol{\alpha}_3+\boldsymbol{\alpha})$,得

$$6\boldsymbol{\alpha}=3\boldsymbol{\alpha}_1+2\boldsymbol{\alpha}_2-5\boldsymbol{\alpha}_3=(6,12,18,24)^{\mathrm{T}},$$

故

$$\boldsymbol{\alpha}=(1,2,3,4)^{\mathrm{T}}.$$

三、向量的线性组合与线性表示

若干个同维数的列(或行)向量组成一个向量组.如矩阵$\boldsymbol{A}_{m\times n}$的全体列向量是含$n$个$m$维列向量的向量组,$\boldsymbol{A}_{m\times n}$的全体行向量是含$m$个$n$维行向量的向量组.因此,有限个有序的向量组可以与矩阵一一对应.例如

n个m维列向量构成的向量组$A:\boldsymbol{\alpha}_1,\boldsymbol{\alpha}_2,\cdots,\boldsymbol{\alpha}_n$对应矩阵

$$\boldsymbol{A}_{m\times n}=(\boldsymbol{\alpha}_1,\boldsymbol{\alpha}_2,\cdots,\boldsymbol{\alpha}_n);$$

m个n维行向量构成的向量组$B:\boldsymbol{\beta}_1^{\mathrm{T}},\boldsymbol{\beta}_2^{\mathrm{T}},\cdots,\boldsymbol{\beta}_m^{\mathrm{T}}$对应矩阵

$$\boldsymbol{B}_{m\times n}=\begin{pmatrix}\boldsymbol{\beta}_1^{\mathrm{T}}\\ \boldsymbol{\beta}_2^{\mathrm{T}}\\ \vdots\\ \boldsymbol{\beta}_m^{\mathrm{T}}\end{pmatrix}.$$

定义 3 设向量组$A:\boldsymbol{\alpha}_1,\boldsymbol{\alpha}_2,\cdots,\boldsymbol{\alpha}_m$为一组$n$维向量,对于任意一组实数$c_1,c_2,\cdots,c_m$,称线性表达式

$$c_1\boldsymbol{\alpha}_1+c_2\boldsymbol{\alpha}_2+\cdots+c_m\boldsymbol{\alpha}_m$$

为向量组A的一个线性组合,其中$c_1,c_2,\cdots,c_m$为组合系数.若存在一组数$c_1,c_2,\cdots,c_m$,使向量$\boldsymbol{\beta}$满足

$$\boldsymbol{\beta}=c_1\boldsymbol{\alpha}_1+c_2\boldsymbol{\alpha}_2+\cdots+c_m\boldsymbol{\alpha}_m,$$

则称 $\boldsymbol{\beta}$ 是向量组 A 的**线性组合**,也说 $\boldsymbol{\beta}$ 可由向量组 $\boldsymbol{\alpha}_1,\boldsymbol{\alpha}_2,\cdots,\boldsymbol{\alpha}_m$ **线性表示**(或**线性表出**).

设 n 个 n 维向量

$$\boldsymbol{e}_1=\begin{pmatrix}1\\0\\\vdots\\0\end{pmatrix},\boldsymbol{e}_2=\begin{pmatrix}0\\1\\\vdots\\0\end{pmatrix},\cdots,\boldsymbol{e}_n=\begin{pmatrix}0\\0\\\vdots\\1\end{pmatrix},$$

则对任一 n 维向量 $\boldsymbol{\alpha}=(x_1,x_2,\cdots,x_n)^{\mathrm{T}}$,有

$$\boldsymbol{\alpha}=x_1\boldsymbol{e}_1+x_2\boldsymbol{e}_2+\cdots+x_n\boldsymbol{e}_n,$$

即任一 n 维向量都可表示为 $\boldsymbol{e}_1,\boldsymbol{e}_2,\cdots,\boldsymbol{e}_n$ 的线性组合. $\boldsymbol{e}_1,\boldsymbol{e}_2,\cdots,\boldsymbol{e}_n$ 称为 n 维向量空间 $\mathbf{R}^n$ 的**单位坐标向量**.

根据向量可由向量组线性表示的定义及线性方程组解的理论,有下述定理.

定理 1 以下结论是等价的:

(1) n 维向量 $\boldsymbol{\beta}$ 可由 n 维向量组 $\boldsymbol{\alpha}_1,\boldsymbol{\alpha}_2,\cdots,\boldsymbol{\alpha}_m$ 线性表示;

(2) 线性方程组 $x_1\boldsymbol{\alpha}_1+x_2\boldsymbol{\alpha}_2+\cdots+x_m\boldsymbol{\alpha}_m=\boldsymbol{\beta}$ 有解;

(3) 线性方程组 $\boldsymbol{A}_{n\times m}\boldsymbol{X}_{m\times 1}=\boldsymbol{\beta}_{n\times 1}$ 有解,其中 $\boldsymbol{A}_{n\times m}=(\boldsymbol{\alpha}_1,\boldsymbol{\alpha}_2,\cdots,\boldsymbol{\alpha}_m)$;

(4) $R(\boldsymbol{\alpha}_1,\boldsymbol{\alpha}_2,\cdots,\boldsymbol{\alpha}_m)=R(\boldsymbol{\alpha}_1,\boldsymbol{\alpha}_2,\cdots,\boldsymbol{\alpha}_m,\boldsymbol{\beta})$,即(2)中线性方程组系数矩阵的秩等于其增广矩阵的秩.

几个等价命题

例 2 设向量组

$$\boldsymbol{\alpha}_1=\begin{pmatrix}1\\0\\-1\end{pmatrix},\boldsymbol{\alpha}_2=\begin{pmatrix}1\\-1\\1\end{pmatrix},\boldsymbol{\beta}=\begin{pmatrix}-1\\2\\-3\end{pmatrix},$$

问 $\boldsymbol{\beta}$ 能否由 $\boldsymbol{\alpha}_1,\boldsymbol{\alpha}_2$ 线性表示?若能,求出表示式.

解 设 $x_1\boldsymbol{\alpha}_1+x_2\boldsymbol{\alpha}_2=\boldsymbol{\beta}$. 由

$$(\boldsymbol{\alpha}_1,\boldsymbol{\alpha}_2\mid\boldsymbol{\beta})=\left(\begin{array}{cc|c}1&1&-1\\0&-1&2\\-1&1&-3\end{array}\right)\xrightarrow{r}\left(\begin{array}{cc|c}1&1&-1\\0&1&-2\\0&0&0\end{array}\right),$$

得 $R(\boldsymbol{\alpha}_1,\boldsymbol{\alpha}_2)=R(\boldsymbol{\alpha}_1,\boldsymbol{\alpha}_2\mid\boldsymbol{\beta})=2$, 所以 $\boldsymbol{\beta}$ 能由 $\boldsymbol{\alpha}_1,\boldsymbol{\alpha}_2$ 线性表示.又

$$(\boldsymbol{\alpha}_1,\boldsymbol{\alpha}_2\mid\boldsymbol{\beta})\xrightarrow{r}\left(\begin{array}{cc|c}1&0&1\\0&1&-2\\0&0&0\end{array}\right),$$

得 $x_1=1$, $x_2=-2$, 故表示式为 $\boldsymbol{\beta}=\boldsymbol{\alpha}_1-2\boldsymbol{\alpha}_2$.

思考题一

1. 向量就是行矩阵或列矩阵,矩阵的哪些代数运算可以应用于向量?

2. 设 $\boldsymbol{\alpha},\boldsymbol{\beta}$ 是 $n(\geqslant 2)$ 维向量, k,l 是实数,则 $k\boldsymbol{\alpha}+l\boldsymbol{\beta}$ 是(　　).

A. 实数　　B. 向量　　C. 方程组　　D. 都不是

3. 下列命题中,(　　)是真命题;若是假命题,举出反例.

A. 若 $\boldsymbol{\theta}$ 为零向量,$\boldsymbol{\alpha}$ 为任意向量,则 $\boldsymbol{\theta}+\boldsymbol{\alpha}=\boldsymbol{\alpha}$

B. 若 $\boldsymbol{\theta}$ 为零向量, k 是实数,则 $k\boldsymbol{\theta}=\boldsymbol{\theta}$(零向量)

C. 若 $\boldsymbol{\theta}$ 为零向量, k 是实数,则 $k\boldsymbol{\theta}=0$(实数零)

D. 若 $\boldsymbol{\alpha}$, $\boldsymbol{\beta}$ 均为非零向量, k,l 均为非零实数,则 $k\boldsymbol{\alpha}+l\boldsymbol{\beta}$ 亦为非零向量

4. 根据定理 1,请思考 n 维向量 $\boldsymbol{\beta}$ 不能由 n 维向量组 $\boldsymbol{\alpha}_1,\boldsymbol{\alpha}_2,\cdots,\boldsymbol{\alpha}_m$ 线性表示的充要条件; n 维向量 $\boldsymbol{\beta}$ 能由 n 维向量组 $\boldsymbol{\alpha}_1,\boldsymbol{\alpha}_2,\cdots,\boldsymbol{\alpha}_m$ 线性表示,且表示式唯一的充要条件.

第二节 向量组的线性相关性

本节首先介绍向量组线性相(无)关的概念,其次给出向量组线性相(无)关的条件.

一、向量组的线性相关与线性无关

定义 4　设向量组 $\boldsymbol{\alpha}_1,\boldsymbol{\alpha}_2,\cdots,\boldsymbol{\alpha}_m\in\mathbf{R}^n$, 若存在一组不全为零的数 $k_1,k_2,\cdots,k_m$, 使

$$k_1\boldsymbol{\alpha}_1+k_2\boldsymbol{\alpha}_2+\cdots+k_m\boldsymbol{\alpha}_m=\boldsymbol{0}, \tag{4.3}$$

则称向量组 $\boldsymbol{\alpha}_1,\boldsymbol{\alpha}_2,\cdots,\boldsymbol{\alpha}_m$ 线性相关;若当且仅当 $k_1=k_2=\cdots=k_m=0$ 时,(4.3)式才成立,则称向量组 $\boldsymbol{\alpha}_1,\boldsymbol{\alpha}_2,\cdots,\boldsymbol{\alpha}_m$ 线性无关.

对于向量组 $\boldsymbol{\alpha}_1=\begin{pmatrix}1\\0\end{pmatrix}$,$\boldsymbol{\alpha}_2=\begin{pmatrix}0\\1\end{pmatrix}$,$\boldsymbol{\alpha}_3=\begin{pmatrix}1\\2\end{pmatrix}$, 显然 $1\cdot\boldsymbol{\alpha}_1+2\cdot\boldsymbol{\alpha}_2+(-1)\cdot\boldsymbol{\alpha}_3=\boldsymbol{0}$, 则向量组 $\boldsymbol{\alpha}_1,\boldsymbol{\alpha}_2,\boldsymbol{\alpha}_3$ 线性相关.对于向量组 $\boldsymbol{\alpha}_1=\begin{pmatrix}1\\0\end{pmatrix}$,$\boldsymbol{\alpha}_2=\begin{pmatrix}1\\1\end{pmatrix}$, 设 $x_1\boldsymbol{\alpha}_1+x_2\boldsymbol{\alpha}_2=\boldsymbol{0}$, 即

$$\begin{cases}x_1+x_2=0,\\ \qquad x_2=0,\end{cases}$$

显然齐次线性方程组只有零解,即当且仅当 $x_1=x_2=0$ 时, $x_1\boldsymbol{\alpha}_1+x_2\boldsymbol{\alpha}_2=\boldsymbol{0}$ 才成立,所以向量组 $\boldsymbol{\alpha}_1,\boldsymbol{\alpha}_2$ 线性无关.

由定义 4 易知:对于只包含一个向量 $\boldsymbol{\alpha}$ 的向量组,当 $\boldsymbol{\alpha}=\boldsymbol{0}$ 时线性相关,当 $\boldsymbol{\alpha}\neq\boldsymbol{0}$ 时线性无关;对于包含两个向量的向量组,该向量组线性相关的充要条件是两向量的对应分量成比例,几何意义即两向量共线;三个向量线性相关的几何意义是它们共面.

由向量组线性相关的定义可知:若向量组 $A:\boldsymbol{\alpha}_1,\boldsymbol{\alpha}_2,\cdots,\boldsymbol{\alpha}_m(m\geqslant 2)$ 线性相关,则向量组 A 中至少有一个向量可由其余 $m-1$ 个向量线性表示;反之也成立.

事实上, 因为 $\boldsymbol{\alpha}_1,\boldsymbol{\alpha}_2,\cdots,\boldsymbol{\alpha}_m$ 线性相关,所以存在 m 个不全为零的数 $k_1,k_2,\cdots,k_m$, 使(4.3)式成立.不妨设 $k_s\neq 0$, 有

$$\boldsymbol{\alpha}_s=\left(-\frac{k_1}{k_s}\right)\boldsymbol{\alpha}_1+\cdots+\left(-\frac{k_{s-1}}{k_s}\right)\boldsymbol{\alpha}_{s-1}+\left(-\frac{k_{s+1}}{k_s}\right)\boldsymbol{\alpha}_{s+1}+\cdots+\left(-\frac{k_m}{k_s}\right)\boldsymbol{\alpha}_m,$$

这表明 $\boldsymbol{\alpha}_s$ 可以由其余 $m-1$ 个向量线性表示.反之,不妨设 $\boldsymbol{\alpha}_s$ 可以由其余 $m-1$ 个向量线

性表示，即存在一组数 $c_1,\cdots,c_{s-1},c_{s+1},\cdots,c_m$，使

$$\boldsymbol{\alpha}_s = c_1\boldsymbol{\alpha}_1 + \cdots + c_{s-1}\boldsymbol{\alpha}_{s-1} + c_{s+1}\boldsymbol{\alpha}_{s+1} + \cdots + c_m\boldsymbol{\alpha}_m,$$

则

$$c_1\boldsymbol{\alpha}_1 + \cdots + c_{s-1}\boldsymbol{\alpha}_{s-1} + (-1)\boldsymbol{\alpha}_s + c_{s+1}\boldsymbol{\alpha}_{s+1} + \cdots + c_m\boldsymbol{\alpha}_m = \mathbf{0},$$

即 $\boldsymbol{\alpha}_1,\boldsymbol{\alpha}_2,\cdots,\boldsymbol{\alpha}_m$ 线性相关.

线性无关也称为线性独立，亦即任一向量不能由其余向量的线性组合来替代.如设 $\boldsymbol{e}_1=(1,0)^{\mathrm{T}}$，$\boldsymbol{e}_2=(0,1)^{\mathrm{T}}$，容易看出，这两个向量相互不能线性表示，它们是线性无关的.进一步可知上节提到的 n 个 n 维单位坐标向量 $\boldsymbol{e}_1,\boldsymbol{e}_2,\cdots,\boldsymbol{e}_n$ 也是线性无关的.

根据向量组线性相关的定义及齐次线性方程组解的理论，有下述定理.

定理 2 以下结论是等价的：

(1) n 维向量组 $\boldsymbol{\alpha}_1,\boldsymbol{\alpha}_2,\cdots,\boldsymbol{\alpha}_m$ 线性相关；

(2) 齐次线性方程组 $x_1\boldsymbol{\alpha}_1+x_2\boldsymbol{\alpha}_2+\cdots+x_m\boldsymbol{\alpha}_m=\mathbf{0}$ 有非零解；

(3) 齐次线性方程组 $\boldsymbol{A}_{n\times m}\boldsymbol{X}_{m\times 1}=\mathbf{0}_{n\times 1}$ 有非零解，其中 $\boldsymbol{A}_{n\times m}=(\boldsymbol{\alpha}_1,\boldsymbol{\alpha}_2,\cdots,\boldsymbol{\alpha}_m)$；

(4) $R(\boldsymbol{\alpha}_1,\boldsymbol{\alpha}_2,\cdots,\boldsymbol{\alpha}_m)<m$，其中 m 为向量组所含向量的个数.

推论 n 个 n 维向量组 $\boldsymbol{\alpha}_1,\boldsymbol{\alpha}_2,\cdots,\boldsymbol{\alpha}_n$ 线性相关的充要条件是 $|\boldsymbol{\alpha}_1,\boldsymbol{\alpha}_2,\cdots,\boldsymbol{\alpha}_n|=0$，线性无关的充要条件是 $|\boldsymbol{\alpha}_1,\boldsymbol{\alpha}_2,\cdots,\boldsymbol{\alpha}_n|\neq 0$.

例 3 设向量组

$$\boldsymbol{\alpha}_1=\begin{pmatrix}1\\0\\-1\end{pmatrix},\boldsymbol{\alpha}_2=\begin{pmatrix}2\\-1\\1\end{pmatrix},\boldsymbol{\alpha}_3=\begin{pmatrix}-4\\3\\-5\end{pmatrix},$$

判断该向量组的线性相关性.

解 方法一 由

$$(\boldsymbol{\alpha}_1,\boldsymbol{\alpha}_2,\boldsymbol{\alpha}_3)=\begin{pmatrix}1&2&-4\\0&-1&3\\-1&1&-5\end{pmatrix}\xrightarrow{r}\begin{pmatrix}1&2&-4\\0&-1&3\\0&0&0\end{pmatrix},$$

得 $R(\boldsymbol{\alpha}_1,\boldsymbol{\alpha}_2,\boldsymbol{\alpha}_3)=2<3$，所以向量组 $\boldsymbol{\alpha}_1,\boldsymbol{\alpha}_2,\boldsymbol{\alpha}_3$ 线性相关.

方法二 因为 $|\boldsymbol{\alpha}_1,\boldsymbol{\alpha}_2,\boldsymbol{\alpha}_3|=\begin{vmatrix}1&2&-4\\0&-1&3\\-1&1&-5\end{vmatrix}=0$，所以向量组 $\boldsymbol{\alpha}_1,\boldsymbol{\alpha}_2,\boldsymbol{\alpha}_3$ 线性相关.

例 4 设向量组 $\boldsymbol{\alpha}_1,\boldsymbol{\alpha}_2,\boldsymbol{\alpha}_3$ 线性无关，而 $\boldsymbol{\beta}_1=\boldsymbol{\alpha}_1+\boldsymbol{\alpha}_2,\boldsymbol{\beta}_2=\boldsymbol{\alpha}_2+\boldsymbol{\alpha}_3,\boldsymbol{\beta}_3=\boldsymbol{\alpha}_3+\boldsymbol{\alpha}_1$，判定 $\boldsymbol{\beta}_1,\boldsymbol{\beta}_2,\boldsymbol{\beta}_3$ 的线性相关性.

解 方法一 令 $x_1\boldsymbol{\beta}_1+x_2\boldsymbol{\beta}_2+x_3\boldsymbol{\beta}_3=\mathbf{0}$，得

$$(x_1+x_3)\boldsymbol{\alpha}_1+(x_1+x_2)\boldsymbol{\alpha}_2+(x_2+x_3)\boldsymbol{\alpha}_3=\mathbf{0}.$$

由于 $\boldsymbol{\alpha}_1,\boldsymbol{\alpha}_2,\boldsymbol{\alpha}_3$ 线性无关，故

$$\begin{cases}x_1 \qquad\; + x_3 = 0,\\ x_1 + x_2 \qquad\; = 0,\\ \qquad\; x_2 + x_3 = 0.\end{cases}$$

因为方程组的系数行列式

$$\begin{vmatrix}1&0&1\\1&1&0\\0&1&1\end{vmatrix}=2\neq 0,$$

所以方程组只有零解，故 $\boldsymbol{\beta}_1,\boldsymbol{\beta}_2,\boldsymbol{\beta}_3$ 线性无关.

方法二　由分块矩阵的乘法，得

$$(\boldsymbol{\beta}_1,\boldsymbol{\beta}_2,\boldsymbol{\beta}_3)=(\boldsymbol{\alpha}_1,\boldsymbol{\alpha}_2,\boldsymbol{\alpha}_3)\begin{pmatrix}1&0&1\\1&1&0\\0&1&1\end{pmatrix},$$

因为

$$\begin{vmatrix}1&0&1\\1&1&0\\0&1&1\end{vmatrix}=2\neq 0,$$

所以 $R(\boldsymbol{\beta}_1,\boldsymbol{\beta}_2,\boldsymbol{\beta}_3)=R(\boldsymbol{\alpha}_1,\boldsymbol{\alpha}_2,\boldsymbol{\alpha}_3)$. 由于 $\boldsymbol{\alpha}_1,\boldsymbol{\alpha}_2,\boldsymbol{\alpha}_3$ 线性无关，故 $R(\boldsymbol{\alpha}_1,\boldsymbol{\alpha}_2,\boldsymbol{\alpha}_3)=3$，所以 $R(\boldsymbol{\beta}_1,\boldsymbol{\beta}_2,\boldsymbol{\beta}_3)=3$.因此 $\boldsymbol{\beta}_1,\boldsymbol{\beta}_2,\boldsymbol{\beta}_3$ 线性无关.

二、向量组线性相关的性质

定理 3　设向量组 $\boldsymbol{\alpha}_1,\boldsymbol{\alpha}_2,\cdots,\boldsymbol{\alpha}_s$ 线性无关，而向量组 $\boldsymbol{\alpha}_1,\boldsymbol{\alpha}_2,\cdots,\boldsymbol{\alpha}_s,\boldsymbol{\beta}$ 线性相关，则 $\boldsymbol{\beta}$ 可由向量组 $\boldsymbol{\alpha}_1,\boldsymbol{\alpha}_2,\cdots,\boldsymbol{\alpha}_s$ 线性表示，且表示式唯一.

证　只需证明方程组 $x_1\boldsymbol{\alpha}_1+x_2\boldsymbol{\alpha}_2+\cdots+x_s\boldsymbol{\alpha}_s=\boldsymbol{\beta}$ 有唯一解.由矩阵秩的性质，有

$$R(\boldsymbol{\alpha}_1,\boldsymbol{\alpha}_2,\cdots,\boldsymbol{\alpha}_s)\leqslant R(\boldsymbol{\alpha}_1,\boldsymbol{\alpha}_2,\cdots,\boldsymbol{\alpha}_s,\boldsymbol{\beta}).$$

因为 $\boldsymbol{\alpha}_1,\boldsymbol{\alpha}_2,\cdots,\boldsymbol{\alpha}_s,\boldsymbol{\beta}$ 线性相关，所以 $R(\boldsymbol{\alpha}_1,\boldsymbol{\alpha}_2,\cdots,\boldsymbol{\alpha}_s,\boldsymbol{\beta})\leqslant s$.又 $\boldsymbol{\alpha}_1,\boldsymbol{\alpha}_2,\cdots,\boldsymbol{\alpha}_s$ 线性无关，则 $R(\boldsymbol{\alpha}_1,\boldsymbol{\alpha}_2,\cdots,\boldsymbol{\alpha}_s)=s$.所以 $s\leqslant R(\boldsymbol{\alpha}_1,\boldsymbol{\alpha}_2,\cdots,\boldsymbol{\alpha}_s,\boldsymbol{\beta})\leqslant s$，即 $R(\boldsymbol{\alpha}_1,\boldsymbol{\alpha}_2,\cdots,\boldsymbol{\alpha}_s,\boldsymbol{\beta})=s$.所以 $R(\boldsymbol{\alpha}_1,\boldsymbol{\alpha}_2,\cdots,\boldsymbol{\alpha}_s)=R(\boldsymbol{\alpha}_1,\boldsymbol{\alpha}_2,\cdots,\boldsymbol{\alpha}_s,\boldsymbol{\beta})=s$，即方程组 $x_1\boldsymbol{\alpha}_1+x_2\boldsymbol{\alpha}_2+\cdots+x_s\boldsymbol{\alpha}_s=\boldsymbol{\beta}$ 有唯一解.

定理 4　(1) 若向量组所含向量个数大于向量的维数，则该组向量必线性相关.特别地，$n+1$ 个 n 维向量一定线性相关.

(2) 若向量组 A 的部分组 B(即 B 由 A 的一部分向量组组成)线性相关，则向量组 A 也线性相关；反之，若向量组 A 线性无关，则向量组 A 的部分组 B 也线性无关.

(3) 设向量组 $\boldsymbol{\beta}_j=(\boldsymbol{x}_{1j},\boldsymbol{x}_{2j},\cdots,\boldsymbol{x}_{tj})^{\mathrm{T}}$，$j=1,2,\cdots,s$ 线性无关，则加分量的向量组

$$\boldsymbol{\alpha}_j=(\boldsymbol{x}_{1j},\boldsymbol{x}_{2j},\cdots,\boldsymbol{x}_{tj},\boldsymbol{x}_{t+1,j})^{\mathrm{T}},\ j=1,2,\cdots,s$$

也线性无关.

证　(1) 设 $\boldsymbol{\alpha}_1,\boldsymbol{\alpha}_2,\cdots,\boldsymbol{\alpha}_m$ 为 m 个 n 维向量，且 $m>n$，则 $R(\boldsymbol{\alpha}_1,\boldsymbol{\alpha}_2,\cdots,\boldsymbol{\alpha}_m)\leqslant n<m$，所以 $\boldsymbol{\alpha}_1,\boldsymbol{\alpha}_2,\cdots,\boldsymbol{\alpha}_m$ 线性相关.

由此可知，所有的 n 维向量中，线性无关的向量至多有 n 个.

(2) 设向量组 A 有 s 个向量，向量组 B 有 t 个向量，且 $s>t$，记向量组 A 所构成的矩阵为 $\boldsymbol{A}$，向量组 B 所构成的矩阵为 $\boldsymbol{B}$.若向量组 B 线性相关，则 $R(\boldsymbol{B})<t$，

$$R(\boldsymbol{A})\leqslant R(\boldsymbol{B})+(s-t)<t+(s-t)=s,$$

即 $R(\boldsymbol{A}) < s$,所以向量组 A 线性相关.反之是逆否命题.

(3) 因为 $\boldsymbol{\beta}_1,\boldsymbol{\beta}_2,\cdots,\boldsymbol{\beta}_s$ 线性无关,则

$$s = R(\boldsymbol{\beta}_1,\boldsymbol{\beta}_2,\cdots,\boldsymbol{\beta}_s) \leqslant R(\boldsymbol{\alpha}_1,\boldsymbol{\alpha}_2,\cdots,\boldsymbol{\alpha}_s) \leqslant s,$$

所以 $R(\boldsymbol{\alpha}_1,\boldsymbol{\alpha}_2,\cdots,\boldsymbol{\alpha}_s) = s$,即向量组 $\boldsymbol{\alpha}_1,\boldsymbol{\alpha}_2,\cdots,\boldsymbol{\alpha}_s$ 线性无关.

由定理 4(2)易知,含有零向量的向量组一定线性相关.

设 $\boldsymbol{\alpha}$ 为任意 n 维向量,由于单位坐标向量 $\boldsymbol{e}_1,\boldsymbol{e}_2,\cdots,\boldsymbol{e}_n$ 线性无关,由定理 4(1) 知 $\boldsymbol{e}_1,\boldsymbol{e}_2,\cdots,\boldsymbol{e}_n,\boldsymbol{\alpha}$ 线性相关,再由定理3知 $\boldsymbol{\alpha}$ 必可由 $\boldsymbol{e}_1,\boldsymbol{e}_2,\cdots,\boldsymbol{e}_n$ 唯一地线性表示,即任一 n 维向量都可由单位坐标向量 $\boldsymbol{e}_1,\boldsymbol{e}_2,\cdots,\boldsymbol{e}_n$ 唯一地线性表示.

例 5 设 $x_1,x_2,\cdots,x_m$ 为 m 个互不相等的数,讨论向量组 $\boldsymbol{\alpha}_1,\boldsymbol{\alpha}_2,\cdots,\boldsymbol{\alpha}_m$ 的线性相关性,其中 $\boldsymbol{\alpha}_j = (1,x_j,x_j^2,\cdots,x_j^{n-1})^{\mathrm{T}}$, $j = 1,2,\cdots,m$.

解 (1) 当 $m = n$ 时,向量组 $\boldsymbol{\alpha}_1,\boldsymbol{\alpha}_2,\cdots,\boldsymbol{\alpha}_n$ 组成的方阵对应的行列式

$$|\boldsymbol{\alpha}_1,\boldsymbol{\alpha}_2,\cdots,\boldsymbol{\alpha}_n| = \begin{vmatrix} 1 & 1 & \cdots & 1 \\ x_1 & x_2 & \cdots & x_n \\ x_1^2 & x_2^2 & \cdots & x_n^2 \\ \vdots & \vdots & & \vdots \\ x_1^{n-1} & x_2^{n-1} & \cdots & x_n^{n-1} \end{vmatrix} = \prod_{1\leqslant j<i\leqslant n}(x_i - x_j) \neq 0,$$

所以向量组 $\boldsymbol{\alpha}_1,\boldsymbol{\alpha}_2,\cdots,\boldsymbol{\alpha}_n$ 线性无关.

(2) 当 $m > n$ 时,向量个数超过向量维数,所以 $\boldsymbol{\alpha}_1,\boldsymbol{\alpha}_2,\cdots,\boldsymbol{\alpha}_m$ 线性相关.

(3) 当 $m < n$ 时,将 m 个 n 维向量构成的向量组 $\boldsymbol{\alpha}_1,\boldsymbol{\alpha}_2,\cdots,\boldsymbol{\alpha}_m$ 截短为 m 个 m 维向量构成的向量组 $\boldsymbol{\beta}_1,\boldsymbol{\beta}_2,\cdots,\boldsymbol{\beta}_m$.由(1) 知向量组 $\boldsymbol{\beta}_1,\boldsymbol{\beta}_2,\cdots,\boldsymbol{\beta}_m$ 线性无关,再由定理 4(3) 得向量组 $\boldsymbol{\alpha}_1,\boldsymbol{\alpha}_2,\cdots,\boldsymbol{\alpha}_m$ 也线性无关.

思考题二

1. 设 $\boldsymbol{\alpha}_1,\boldsymbol{\alpha}_2,\cdots,\boldsymbol{\alpha}_s$ 是一组 n 维向量,下列命题正确的是(　　).

A. 若存在全为零的数 $k_1,k_2,\cdots,k_s$,使 $k_1\boldsymbol{\alpha}_1 + k_2\boldsymbol{\alpha}_2 + \cdots + k_s\boldsymbol{\alpha}_s = \mathbf{0}$ 成立,则 $\boldsymbol{\alpha}_1,\boldsymbol{\alpha}_2,\cdots,\boldsymbol{\alpha}_s$ 线性无关

B. 若仅当 $k_1,k_2,\cdots,k_s$ 全为零时,等式 $k_1\boldsymbol{\alpha}_1 + k_2\boldsymbol{\alpha}_2 + \cdots + k_s\boldsymbol{\alpha}_s = \mathbf{0}$ 才成立,则 $\boldsymbol{\alpha}_1,\boldsymbol{\alpha}_2,\cdots,\boldsymbol{\alpha}_s$ 线性无关

C. 若存在不全为零的数 $k_1,k_2,\cdots,k_s$,使 $k_1\boldsymbol{\alpha}_1 + k_2\boldsymbol{\alpha}_2 + \cdots + k_s\boldsymbol{\alpha}_s \neq \mathbf{0}$ 成立,则 $\boldsymbol{\alpha}_1,\boldsymbol{\alpha}_2,\cdots,\boldsymbol{\alpha}_s$ 线性无关

D. 若对任意的不全为零的数 $k_1,k_2,\cdots,k_s$,有 $k_1\boldsymbol{\alpha}_1 + k_2\boldsymbol{\alpha}_2 + \cdots + k_s\boldsymbol{\alpha}_s \neq \mathbf{0}$ 成立,则 $\boldsymbol{\alpha}_1,\boldsymbol{\alpha}_2,\cdots,\boldsymbol{\alpha}_s$ 线性无关

2. 设 $\boldsymbol{\beta}$ 可由 $\boldsymbol{\alpha}_1,\boldsymbol{\alpha}_2,\cdots,\boldsymbol{\alpha}_s$ 线性表示,举例说明:若向量组 $\boldsymbol{\alpha}_1,\boldsymbol{\alpha}_2,\cdots,\boldsymbol{\alpha}_s$ 线性相关,则表示式必不唯一.

3. 下列命题正确吗? 若正确,请加以证明;若不正确,请举出反例:

(1) 若向量组 $\boldsymbol{\alpha}_1,\boldsymbol{\alpha}_2,\cdots,\boldsymbol{\alpha}_s$ 线性相关,则 $\boldsymbol{\alpha}_1$ 必可由其余向量线性表示;

（2）若存在不全为零的数 $k_1,k_2,\cdots,k_s$，使

$$k_1\boldsymbol{\alpha}_1+k_2\boldsymbol{\alpha}_2+\cdots+k_s\boldsymbol{\alpha}_s+k_1\boldsymbol{\beta}_1+k_2\boldsymbol{\beta}_2+\cdots+k_s\boldsymbol{\beta}_s=\mathbf{0}$$

成立，则当 $\boldsymbol{\alpha}_1,\boldsymbol{\alpha}_2,\cdots,\boldsymbol{\alpha}_s$ 线性相关时，$\boldsymbol{\beta}_1,\boldsymbol{\beta}_2,\cdots,\boldsymbol{\beta}_s$ 也线性相关；

（3）若仅当 $k_1,k_2,\cdots,k_s$ 全为零时，

$$k_1\boldsymbol{\alpha}_1+k_2\boldsymbol{\alpha}_2+\cdots+k_s\boldsymbol{\alpha}_s+k_1\boldsymbol{\beta}_1+k_2\boldsymbol{\beta}_2+\cdots+k_s\boldsymbol{\beta}_s=\mathbf{0}$$

才成立，则当 $\boldsymbol{\alpha}_1,\boldsymbol{\alpha}_2,\cdots,\boldsymbol{\alpha}_s$ 线性无关时，$\boldsymbol{\beta}_1,\boldsymbol{\beta}_2,\cdots,\boldsymbol{\beta}_s$ 也线性无关；

（4）若已知 $\boldsymbol{\alpha}_1,\boldsymbol{\alpha}_2,\cdots,\boldsymbol{\alpha}_s$ 线性相关，$\boldsymbol{\beta}_1,\boldsymbol{\beta}_2,\cdots,\boldsymbol{\beta}_s$ 也线性相关，则存在不全为零的数 $k_1,k_2,\cdots,k_s$，使 $k_1\boldsymbol{\alpha}_1+k_2\boldsymbol{\alpha}_2+\cdots+k_s\boldsymbol{\alpha}_s=\mathbf{0}$ 和 $k_1\boldsymbol{\beta}_1+k_2\boldsymbol{\beta}_2+\cdots+k_s\boldsymbol{\beta}_s=\mathbf{0}$ 同时成立.

4. 下列命题是否正确？若正确，给出证明；若不正确，给出反例：

（1）$\boldsymbol{\alpha}_1,\boldsymbol{\alpha}_2,\cdots,\boldsymbol{\alpha}_m(m\geqslant 2)$ 线性无关当且仅当其中任意两个向量线性无关；

（2）$\boldsymbol{\alpha}_1,\boldsymbol{\alpha}_2,\cdots,\boldsymbol{\alpha}_m(m\geqslant 2)$ 线性相关当且仅当其中至少有一组 $m-1$ 个向量线性相关；

（3）若 $\boldsymbol{\alpha}_1,\boldsymbol{\alpha}_2,\cdots,\boldsymbol{\alpha}_s$ 线性无关，且 $\boldsymbol{\beta}_1,\boldsymbol{\beta}_2,\cdots,\boldsymbol{\beta}_s$ 也线性无关，则 $\boldsymbol{\alpha}_1+\boldsymbol{\beta}_1$，$\boldsymbol{\alpha}_2+\boldsymbol{\beta}_2,\cdots,\boldsymbol{\alpha}_s+\boldsymbol{\beta}_s$ 必线性无关；

（4）若 $\boldsymbol{\alpha}_1,\boldsymbol{\alpha}_2,\cdots,\boldsymbol{\alpha}_s$ 线性相关，且 $\boldsymbol{\beta}_1,\boldsymbol{\beta}_2,\cdots,\boldsymbol{\beta}_s$ 也线性相关，则 $\boldsymbol{\alpha}_1+\boldsymbol{\beta}_1$，$\boldsymbol{\alpha}_2+\boldsymbol{\beta}_2,\cdots,\boldsymbol{\alpha}_s+\boldsymbol{\beta}_s$ 必线性相关.

5. 一组向量的分量作同样的调换，是否改变它们的线性相关性？

第三节 向量组的秩

秩是线性代数中最深刻的概念之一.第三章介绍了矩阵的秩，本节把矩阵的秩推广到向量组的秩.

一、向量组的极大无关组

定义 5 给定 n 维向量组（Ⅰ）：$\boldsymbol{\alpha}_1,\boldsymbol{\alpha}_2,\cdots,\boldsymbol{\alpha}_s$ 和（Ⅱ）：$\boldsymbol{\beta}_1,\boldsymbol{\beta}_2,\cdots,\boldsymbol{\beta}_t$，如果（Ⅱ）中的每一个向量都可以由（Ⅰ）中的向量线性表示，那么称（Ⅱ）可以由（Ⅰ）线性表示.如果（Ⅱ）可以由（Ⅰ）线性表示，同时（Ⅰ）也可以由（Ⅱ）线性表示，那么称（Ⅰ）和（Ⅱ）等价.

如果向量组（Ⅱ）可以由（Ⅰ）线性表示，那么有一组表示式

$$\begin{cases}\boldsymbol{\beta}_1=k_{11}\boldsymbol{\alpha}_1+k_{21}\boldsymbol{\alpha}_2+\cdots+k_{s1}\boldsymbol{\alpha}_s,\\ \boldsymbol{\beta}_2=k_{12}\boldsymbol{\alpha}_1+k_{22}\boldsymbol{\alpha}_2+\cdots+k_{s2}\boldsymbol{\alpha}_s,\\ \quad\cdots\cdots\cdots\cdots\\ \boldsymbol{\beta}_t=k_{1t}\boldsymbol{\alpha}_1+k_{2t}\boldsymbol{\alpha}_2+\cdots+k_{st}\boldsymbol{\alpha}_s,\end{cases}$$

即

$$(\boldsymbol{\beta}_1,\boldsymbol{\beta}_2,\cdots,\boldsymbol{\beta}_t)=(\boldsymbol{\alpha}_1,\boldsymbol{\alpha}_2,\cdots,\boldsymbol{\alpha}_s)\begin{pmatrix}k_{11}&k_{12}&\cdots&k_{1t}\\k_{21}&k_{22}&\cdots&k_{2t}\\\vdots&\vdots&&\vdots\\k_{s1}&k_{s2}&\cdots&k_{st}\end{pmatrix},$$

简记为

$$\boldsymbol{B}_{n\times t}=\boldsymbol{A}_{n\times s}\boldsymbol{K}_{s\times t},\tag{4.4}$$

其中 $\boldsymbol{B}_{n\times t}$ 和 $\boldsymbol{A}_{n\times s}$ 分别是由向量组(Ⅱ)和(Ⅰ)作为列向量所组成的矩阵，$\boldsymbol{K}_{s\times t}$ 是由表示系数所组成的矩阵，也就是矩阵方程 $\boldsymbol{B}_{n\times t}=\boldsymbol{A}_{n\times s}\boldsymbol{K}_{s\times t}$ 有解.

定理 5 向量组 $B:\boldsymbol{\beta}_1,\boldsymbol{\beta}_2,\cdots,\boldsymbol{\beta}_l$ 能由向量组 $A:\boldsymbol{\alpha}_1,\boldsymbol{\alpha}_2,\cdots,\boldsymbol{\alpha}_m$ 线性表示的充要条件是矩阵 $\boldsymbol{A}=(\boldsymbol{\alpha}_1,\boldsymbol{\alpha}_2,\cdots,\boldsymbol{\alpha}_m)$ 的秩等于矩阵 $(\boldsymbol{A}\quad\boldsymbol{B})=(\boldsymbol{\alpha}_1,\boldsymbol{\alpha}_2,\cdots,\boldsymbol{\alpha}_m,\boldsymbol{\beta}_1,\boldsymbol{\beta}_2,\cdots,\boldsymbol{\beta}_l)$ 的秩，即 $R(\boldsymbol{A})=R(\boldsymbol{A}\quad\boldsymbol{B})$.

推论 向量组 $A:\boldsymbol{\alpha}_1,\boldsymbol{\alpha}_2,\cdots,\boldsymbol{\alpha}_m$ 与向量组 $B:\boldsymbol{\beta}_1,\boldsymbol{\beta}_2,\cdots,\boldsymbol{\beta}_l$ 等价的充要条件是

$$R(\boldsymbol{A})=R(\boldsymbol{B})=R(\boldsymbol{A}\quad\boldsymbol{B}),$$

其中 $\boldsymbol{A}$ 和 $\boldsymbol{B}$ 是向量组 A 和 B 所构成的矩阵.

证 依据定理 5，向量组 A 和向量组 B 等价的充要条件是

$$R(\boldsymbol{A})=R(\boldsymbol{A}\quad\boldsymbol{B})\quad 且\quad R(\boldsymbol{B})=R(\boldsymbol{B}\quad\boldsymbol{A}),$$

而 $R(\boldsymbol{A}\quad\boldsymbol{B})=R(\boldsymbol{B}\quad\boldsymbol{A})$，合起来即得向量组 A 和向量组 B 等价的充要条件为

$$R(\boldsymbol{A})=R(\boldsymbol{B})=R(\boldsymbol{A}\quad\boldsymbol{B}).$$

例 6 已知向量组

(Ⅰ) $\boldsymbol{\alpha}_1=(1,1,4)^{\mathrm{T}},\boldsymbol{\alpha}_2=(1,0,4)^{\mathrm{T}},\boldsymbol{\alpha}_3=(1,2,a^2+3)^{\mathrm{T}}$；

(Ⅱ) $\boldsymbol{\beta}_1=(1,1,a+3)^{\mathrm{T}},\boldsymbol{\beta}_2=(0,2,1-a)^{\mathrm{T}},\boldsymbol{\beta}_3=(1,3,a^2+3)^{\mathrm{T}}$.

若向量组(Ⅰ)和向量组(Ⅱ)等价，求 a 的值.

解 若向量组(Ⅰ)和向量组(Ⅱ)等价，则

$$R(\boldsymbol{\alpha}_1,\boldsymbol{\alpha}_2,\boldsymbol{\alpha}_3)=R(\boldsymbol{\beta}_1,\boldsymbol{\beta}_2,\boldsymbol{\beta}_3)=R(\boldsymbol{\alpha}_1,\boldsymbol{\alpha}_2,\boldsymbol{\alpha}_3,\boldsymbol{\beta}_1,\boldsymbol{\beta}_2,\boldsymbol{\beta}_3).$$

而

$$(\boldsymbol{\alpha}_1,\boldsymbol{\alpha}_2,\boldsymbol{\alpha}_3,\boldsymbol{\beta}_1,\boldsymbol{\beta}_2,\boldsymbol{\beta}_3)=\begin{pmatrix}1&1&1&1&0&1\\1&0&2&1&2&3\\4&4&a^2+3&a+3&1-a&a^2+3\end{pmatrix}$$

$$\xrightarrow{r}\begin{pmatrix}1&1&1&1&0&1\\0&-1&1&0&2&2\\0&0&a^2-1&a-1&1-a&a^2-1\end{pmatrix}.$$

① 若 $a=1$，则 $R(\boldsymbol{\alpha}_1,\boldsymbol{\alpha}_2,\boldsymbol{\alpha}_3)=R(\boldsymbol{\beta}_1,\boldsymbol{\beta}_2,\boldsymbol{\beta}_3)=R(\boldsymbol{\alpha}_1,\boldsymbol{\alpha}_2,\boldsymbol{\alpha}_3,\boldsymbol{\beta}_1,\boldsymbol{\beta}_2,\boldsymbol{\beta}_3)=2$，此时向量组(Ⅰ)和向量组(Ⅱ)等价.

② 若 $a=-1$，则 $R(\boldsymbol{\alpha}_1,\boldsymbol{\alpha}_2,\boldsymbol{\alpha}_3)=2,R(\boldsymbol{\alpha}_1,\boldsymbol{\alpha}_2,\boldsymbol{\alpha}_3,\boldsymbol{\beta}_1,\boldsymbol{\beta}_2,\boldsymbol{\beta}_3)=3$，此时向量组(Ⅰ)和向量组(Ⅱ)不等价.

③ 若 $a\neq\pm1$，则 $R(\boldsymbol{\alpha}_1,\boldsymbol{\alpha}_2,\boldsymbol{\alpha}_3)=R(\boldsymbol{\beta}_1,\boldsymbol{\beta}_2,\boldsymbol{\beta}_3)=R(\boldsymbol{\alpha}_1,\boldsymbol{\alpha}_2,\boldsymbol{\alpha}_3,\boldsymbol{\beta}_1,\boldsymbol{\beta}_2,\boldsymbol{\beta}_3)=3$，此时向量组(Ⅰ)和向量组(Ⅱ)等价.

所以当 $a\neq-1$ 时，向量组(Ⅰ)和向量组(Ⅱ)等价.

定理 6 设 n 维向量组 $\boldsymbol{\beta}_1,\boldsymbol{\beta}_2,\cdots,\boldsymbol{\beta}_t$ 可由 $\boldsymbol{\alpha}_1,\boldsymbol{\alpha}_2,\cdots,\boldsymbol{\alpha}_s$ 线性表示，若 $\boldsymbol{\beta}_1,\boldsymbol{\beta}_2,\cdots,\boldsymbol{\beta}_t$ 线性无关，则 $t\leqslant s$.

证 反证法：假设 $s<t$，则齐次线性方程组 $\boldsymbol{K}_{s\times t}\boldsymbol{X}_{t\times 1}=\boldsymbol{0}$ 有非零解，从而方程组

$$(\boldsymbol{A}_{n\times s}\boldsymbol{K}_{s\times t})\boldsymbol{X}_{t\times 1}=\boldsymbol{0}$$

有非零解，其中 $\boldsymbol{A}_{n\times s}=(\boldsymbol{\alpha}_1,\boldsymbol{\alpha}_2,\cdots,\boldsymbol{\alpha}_s)$. 令 $\boldsymbol{B}=(\boldsymbol{\beta}_1,\boldsymbol{\beta}_2,\cdots,\boldsymbol{\beta}_t)$，由(4.4)得方程组 $\boldsymbol{B}_{n\times t}\boldsymbol{X}_{t\times 1}=\boldsymbol{0}$ 有非零解，则 $\boldsymbol{\beta}_1,\boldsymbol{\beta}_2,\cdots,\boldsymbol{\beta}_t$ 线性相关，矛盾. 所以 $t\leqslant s$.

推论 等价的线性无关向量组所含的向量个数必相同.

定义 6 设向量组 $\boldsymbol{\alpha}_1,\boldsymbol{\alpha}_2,\cdots,\boldsymbol{\alpha}_r$ 是 $\mathbf{R}^n$ 中向量组 A 的一个部分组，如果满足

(1) 向量组 $\boldsymbol{\alpha}_1,\boldsymbol{\alpha}_2,\cdots,\boldsymbol{\alpha}_r$ 线性无关；

(2) 向量组 A 中的任意 $r+1$ 个向量线性相关(如果 A 存在 $r+1$ 个向量)，

那么称向量组 $\boldsymbol{\alpha}_1,\boldsymbol{\alpha}_2,\cdots,\boldsymbol{\alpha}_r$ 是向量组 A 的一个 **极大线性无关向量组**，简称**极大无关组**.

设向量组 $\boldsymbol{\alpha}_1=(1,0)^{\mathrm{T}},\boldsymbol{\alpha}_2=(0,1)^{\mathrm{T}},\boldsymbol{\alpha}_3=(1,1)^{\mathrm{T}}$，显然 $\boldsymbol{\alpha}_1,\boldsymbol{\alpha}_2$ 线性无关，而 $\boldsymbol{\alpha}_1,\boldsymbol{\alpha}_2,\boldsymbol{\alpha}_3$ 线性相关，因此 $\boldsymbol{\alpha}_1,\boldsymbol{\alpha}_2$ 为该向量组的一个极大无关组. 事实上，$\boldsymbol{\alpha}_1,\boldsymbol{\alpha}_3$ 和 $\boldsymbol{\alpha}_2,\boldsymbol{\alpha}_3$ 也是该向量组的一个极大无关组. 所以一般来说，向量组的极大无关组不是唯一的.

二、向量组的秩

由定义 6 知，向量组与其极大无关组是等价的，从而向量组的极大无关组也是等价的，所以向量组的极大无关组所含向量的个数是唯一的. 我们有

定义 7 向量组 $A:\boldsymbol{\alpha}_1,\boldsymbol{\alpha}_2,\cdots,\boldsymbol{\alpha}_m$ 的极大无关组所含向量的个数称为向量组 $A:\boldsymbol{\alpha}_1,\boldsymbol{\alpha}_2,\cdots,\boldsymbol{\alpha}_m$ 的秩，记为 R_A 或 $R(\boldsymbol{\alpha}_1,\boldsymbol{\alpha}_2,\cdots,\boldsymbol{\alpha}_m)$.

如向量组 $\boldsymbol{\alpha}_1=(1,0)^{\mathrm{T}},\boldsymbol{\alpha}_2=(0,1)^{\mathrm{T}},\boldsymbol{\alpha}_3=(1,1)^{\mathrm{T}}$ 的秩 $R(\boldsymbol{\alpha}_1,\boldsymbol{\alpha}_2,\boldsymbol{\alpha}_3)=2$.

根据定义 7，求向量组的秩，关键在于求它的一个极大无关组，但直接求向量组的极大无关组是非常烦琐的. 我们先讨论向量组秩的相关性质，这些性质不仅在理论上很重要，而且可得到求向量组秩的方法.

定理 7 向量组 $\boldsymbol{\alpha}_1,\boldsymbol{\alpha}_2,\cdots,\boldsymbol{\alpha}_m$ 线性无关当且仅当其秩 $R(\boldsymbol{\alpha}_1,\boldsymbol{\alpha}_2,\cdots,\boldsymbol{\alpha}_m)=m$.

证 向量组 $\boldsymbol{\alpha}_1,\boldsymbol{\alpha}_2,\cdots,\boldsymbol{\alpha}_m$ 线性无关当且仅当其极大无关组为本身，即

$$R(\boldsymbol{\alpha}_1,\boldsymbol{\alpha}_2,\cdots,\boldsymbol{\alpha}_m)=m.$$

定理 7 等价于"向量组 $\boldsymbol{\alpha}_1,\boldsymbol{\alpha}_2,\cdots,\boldsymbol{\alpha}_m$ 线性相关当且仅当 $R(\boldsymbol{\alpha}_1,\boldsymbol{\alpha}_2,\cdots,\boldsymbol{\alpha}_m)<m$". 因此，我们可以利用向量组的秩判别向量组的线性相关性.

定理 8 若向量组 A 可以由向量组 B 线性表示，则 $R_A\leqslant R_B$.

证 分别取 A,B 的一个极大无关组 $\hat{A},\hat{B}$，则 $\hat{A}$ 与 A 等价、$\hat{B}$ 与 B 等价，从而 $\hat{A}$ 可由 $\hat{B}$ 线性表示. 根据定理 6，可知 $\hat{A}$ 所含的向量个数不超过 $\hat{B}$，而 $\hat{A},\hat{B}$ 所含的向量个数分别是向量组 A,B 的秩，因此 $R_A\leqslant R_B$.

推论 等价的向量组有相同的秩.

定理 9 矩阵 $\boldsymbol{A}$ 的秩既等于它的列向量组的秩，也等于它的行向量组的秩.

证 设 $\boldsymbol{A}$ 为 $n\times m$ 实矩阵，对 $\boldsymbol{A}$ 按列分块，有 $\boldsymbol{A}=(\boldsymbol{\alpha}_1,\boldsymbol{\alpha}_2,\cdots,\boldsymbol{\alpha}_m)$. 设 $R(\boldsymbol{A})=r$，则 $\boldsymbol{A}$ 有不等于零的 r 阶子式，记为 D_r. 由定理 2 的推论和定理 4(3) 知，D_r 所在的 r 列线性无关；又

$\boldsymbol{A}$ 中任意 $r+1$ 个列向量所构成的矩阵 $\boldsymbol{B}$ 的秩 $R(\boldsymbol{B}) \leqslant R(\boldsymbol{A})= r<r+1$,所以 $\boldsymbol{A}$ 中任意 $r+1$ 个列向量线性相关.因此 D_r 所在的 r 列是 $\boldsymbol{A}$ 的列向量组的一个极大无关组,所以 $\boldsymbol{A}$ 的列向量组的秩等于 r.

同理可证 $\boldsymbol{A}$ 的行向量组的秩也为 r.

我们把矩阵 $\boldsymbol{A}$ 的列向量组的秩称为 $\boldsymbol{A}$ 的列秩,$\boldsymbol{A}$ 的行向量组的秩称为 $\boldsymbol{A}$ 的行秩.

注　从定理 9 的证明可知,矩阵 $\boldsymbol{A}$ 的最高阶非零子式 D_r 所在的 r 列(行)是 $\boldsymbol{A}$ 的列(行)向量组的一个极大无关组.由此可得求列向量组 $\boldsymbol{\alpha}_1,\boldsymbol{\alpha}_2,\cdots,\boldsymbol{\alpha}_m$ 的秩和极大无关组的方法:

将列向量组 $\boldsymbol{\alpha}_1,\boldsymbol{\alpha}_2,\cdots,\boldsymbol{\alpha}_m$ 构造矩阵 $\boldsymbol{A}=(\boldsymbol{\alpha}_1,\boldsymbol{\alpha}_2,\cdots,\boldsymbol{\alpha}_m)$,利用矩阵的初等行变换把 $\boldsymbol{A}$ 化成行阶梯形矩阵 $\boldsymbol{B}$,有 $R(\boldsymbol{\alpha}_1,\boldsymbol{\alpha}_2,\cdots,\boldsymbol{\alpha}_m)=R(\boldsymbol{A})=\boldsymbol{B}$ 中非零行的行数,且行阶梯形矩阵 $\boldsymbol{B}$ 中非零行的第一个非零元所在的列对应于 $\boldsymbol{A}$ 中的列就是列向量组 $\boldsymbol{\alpha}_1,\boldsymbol{\alpha}_2,\cdots,\boldsymbol{\alpha}_m$ 的一个极大无关组.

例 7　给定向量组

$$\boldsymbol{\alpha}_1=(1,4,1,0)^{\mathrm{T}},\ \boldsymbol{\alpha}_2=(2,1,-1,-3)^{\mathrm{T}},$$
$$\boldsymbol{\alpha}_3=(1,0,-3,-1)^{\mathrm{T}},\ \boldsymbol{\alpha}_4=(0,2,-6,3)^{\mathrm{T}},$$

求向量组的秩和它的一个极大无关组,并把其余向量用该极大无关组线性表示.

解

$$(\boldsymbol{\alpha}_1,\boldsymbol{\alpha}_2,\boldsymbol{\alpha}_3,\boldsymbol{\alpha}_4)=\begin{pmatrix}1&2&1&0\\4&1&0&2\\1&-1&-3&-6\\0&-3&-1&3\end{pmatrix}\xrightarrow{r}\begin{pmatrix}1&2&1&0\\0&1&2&4\\0&0&1&3\\0&0&0&0\end{pmatrix},$$

则 $R(\boldsymbol{\alpha}_1,\boldsymbol{\alpha}_2,\boldsymbol{\alpha}_3,\boldsymbol{\alpha}_4)= 3$,且 $\boldsymbol{\alpha}_1,\boldsymbol{\alpha}_2,\boldsymbol{\alpha}_3$ 为向量组的一个极大无关组.为了把 $\boldsymbol{\alpha}_4$ 用 $\boldsymbol{\alpha}_1,\boldsymbol{\alpha}_2,\boldsymbol{\alpha}_3$ 线性表示,将矩阵 $(\boldsymbol{\alpha}_1,\boldsymbol{\alpha}_2,\boldsymbol{\alpha}_3,\boldsymbol{\alpha}_4)$ 利用初等行变换化成行最简形矩阵:

$$(\boldsymbol{\alpha}_1,\boldsymbol{\alpha}_2,\boldsymbol{\alpha}_3,\boldsymbol{\alpha}_4)\xrightarrow{r}\begin{pmatrix}1&0&0&1\\0&1&0&-2\\0&0&1&3\\0&0&0&0\end{pmatrix},$$

得

$$\boldsymbol{\alpha}_4=\boldsymbol{\alpha}_1-2\boldsymbol{\alpha}_2+3\boldsymbol{\alpha}_3.$$

思考题三

1. 下列关于 n 阶矩阵 $\boldsymbol{A}$ 可逆的充要条件叙述中,哪些是正确的:

(1) $\boldsymbol{A}$ 可逆当且仅当存在 n 阶矩阵 $\boldsymbol{B}$,使 $\boldsymbol{AB}=\boldsymbol{BA}=\boldsymbol{E}$ 成立;

(2) $\boldsymbol{A}$ 可逆当且仅当 $|\boldsymbol{A}|\neq 0$;

(3) $\boldsymbol{A}$ 可逆当且仅当 $R(\boldsymbol{A})=n$;

(4) $\boldsymbol{A}$ 可逆当且仅当 $\boldsymbol{A}$ 的列(行)秩为 n;

(5) $\boldsymbol{A}$ 可逆当且仅当 $\boldsymbol{A}$ 的 n 列(行)线性无关;

(6) $\boldsymbol{A}$ 可逆当且仅当 $\boldsymbol{A}$ 的最高阶非零子式为 $|\boldsymbol{A}|$;

(7) $\boldsymbol{A}$ 可逆当且仅当 $\boldsymbol{AX}=\boldsymbol{0}$ 只有零解;

(8) $\boldsymbol{A}$ 可逆当且仅当对任意的 $\boldsymbol{\beta} \in \mathbf{R}^n$，$\boldsymbol{AX}=\boldsymbol{\beta}$ 有唯一解；

(9) $\boldsymbol{A}$ 可逆当且仅当对任意的 $\boldsymbol{X} \in \mathbf{R}^n$，$\boldsymbol{X} \neq \mathbf{0}$，恒有 $\boldsymbol{AX} \neq \mathbf{0}$ 成立；

(10) $\boldsymbol{A}$ 可逆当且仅当 $\boldsymbol{A}$ 等价于任一 n 阶可逆矩阵；

(11) $\boldsymbol{A}$ 可逆当且仅当 $\boldsymbol{A}$ 等价于 n 阶单位矩阵 $\boldsymbol{E}_n$；

(12) $\boldsymbol{A}$ 可逆当且仅当 $\boldsymbol{A}$ 可表示为若干初等矩阵之积；

(13) $\boldsymbol{A}$ 可逆当且仅当对任意的 n 阶矩阵 $\boldsymbol{B},\boldsymbol{C}$，且 $\boldsymbol{AB}=\boldsymbol{AC}$，当且仅当 $\boldsymbol{B}=\boldsymbol{C}$.

2. 下列关于向量组 $\boldsymbol{\alpha}_1,\boldsymbol{\alpha}_2,\cdots,\boldsymbol{\alpha}_s$ 的秩不为零的充分条件的叙述，哪些是正确的：

(1) 向量组 $\boldsymbol{\alpha}_1,\boldsymbol{\alpha}_2,\cdots,\boldsymbol{\alpha}_s$ 的秩不为零的充分条件为 $\boldsymbol{\alpha}_1,\boldsymbol{\alpha}_2,\cdots,\boldsymbol{\alpha}_s$ 至少有一个是非零向量；

(2) 向量组 $\boldsymbol{\alpha}_1,\boldsymbol{\alpha}_2,\cdots,\boldsymbol{\alpha}_s$ 的秩不为零的充分条件为 $\boldsymbol{\alpha}_1,\boldsymbol{\alpha}_2,\cdots,\boldsymbol{\alpha}_s$ 全是零向量；

(3) 向量组 $\boldsymbol{\alpha}_1,\boldsymbol{\alpha}_2,\cdots,\boldsymbol{\alpha}_s$ 的秩不为零的充分条件为 $\boldsymbol{\alpha}_1,\boldsymbol{\alpha}_2,\cdots,\boldsymbol{\alpha}_s$ 线性无关；

(4) 向量组 $\boldsymbol{\alpha}_1,\boldsymbol{\alpha}_2,\cdots,\boldsymbol{\alpha}_s$ 的秩不为零的充分条件为 $\boldsymbol{\alpha}_1,\boldsymbol{\alpha}_2,\cdots,\boldsymbol{\alpha}_s$ 中至少有一个部分组线性无关.

3. 请思考利用初等行变换求列向量组 $\boldsymbol{\alpha}_1,\boldsymbol{\alpha}_2,\cdots,\boldsymbol{\alpha}_m$ 的极大无关组的原理.

4. 若利用矩阵的初等行变换求行向量组 $\boldsymbol{\alpha}_1^{\mathrm{T}},\boldsymbol{\alpha}_2^{\mathrm{T}},\cdots,\boldsymbol{\alpha}_m^{\mathrm{T}}$ 的秩和极大无关组，请问如何处理？

第四节 向量空间

前三节讨论了 $\mathbf{R}^n$ 中向量的线性运算、向量组的线性相关性等，而对向量关系更广泛的讨论和应用常需要完备的向量组，这就是本节所要讨论的向量空间.

一、向量空间及其有关概念

定义 8 设 V 为 $\mathbf{R}^n$ 的一个非空子集，如果 V 满足

(1) V 对加法运算封闭，即 V 中任意两个向量的和向量仍在 V 中；

(2) V 对数乘运算封闭，即 V 中任意向量与任一实数的乘积仍在 V 中，

那么称 V 关于向量的线性运算构成(实数域上的)一个向量空间.

例如，设 $V=\{(x_1,x_2,0)^{\mathrm{T}} \mid x_1,x_2 \in \mathbf{R}\}$，则 V 非空，且对任意的

$$\boldsymbol{\alpha}=(x_1,x_2,0)^{\mathrm{T}} \in V,\quad \boldsymbol{\beta}=(y_1,y_2,0)^{\mathrm{T}} \in V,\quad k,l \in \mathbf{R},$$

有 $k\boldsymbol{\alpha}+l\boldsymbol{\beta}=(kx_1+ly_1,kx_2+ly_2,0) \in V$. 因此 V 是向量空间.事实上，V 是三维空间 $\mathbf{R}^3$ 中的 Ox_1x_2 坐标平面.

向量集合对加法和数乘运算封闭常称它满足完备性，又由定义 2 知向量的线性运算必满足规范性的八条性质，因此向量空间具有完备性与规范性.

例 8 设 $\boldsymbol{\alpha},\boldsymbol{\beta} \in \mathbf{R}^n$，向量 $\boldsymbol{\alpha},\boldsymbol{\beta}$ 的所有实系数线性组合构成的集合记作

$$U=\{\boldsymbol{\gamma} \mid \boldsymbol{\gamma}=x_1\boldsymbol{\alpha}+x_2\boldsymbol{\beta},x_i \in \mathbf{R},i=1,2\},$$

证明：U 是向量空间.

证 对任意的 $\boldsymbol{\gamma},\boldsymbol{\delta}\in U;k,l\in\mathbf{R}$，记 $\boldsymbol{\gamma}=x_1\boldsymbol{\alpha}+x_2\boldsymbol{\beta},\boldsymbol{\delta}=y_1\boldsymbol{\alpha}+y_2\boldsymbol{\beta}$，则

$$k\boldsymbol{\gamma}+l\boldsymbol{\delta}=(kx_1+ly_1)\boldsymbol{\alpha}+(kx_2+ly_2)\beta,$$

且 $kx_i+ly_i\in\mathbf{R},i=1,2$，故 $k\boldsymbol{\gamma}+l\boldsymbol{\delta}\in U$. 因此 U 是向量空间.

例 8 中的向量空间 U 称为由 $\boldsymbol{\alpha},\boldsymbol{\beta}$ 所生成的向量空间（或称为 $\boldsymbol{\alpha},\boldsymbol{\beta}$ 的生成子空间），记作 $U=\text{span}(\boldsymbol{\alpha},\boldsymbol{\beta})$，其中 $\boldsymbol{\alpha},\boldsymbol{\beta}$ 称为它的生成元.

容易验证 $\mathbf{R}^1,\mathbf{R}^2,\mathbf{R}^3$ 和 $\mathbf{R}^n$ 都是向量空间. 齐次线性方程组 $\boldsymbol{A}_{m\times n}\boldsymbol{X}_{n\times 1}=\mathbf{0}$ 的解集 $S=\{\boldsymbol{X}\mid\boldsymbol{AX}=\mathbf{0}\}$ 是一个向量空间（称为它的解空间）. 只含零向量的集合也是一个向量空间，称为零空间.

定义 9 设 V 是向量空间 U 的一个子集，如果 V 也是向量空间，那么称 V 是 U 的子空间.

例如，$V=\{(x_1,x_2,0)^{\mathrm{T}}\mid x_1,x_2\in\mathbf{R}\}$ 是 $\mathbf{R}^3$ 的子空间；零空间是任意向量空间的子空间.

二、向量空间的基和维数，向量的坐标

定义 10 设 V 是一个向量空间，$\boldsymbol{\alpha}_1,\boldsymbol{\alpha}_2,\cdots,\boldsymbol{\alpha}_r$ 是 V 中的一组向量，如果满足

（1）$\boldsymbol{\alpha}_1,\boldsymbol{\alpha}_2,\cdots,\boldsymbol{\alpha}_r$ 线性无关；

（2）V 中的任一向量都可由 $\boldsymbol{\alpha}_1,\boldsymbol{\alpha}_2,\cdots,\boldsymbol{\alpha}_r$ 线性表示，

那么称 $\boldsymbol{\alpha}_1,\boldsymbol{\alpha}_2,\cdots,\boldsymbol{\alpha}_r$ 是 V 的一组基，数 r 称为 V 的维数，记作 $\dim(V)=r$，并称 V 是 r 维向量空间.

零空间没有基，规定其维数为零.

在 $\mathbf{R}^1$ 中，1 是一组基，所以 $\mathbf{R}^1$ 是一维向量空间；在 $\mathbf{R}^2$ 中，$(1,0)^{\mathrm{T}},(0,1)^{\mathrm{T}}$ 是一组基，所以 $\mathbf{R}^2$ 是 2 维向量空间；在 $\mathbf{R}^3$ 中，$(1,0,0)^{\mathrm{T}},(0,1,0)^{\mathrm{T}},(0,0,1)^{\mathrm{T}}$ 是一组基，所以 $\mathbf{R}^3$ 是 3 维向量空间；在 $\mathbf{R}^n$ 中，单位坐标向量

$$\boldsymbol{e}_1=(1,0,\cdots,0)^{\mathrm{T}},\boldsymbol{e}_2=(0,1,\cdots,0)^{\mathrm{T}},\cdots,\boldsymbol{e}_n=(0,0,\cdots,1)^{\mathrm{T}}$$

是一组基，所以 $\mathbf{R}^n$ 是 n 维向量空间.

由向量组 $\boldsymbol{\alpha}_1,\boldsymbol{\alpha}_2,\cdots,\boldsymbol{\alpha}_m$ 所生成的向量空间

$$\begin{aligned}U&=\text{span}(\boldsymbol{\alpha}_1,\boldsymbol{\alpha}_2,\cdots,\boldsymbol{\alpha}_m)\\&=\{\boldsymbol{\alpha}=x_1\boldsymbol{\alpha}_1+x_2\boldsymbol{\alpha}_2+\cdots+x_m\boldsymbol{\alpha}_m\mid x_i\in\mathbf{R},i=1,2,\cdots,m\},\end{aligned}$$

显然，向量空间 U 与向量组 $\boldsymbol{\alpha}_1,\boldsymbol{\alpha}_2,\cdots,\boldsymbol{\alpha}_m$ 等价，所以向量组 $\boldsymbol{\alpha}_1,\boldsymbol{\alpha}_2,\cdots,\boldsymbol{\alpha}_m$ 的极大无关组就是向量空间 U 的一组基，向量组 $\boldsymbol{\alpha}_1,\boldsymbol{\alpha}_2,\cdots,\boldsymbol{\alpha}_m$ 的秩就是向量空间 U 的维数.

由基的定义知，任何向量空间都可以表示为它的任意一组基的生成空间.

例 9 求由向量组

$$\boldsymbol{\alpha}_1=(1,0,2,1)^{\mathrm{T}},\boldsymbol{\alpha}_2=(1,2,0,1)^{\mathrm{T}},\boldsymbol{\alpha}_3=(2,1,3,2)^{\mathrm{T}},\boldsymbol{\alpha}_4=(2,5,-1,4)^{\mathrm{T}}$$

所生成的向量空间 $\text{span}(\alpha_1,\alpha_2,\alpha_3,\alpha_4)$ 的一组基与维数.

解 由

$$(\boldsymbol{\alpha}_1,\boldsymbol{\alpha}_2,\boldsymbol{\alpha}_3,\boldsymbol{\alpha}_4)=\begin{pmatrix}1&1&2&2\\0&2&1&5\\2&0&3&-1\\1&1&2&4\end{pmatrix}\xrightarrow{r}\begin{pmatrix}1&1&2&2\\0&2&1&5\\0&0&0&2\\0&0&0&0\end{pmatrix},$$

得 $\boldsymbol{\alpha}_1,\boldsymbol{\alpha}_2,\boldsymbol{\alpha}_4$ 为向量组 $\boldsymbol{\alpha}_1,\boldsymbol{\alpha}_2,\boldsymbol{\alpha}_3,\boldsymbol{\alpha}_4$ 的一个极大无关组,从而 $\boldsymbol{\alpha}_1,\boldsymbol{\alpha}_2,\boldsymbol{\alpha}_4$ 是向量空间 $\mathrm{span}(\boldsymbol{\alpha}_1,\boldsymbol{\alpha}_2,\boldsymbol{\alpha}_3,\boldsymbol{\alpha}_4)$ 的一组基,且 $\mathrm{span}(\boldsymbol{\alpha}_1,\boldsymbol{\alpha}_2,\boldsymbol{\alpha}_3,\boldsymbol{\alpha}_4)$ 的维数为 3.

向量空间的任意向量都可以由基线性表示,且表示式是唯一的.由此,我们有下述定义.

定义 11 设 V 是向量空间, $\boldsymbol{\alpha}_1,\boldsymbol{\alpha}_2,\cdots,\boldsymbol{\alpha}_r$ 是 V 的一组基,任给 $\boldsymbol{\alpha}\in V$, 有

$$\boldsymbol{\alpha}=x_1\boldsymbol{\alpha}_1+x_2\boldsymbol{\alpha}_2+\cdots+x_r\boldsymbol{\alpha}_r=(\boldsymbol{\alpha}_1,\boldsymbol{\alpha}_2,\cdots,\boldsymbol{\alpha}_r)\begin{pmatrix}x_1\\x_2\\\vdots\\x_r\end{pmatrix},$$

则称 $(x_1,x_2,\cdots,x_r)^{\mathrm{T}}$ 为 $\boldsymbol{\alpha}$ 在基 $\boldsymbol{\alpha}_1,\boldsymbol{\alpha}_2,\cdots,\boldsymbol{\alpha}_r$ 下的坐标.

例 10 设向量空间 $V=\{\boldsymbol{\alpha}=(x_1,x_2,\cdots,x_n)^{\mathrm{T}}\mid x_i\in\mathbf{R},\sum_{i=1}^{n}x_i=0\}$, 证明向量组

$$\boldsymbol{\alpha}_1=(1,-1,0,0,\cdots,0)^{\mathrm{T}},\quad \boldsymbol{\alpha}_2=(0,1,-1,0,\cdots,0)^{\mathrm{T}},\cdots,$$
$$\boldsymbol{\alpha}_{n-2}=(0,\cdots,0,1,-1,0)^{\mathrm{T}},\quad \boldsymbol{\alpha}_{n-1}=(0,\cdots,0,1,-1)^{\mathrm{T}}$$

为 V 的一组基,并求向量 $\boldsymbol{\alpha}=(1,1,\cdots,1,1-n)^{\mathrm{T}}$ 在此组基下的坐标.

解 显然 $\boldsymbol{\alpha}_1,\boldsymbol{\alpha}_2,\cdots,\boldsymbol{\alpha}_{n-1}\in V$, 下面先证 $\boldsymbol{\alpha}_1,\boldsymbol{\alpha}_2,\cdots,\boldsymbol{\alpha}_{n-1}$ 线性无关.

把向量组 $\boldsymbol{\alpha}_1,\boldsymbol{\alpha}_2,\cdots,\boldsymbol{\alpha}_{n-2},\boldsymbol{\alpha}_{n-1}$ 所构成的矩阵从第 2 行起依次加上前一行,即 r_2+r_1, $r_3+r_2,\cdots,r_n+r_{n-1}$, 经过 $n-1$ 次行变换,可得

$$(\boldsymbol{\alpha}_1,\boldsymbol{\alpha}_2,\cdots,\boldsymbol{\alpha}_{n-2},\boldsymbol{\alpha}_{n-1})=\begin{pmatrix}1&0&\cdots&0&0\\-1&1&\cdots&0&0\\0&-1&\cdots&0&0\\0&0&\cdots&0&0\\\vdots&\vdots&&\vdots&\vdots\\0&0&\cdots&0&0\\0&0&\cdots&1&0\\0&0&\cdots&-1&1\\0&0&\cdots&0&-1\end{pmatrix}\xrightarrow{r}\begin{pmatrix}1&0&\cdots&0&0\\0&1&\cdots&0&0\\0&0&\cdots&0&0\\\vdots&\vdots&&\vdots&\vdots\\0&0&\cdots&0&0\\0&0&\cdots&1&0\\0&0&\cdots&0&1\\0&0&\cdots&0&0\end{pmatrix}.$$

从而 $R(\boldsymbol{\alpha}_1,\boldsymbol{\alpha}_2,\cdots,\boldsymbol{\alpha}_{n-2},\boldsymbol{\alpha}_{n-1})=n-1$, 所以 $\boldsymbol{\alpha}_1,\boldsymbol{\alpha}_2,\cdots,\boldsymbol{\alpha}_{n-1}$ 线性无关.

任给 $\boldsymbol{\beta}=(x_1,x_2,\cdots,x_n)^{\mathrm{T}}$, 有

$$\boldsymbol{\beta}=\begin{pmatrix}x_1\\x_2\\\vdots\\x_{n-1}\\x_n\end{pmatrix}=k_1\boldsymbol{\alpha}_1+k_2\boldsymbol{\alpha}_2+\cdots+k_{n-2}\boldsymbol{\alpha}_{n-2}+k_{n-1}\boldsymbol{\alpha}_{n-1}=\begin{pmatrix}k_1\\-k_1+k_2\\\vdots\\-k_{n-2}+k_{n-1}\\-k_{n-1}\end{pmatrix},$$

解得 $k_1=x_1,k_2=x_1+x_2,\cdots,k_{n-1}=x_1+x_2+\cdots+x_{n-1}$，即有

$$\boldsymbol{\beta}=x_1\boldsymbol{\alpha}_1+(x_1+x_2)\boldsymbol{\alpha}_2+\cdots+(x_1+x_2+\cdots+x_{n-1})\boldsymbol{\alpha}_{n-1}.$$

所以 V 中任一向量 $\boldsymbol{\beta}$ 都可由 $\boldsymbol{\alpha}_1,\boldsymbol{\alpha}_2,\cdots,\boldsymbol{\alpha}_{n-1}$ 线性表示.

故 $\boldsymbol{\alpha}_1,\boldsymbol{\alpha}_2,\cdots,\boldsymbol{\alpha}_{n-1}$ 为 V 中一组基.

取 $x_1=1,x_2=1,\cdots,x_{n-1}=1,x_n=1-n$，有

$$\boldsymbol{\alpha}=(1,1,\cdots,1,1-n)^{\mathrm{T}}=\boldsymbol{\alpha}_1+2\alpha_2+\cdots+(n-1)\alpha_{n-1},$$

所以向量 $\boldsymbol{\alpha}$ 在此组基下的坐标为 $(1,2,\cdots,n-1)^{\mathrm{T}}$.

三、基变换与坐标变换

定义 12 设 $\boldsymbol{\alpha}_1,\boldsymbol{\alpha}_2,\cdots,\boldsymbol{\alpha}_r$ 和 $\boldsymbol{\beta}_1,\boldsymbol{\beta}_2,\cdots,\boldsymbol{\beta}_r$ 为向量空间 V 的基，有

$$(\boldsymbol{\beta}_1,\boldsymbol{\beta}_2,\cdots,\boldsymbol{\beta}_r)=(\boldsymbol{\alpha}_1,\boldsymbol{\alpha}_2,\cdots,\boldsymbol{\alpha}_r)\boldsymbol{P}_{r\times r}, \tag{4.5}$$

称 r 阶矩阵 $\boldsymbol{P}$ 是由基 $\boldsymbol{\alpha}_1,\boldsymbol{\alpha}_2,\cdots,\boldsymbol{\alpha}_r$ 到基 $\boldsymbol{\beta}_1,\boldsymbol{\beta}_2,\cdots,\boldsymbol{\beta}_r$ 的过渡矩阵，式(4.5)称为基变换公式.

显然，过渡矩阵是可逆矩阵.

例 11 在 $\mathbf{R}^3$ 中，求由基

$$\boldsymbol{\alpha}_1=(1,0,1)^{\mathrm{T}},\boldsymbol{\alpha}_2=(0,1,0)^{\mathrm{T}},\boldsymbol{\alpha}_3=(1,2,2)^{\mathrm{T}}$$

到基

$$\boldsymbol{\beta}_1=(1,0,0)^{\mathrm{T}},\boldsymbol{\beta}_2=(1,1,0)^{\mathrm{T}},\boldsymbol{\beta}_3=(1,1,1)^{\mathrm{T}}$$

的过渡矩阵.

解 由于 $(\boldsymbol{\beta}_1,\boldsymbol{\beta}_2,\boldsymbol{\beta}_3)=(\boldsymbol{\alpha}_1,\boldsymbol{\alpha}_2,\boldsymbol{\alpha}_3)\boldsymbol{P}$，即

$$\begin{pmatrix}1&1&1\\0&1&1\\0&0&1\end{pmatrix}=\begin{pmatrix}1&0&1\\0&1&2\\1&0&2\end{pmatrix}\boldsymbol{P},$$

所以由基 $\boldsymbol{\alpha}_1,\boldsymbol{\alpha}_2,\boldsymbol{\alpha}_3$ 到基 $\boldsymbol{\beta}_1,\boldsymbol{\beta}_2,\boldsymbol{\beta}_3$ 的过渡矩阵

$$\boldsymbol{P}=\begin{pmatrix}1&0&1\\0&1&2\\1&0&2\end{pmatrix}^{-1}\begin{pmatrix}1&1&1\\0&1&1\\0&0&1\end{pmatrix}=\begin{pmatrix}2&0&-1\\2&1&-2\\-1&0&1\end{pmatrix}\begin{pmatrix}1&1&1\\0&1&1\\0&0&1\end{pmatrix}=\begin{pmatrix}2&2&1\\2&3&1\\-1&-1&0\end{pmatrix}.$$

定理 10 设 V 是向量空间，$\boldsymbol{\alpha}_1,\boldsymbol{\alpha}_2,\cdots,\boldsymbol{\alpha}_r$ 和 $\boldsymbol{\beta}_1,\boldsymbol{\beta}_2,\cdots,\boldsymbol{\beta}_r$ 分别为 V 的基，且

$$\boldsymbol{X}=(x_1,x_2,\cdots,x_r)^{\mathrm{T}},\quad \boldsymbol{Y}=(y_1,y_2,\cdots,y_r)^{\mathrm{T}}$$

分别是向量 $\boldsymbol{\alpha}$ 在基 $\boldsymbol{\alpha}_1,\boldsymbol{\alpha}_2,\cdots,\boldsymbol{\alpha}_r$ 和 $\boldsymbol{\beta}_1,\boldsymbol{\beta}_2,\cdots,\boldsymbol{\beta}_r$ 下的坐标，则有

$$\boldsymbol{X}=\boldsymbol{P}\boldsymbol{Y}\quad 或 \quad \boldsymbol{Y}=\boldsymbol{P}^{-1}\boldsymbol{X}, \tag{4.6}$$

其中 $\boldsymbol{P}$ 是由基 $\boldsymbol{\alpha}_1,\boldsymbol{\alpha}_2,\cdots,\boldsymbol{\alpha}_r$ 到基 $\boldsymbol{\beta}_1,\boldsymbol{\beta}_2,\cdots,\boldsymbol{\beta}_r$ 的过渡矩阵.公式(4.6)称为坐标变换公式.

证 由题意得

$$\boldsymbol{\alpha}=(\boldsymbol{\alpha}_1,\boldsymbol{\alpha}_2,\cdots,\boldsymbol{\alpha}_r)\boldsymbol{X}=(\boldsymbol{\beta}_1,\boldsymbol{\beta}_2,\cdots,\boldsymbol{\beta}_r)\boldsymbol{Y}. \tag{4.7}$$

又 $(\boldsymbol{\beta}_1,\boldsymbol{\beta}_2,\cdots,\boldsymbol{\beta}_r)=(\boldsymbol{\alpha}_1,\boldsymbol{\alpha}_2,\cdots,\boldsymbol{\alpha}_r)\boldsymbol{P}$，代入(4.7)得

$$(\boldsymbol{\alpha}_1,\boldsymbol{\alpha}_2,\cdots,\boldsymbol{\alpha}_r)\boldsymbol{X}=(\boldsymbol{\alpha}_1,\boldsymbol{\alpha}_2,\cdots,\boldsymbol{\alpha}_r)\boldsymbol{P}\boldsymbol{Y}.$$

由于 $\boldsymbol{\alpha}_1,\boldsymbol{\alpha}_2,\cdots,\boldsymbol{\alpha}_r$ 线性无关，故 $\boldsymbol{X}=\boldsymbol{P}\boldsymbol{Y}$.

例 12　设 $\mathbf{R}^4$ 中两组基为

$$(\text{Ⅰ}):\boldsymbol{\alpha}_1,\boldsymbol{\alpha}_2,\boldsymbol{\alpha}_3,\boldsymbol{\alpha}_4 \quad 与 \quad (\text{Ⅱ}):\boldsymbol{\alpha}_1+\boldsymbol{\alpha}_2,\boldsymbol{\alpha}_2+\boldsymbol{\alpha}_3,\boldsymbol{\alpha}_3+\boldsymbol{\alpha}_4,\boldsymbol{\alpha}_4.$$

(1) 求由基(Ⅰ)到基(Ⅱ)的过渡矩阵 $\boldsymbol{P}$;

(2) 设 $\boldsymbol{\alpha}$ 在基(Ⅰ)下的坐标为 $\boldsymbol{X}=(1,1,1,1)^{\mathrm{T}}$，求 $\boldsymbol{\alpha}$ 在基(Ⅱ)下的坐标 $\boldsymbol{Y}$.

解　(1) 因为

$$(\boldsymbol{\alpha}_1+\boldsymbol{\alpha}_2,\boldsymbol{\alpha}_2+\boldsymbol{\alpha}_3,\boldsymbol{\alpha}_3+\boldsymbol{\alpha}_4,\boldsymbol{\alpha}_4)=(\boldsymbol{\alpha}_1,\boldsymbol{\alpha}_2,\boldsymbol{\alpha}_3,\boldsymbol{\alpha}_4)\begin{pmatrix}1&0&0&0\\1&1&0&0\\0&1&1&0\\0&0&1&1\end{pmatrix}=(\boldsymbol{\alpha}_1,\boldsymbol{\alpha}_2,\boldsymbol{\alpha}_3,\boldsymbol{\alpha}_4)\boldsymbol{P},$$

所以由基(Ⅰ)到基(Ⅱ)的过渡矩阵

$$\boldsymbol{P}=\begin{pmatrix}1&0&0&0\\1&1&0&0\\0&1&1&0\\0&0&1&1\end{pmatrix}.$$

(2) 由坐标变换公式(4.6)，得 $\boldsymbol{\alpha}$ 在基(Ⅱ)下的坐标

$$\boldsymbol{Y}=\boldsymbol{P}^{-1}\boldsymbol{X}=\begin{pmatrix}1&0&0&0\\-1&1&0&0\\1&-1&1&0\\-1&1&-1&1\end{pmatrix}\begin{pmatrix}1\\1\\1\\1\end{pmatrix}=\begin{pmatrix}1\\0\\1\\0\end{pmatrix}.$$

思考题四

1. 设

$$V_1=\{\boldsymbol{\alpha}=(x_1,x_2,x_3)^{\mathrm{T}}\mid x_i\in\mathbf{R},x_1+x_2=x_3\},$$
$$V_2=\{\boldsymbol{\alpha}=(x_1,x_2,x_3)^{\mathrm{T}}\mid x_i\in\mathbf{R},x_1x_2=x_3\},$$

问 V_1,V_2 关于 $\mathbf{R}^3$ 中的向量线性运算是否构成向量空间?

2. 齐次线性方程组 $\boldsymbol{AX}=\mathbf{0}$ 的解的全体 $\{\boldsymbol{X}\mid\boldsymbol{AX}=\mathbf{0}\}$ 构成向量空间，那么非齐次线性方程组 $\boldsymbol{AX}=\boldsymbol{\beta}$ 解的全体 $\{\boldsymbol{X}\mid\boldsymbol{AX}=\boldsymbol{\beta}\}$ 是否构成向量空间?

3. 设

$$\boldsymbol{\alpha}_1=\begin{pmatrix}2\\1\\-2\end{pmatrix},\boldsymbol{\alpha}_2=\begin{pmatrix}0\\3\\1\end{pmatrix},\boldsymbol{\alpha}_3=\begin{pmatrix}0\\0\\k-2\end{pmatrix}$$

是 $\mathbf{R}^3$ 的基，则 $k=$____，由基 $\boldsymbol{e}_1,\boldsymbol{e}_2,\boldsymbol{e}_3$ 到基 $\boldsymbol{\alpha}_1,\boldsymbol{\alpha}_2,\boldsymbol{\alpha}_3$ 的过渡矩阵 $\boldsymbol{P}=$__________.

4. 设 $\boldsymbol{\alpha}_1,\boldsymbol{\alpha}_2,\boldsymbol{\alpha}_3,\boldsymbol{\alpha}_4\in\mathbf{R}^n$，它们生成向量空间 V，则 V 的维数(　　).

A. 等于 4　　　　B. 等于 n

C. 小于或等于 4　　　　D. 大于或等于 4

第五节 线性方程组解的结构

本节利用向量理论讨论第三章第六节提出的关于线性方程组解的表示问题——解的结构,从而圆满地解决线性方程组的问题.

一、齐次线性方程组解的结构

齐次线性方程组 $\boldsymbol{AX}=\boldsymbol{0}$ 的解具有以下性质.

性质 1 如果 $\boldsymbol{\xi}_1,\boldsymbol{\xi}_2$ 是齐次线性方程组 $\boldsymbol{AX}=\boldsymbol{0}$ 的解,那么 $\boldsymbol{\xi}_1+\boldsymbol{\xi}_2$ 也是该方程组的解.

证 由 $\boldsymbol{A\xi}_1=\boldsymbol{0},\boldsymbol{A\xi}_2=\boldsymbol{0}$, 有 $\boldsymbol{A}(\boldsymbol{\xi}_1+\boldsymbol{\xi}_2)=\boldsymbol{A\xi}_1+\boldsymbol{A\xi}_2=\boldsymbol{0}+\boldsymbol{0}=\boldsymbol{0}$, 即 $\boldsymbol{\xi}_1+\boldsymbol{\xi}_2$ 也是 $\boldsymbol{AX}=\boldsymbol{0}$ 的解.

性质 2 如果 $\boldsymbol{\xi}$ 是齐次线性方程组 $\boldsymbol{AX}=\boldsymbol{0}$ 的解,那么 $c\boldsymbol{\xi}$ 也是该方程组的解,其中 c 为任意常数.

证 由 $\boldsymbol{A\xi}=\boldsymbol{0}$ 得 $\boldsymbol{A}(c\boldsymbol{\xi})=c(\boldsymbol{A\xi})=c\boldsymbol{0}=\boldsymbol{0}$, 即 $c\boldsymbol{\xi}$ 也是 $\boldsymbol{AX}=\boldsymbol{0}$ 的解.

一般地,有下述性质.

性质 3 如果 $\boldsymbol{\xi}_1,\boldsymbol{\xi}_2,\cdots,\boldsymbol{\xi}_s$ 均为齐次线性方程组 $\boldsymbol{AX}=\boldsymbol{0}$ 的解,那么其线性组合

$$c_1\boldsymbol{\xi}_1+c_2\boldsymbol{\xi}_2+\cdots+c_s\boldsymbol{\xi}_s$$

也是该方程组的解,其中 $c_1,c_2,\cdots,c_s$ 为任意常数.

由上面的讨论可知,既然齐次线性方程组解的线性组合是解,自然可以提出以下问题:是否存在一个向量组,可以用其表示所有解?这个问题的答案是肯定的.

定义 13 如果 $\boldsymbol{\xi}_1,\boldsymbol{\xi}_2,\cdots,\boldsymbol{\xi}_s$ 为齐次线性方程组 $\boldsymbol{AX}=\boldsymbol{0}$ 的解向量组的一个极大无关组,那么称 $\boldsymbol{\xi}_1,\boldsymbol{\xi}_2,\cdots,\boldsymbol{\xi}_s$ 为齐次线性方程组 $\boldsymbol{AX}=\boldsymbol{0}$ 的一个基础解系.

显然,当且仅当齐次线性方程组 $\boldsymbol{AX}=\boldsymbol{0}$ 有非零解时,存在基础解系.

定理 11(基础解系的存在性定理) 如果齐次线性方程组 $\boldsymbol{A}_{m\times n}\boldsymbol{X}_{n\times 1}=\boldsymbol{0}$ 有非零解,那么 $\boldsymbol{A}_{m\times n}\boldsymbol{X}_{n\times 1}=\boldsymbol{0}$ 必存在基础解系,且其基础解系均由 $n-r$ 个解组成,其中 $r=R(\boldsymbol{A})$.

证 由于 $\boldsymbol{A}_{m\times n}\boldsymbol{X}_{n\times 1}=\boldsymbol{0}$ 有非零解,故 $R(\boldsymbol{A})=r<n$. 不妨设 $\boldsymbol{A}$ 的前 r 个列向量线性无关,对系数矩阵 $\boldsymbol{A}$ 施行初等行变换,可化为如下的形式:

$$\boldsymbol{A}\xrightarrow{r}\begin{pmatrix}1&0&\cdots&0&-k_{1,r+1}&-k_{1,r+2}&\cdots&-k_{1n}\\0&1&\cdots&0&-k_{2,r+1}&-k_{2,r+2}&\cdots&-k_{2n}\\\vdots&\vdots&&\vdots&\vdots&\vdots&&\vdots\\0&0&&1&-k_{r,r+1}&-k_{r,r+2}&\cdots&-k_{rn}\\0&0&\cdots&0&0&0&\cdots&0\\\vdots&\vdots&&\vdots&\vdots&\vdots&&\vdots\\0&0&\cdots&0&0&0&\cdots&0\end{pmatrix},$$

得方程组的解为

$$\begin{cases} x_1 = k_{1,r+1}x_{r+1} + k_{1,r+2}x_{r+2} + \cdots + k_{1n}x_n, \\ x_2 = k_{2,r+1}x_{r+1} + k_{2,r+2}x_{r+2} + \cdots + k_{2n}x_n, \\ \cdots\cdots\cdots\cdots \\ x_r = k_{r,r+1}x_{r+1} + k_{r,r+2}x_{r+2} + \cdots + k_{rn}x_n, \end{cases}$$

其中 $x_{r+1},x_{r+2},\cdots,x_n$ 为自由变量.令

$$\begin{pmatrix} x_{r+1} \\ x_{r+2} \\ \vdots \\ x_n \end{pmatrix} = \begin{pmatrix} 1 \\ 0 \\ \vdots \\ 0 \end{pmatrix}, \begin{pmatrix} 0 \\ 1 \\ \vdots \\ 0 \end{pmatrix}, \cdots, \begin{pmatrix} 0 \\ 0 \\ \vdots \\ 1 \end{pmatrix},$$

得方程组的 $n-r$ 个解

$$\boldsymbol{\xi}_1 = \begin{pmatrix} k_{1,r+1} \\ k_{2,r+1} \\ \vdots \\ k_{r,r+1} \\ 1 \\ 0 \\ \vdots \\ 0 \end{pmatrix}, \boldsymbol{\xi}_2 = \begin{pmatrix} k_{1,r+2} \\ k_{2.r+2} \\ \vdots \\ k_{r,r+2} \\ 0 \\ 1 \\ \vdots \\ 0 \end{pmatrix}, \cdots, \boldsymbol{\xi}_{n-r} = \begin{pmatrix} k_{1n} \\ k_{2n} \\ \vdots \\ k_{rn} \\ 0 \\ 0 \\ \vdots \\ 1 \end{pmatrix}.$$

下面证明 $\boldsymbol{\xi}_1,\boldsymbol{\xi}_2,\cdots,\boldsymbol{\xi}_{n-r}$ 就是方程组的一个基础解系.显然 $\boldsymbol{\xi}_1,\boldsymbol{\xi}_2,\cdots,\boldsymbol{\xi}_{n-r}$ 线性无关.设

$$\boldsymbol{\xi} = (d_1,d_2,\cdots,d_r,d_{r+1},d_{r+2},\cdots,d_n)^{\mathrm{T}}$$

为方程组的任意解,则

$$\begin{cases} d_1 = k_{1,r+1}d_{r+1} + k_{1,r+2}d_{r+2} + \cdots + k_{1n}d_n, \\ d_2 = k_{2,r+1}d_{r+1} + k_{2,r+2}d_{r+2} + \cdots + k_{2n}d_n, \\ \cdots\cdots\cdots\cdots \\ d_r = k_{r,r+1}d_{r+1} + k_{r,r+2}d_{r+2} + \cdots + k_{rn}d_n, \end{cases}$$

有

$$\boldsymbol{\xi} = \begin{pmatrix} k_{1,r+1}d_{r+1} + k_{1,r+2}d_{r+2} + \cdots + k_{1n}d_n \\ k_{2,r+1}d_{r+1} + k_{2,r+2}d_{r+2} + \cdots + k_{2n}d_n \\ \vdots \\ k_{r,r+1}d_{r+1} + k_{r,r+2}d_{r+2} + \cdots + k_{rn}d_n \\ d_{r+1} \\ d_{r+2} \\ \vdots \\ d_n \end{pmatrix} = d_{r+1}\begin{pmatrix} k_{1,r+1} \\ k_{2,r+1} \\ \vdots \\ k_{r,r+1} \\ 1 \\ 0 \\ \vdots \\ 0 \end{pmatrix} + d_{r+2}\begin{pmatrix} k_{1,r+2} \\ k_{2,r+2} \\ \vdots \\ k_{r,r+2} \\ 0 \\ 1 \\ \vdots \\ 0 \end{pmatrix} + \cdots + d_n\begin{pmatrix} k_{1n} \\ k_{2n} \\ \vdots \\ k_{rn} \\ 0 \\ 0 \\ \vdots \\ 1 \end{pmatrix},$$

所以 $\boldsymbol{\xi} = d_{r+1}\boldsymbol{\xi}_1 + d_{r+2}\boldsymbol{\xi}_2 + \cdots + d_n\boldsymbol{\xi}_{n-r}$.因此 $\boldsymbol{\xi}_1,\boldsymbol{\xi}_2,\cdots,\boldsymbol{\xi}_{n-r}$ 是方程组的一个基础解系.

现在我们对于齐次线性方程组 $\boldsymbol{A}_{m\times n}\boldsymbol{X}_{n\times 1} = \boldsymbol{0}$ 的研究结束,主要结论如下:

定理 12 对于齐次线性方程组 $\boldsymbol{A}_{m\times n}\boldsymbol{X}_{n\times 1} = \boldsymbol{0}$, 有

(1) 当 $R(\boldsymbol{A}) = n$ 时,方程组只有零解,不存在基础解系;

(2) 当 $R(\boldsymbol{A})=r<n$ 时,方程组有非零解,其基础解系含 $n-r$ 个解,设为 $\boldsymbol{\xi}_1,\boldsymbol{\xi}_2,\cdots,\boldsymbol{\xi}_{n-r}$,则方程组的通解为

$$\boldsymbol{X}=c_1\boldsymbol{\xi}_1+c_2\boldsymbol{\xi}_2+\cdots+c_{n-r}\boldsymbol{\xi}_{n-r},$$

其中 $c_1,c_2,\cdots,c_{n-r}$ 为任意常数.

注 定理 11 的证明过程给出了求齐次线性方程组基础解系的方法:

(1) 求齐次线性方程组的解;

(2) 分别令 $n-r$ 个自由变量取线性无关的 $n-r$ 组值,得到 $n-r$ 个解,即所求的齐次线性方程组的基础解系.

必须指出的是,在定理 11 的证明过程中,$n-r$ 个自由变量可取其他的线性无关的 $n-r$ 组值,同样也得到基础解系,定理证明中的取法只是为了表述方便而已.

例 13 求齐次线性方程组

$$\begin{cases}x_1-x_2+x_3+x_4=0,\\x_1-x_2-x_3+3x_4=0,\\x_1-x_2-2x_3+4x_4=0\end{cases}$$

的一个基础解系及通解.

解 对方程组的系数矩阵施行初等行变换化为行最简形矩阵:

$$\boldsymbol{A}=\begin{pmatrix}1&-1&1&1\\1&-1&-1&3\\1&-1&-2&4\end{pmatrix}\xrightarrow{r}\begin{pmatrix}1&-1&0&2\\0&0&1&-1\\0&0&0&0\end{pmatrix},$$

得方程组的解

$$\begin{cases}x_1=x_2-2x_4,\\x_3=x_4,\end{cases}$$

其中 x_2,x_4 为自由变量.

下面用两种方法求基础解系和通解.

方法一 令 $x_2=c_1,x_4=c_2$,得方程组的通解

$$\boldsymbol{X}=c_1(1,1,0,0)^{\mathrm{T}}+c_2(-2,0,1,1)^{\mathrm{T}},$$

其中 c_1,c_2 为任意常数,而 $\boldsymbol{\xi}_1=(1,1,0,0)^{\mathrm{T}},\boldsymbol{\xi}_2=(-2,0,1,1)^{\mathrm{T}}$ 为方程组的基础解系.

方法二 令 $\begin{pmatrix}x_2\\x_4\end{pmatrix}=\begin{pmatrix}1\\0\end{pmatrix},\begin{pmatrix}0\\1\end{pmatrix}$,得方程组的基础解系为

$$\boldsymbol{\xi}_1=(1,1,0,0)^{\mathrm{T}},\ \boldsymbol{\xi}_2=(-2,0,1,1)^{\mathrm{T}}.$$

故方程组的通解可表示为 $\boldsymbol{X}=c_1\boldsymbol{\xi}_1+c_2\boldsymbol{\xi}_2$,其中 c_1,c_2 为任意常数.

例 14 设 $\boldsymbol{A}$ 是 $m\times n$ 实矩阵,证明 $R(\boldsymbol{A}^{\mathrm{T}}\boldsymbol{A})=R(\boldsymbol{A})$.

证 只需证 $(\boldsymbol{A}^{\mathrm{T}}\boldsymbol{A})\boldsymbol{X}=\boldsymbol{0}$ 与 $\boldsymbol{A}\boldsymbol{X}=\boldsymbol{0}$ 同解. 设 $\boldsymbol{X}$ 为 n 维列向量.

若 $\boldsymbol{X}$ 是 $\boldsymbol{A}\boldsymbol{X}=\boldsymbol{0}$ 的解,则 $(\boldsymbol{A}^{\mathrm{T}}\boldsymbol{A})\boldsymbol{X}=\boldsymbol{A}^{\mathrm{T}}(\boldsymbol{A}\boldsymbol{X})=\boldsymbol{A}^{\mathrm{T}}\boldsymbol{0}=\boldsymbol{0}$,即 $\boldsymbol{X}$ 也是 $(\boldsymbol{A}^{\mathrm{T}}\boldsymbol{A})\boldsymbol{X}=\boldsymbol{0}$ 的解.

若 $\boldsymbol{X}$ 是 $(\boldsymbol{A}^{\mathrm{T}}\boldsymbol{A})\boldsymbol{X}=\boldsymbol{0}$ 的解,则 $\boldsymbol{X}^{\mathrm{T}}(\boldsymbol{A}^{\mathrm{T}}\boldsymbol{A})\boldsymbol{X}=\boldsymbol{0}$,即 $(\boldsymbol{A}\boldsymbol{X})^{\mathrm{T}}(\boldsymbol{A}\boldsymbol{X})=\boldsymbol{0}$. 设 $\boldsymbol{A}\boldsymbol{X}=(b_1,b_2,\cdots,b_m)^{\mathrm{T}}$,于是 $b_1^2+b_2^2+\cdots+b_m^2=0$,即 $b_i=0(i=1,2,\cdots,m)$,所以 $\boldsymbol{A}\boldsymbol{X}=\boldsymbol{0}$,即 $\boldsymbol{X}$ 是 $\boldsymbol{A}\boldsymbol{X}=\boldsymbol{0}$ 的解.

综上可知，$(\boldsymbol{A}^{\mathrm{T}}\boldsymbol{A})\boldsymbol{X}=\boldsymbol{0}$ 与 $\boldsymbol{AX}=\boldsymbol{0}$ 同解，所以 $R(\boldsymbol{A}^{\mathrm{T}}\boldsymbol{A})=R(\boldsymbol{A})$.

二、非齐次线性方程组解的结构

给定非齐次线性方程组

$$\boldsymbol{A}_{m\times n}\boldsymbol{X}_{n\times 1}=\boldsymbol{\beta}_{m\times 1}, \tag{4.8}$$

令 $\boldsymbol{\beta}=\boldsymbol{0}$，得齐次线性方程组

$$\boldsymbol{A}_{m\times n}\boldsymbol{X}_{n\times 1}=\boldsymbol{0}_{m\times 1}, \tag{4.9}$$

称为(4.8)的导出齐次线性方程组，简称为导出组.

非齐次线性方程组(4.8)的解与其导出组(4.9)的解之间具有以下性质.

性质 4 如果 $\boldsymbol{\eta}$ 是(4.8)的解，$\boldsymbol{\xi}$ 是其导出组(4.9)的解，那么 $\boldsymbol{\xi}+\boldsymbol{\eta}$ 是方程组(4.8)的解.

证 由 $\boldsymbol{A\eta}=\boldsymbol{\beta}$，$\boldsymbol{A\xi}=\boldsymbol{0}$，得 $\boldsymbol{A}(\boldsymbol{\xi}+\boldsymbol{\eta})=\boldsymbol{A\xi}+\boldsymbol{A\eta}=\boldsymbol{0}+\boldsymbol{\beta}=\boldsymbol{\beta}$，即 $\boldsymbol{\xi}+\boldsymbol{\eta}$ 也是方程组(4.8)的解.

性质 5 如果 $\boldsymbol{\eta}_1,\boldsymbol{\eta}_2$ 均是方程组(4.8)的解，则 $\boldsymbol{\eta}_1-\boldsymbol{\eta}_2$ 为其导出组(4.9)的解.

证 由 $\boldsymbol{A\eta}_1=\boldsymbol{\beta}$，$\boldsymbol{A\eta}_2=\boldsymbol{\beta}$，有 $\boldsymbol{A}(\boldsymbol{\eta}_1-\boldsymbol{\eta}_2)=\boldsymbol{A\eta}_1-\boldsymbol{A\eta}_2=\boldsymbol{\beta}-\boldsymbol{\beta}=\boldsymbol{0}$，故 $\boldsymbol{\eta}_1-\boldsymbol{\eta}_2$ 为其导出组(4.9)的解.

由性质 4 和性质 5 可以得到下述定理.

定理 13 设非齐次线性方程组(4.8)满足 $R(\boldsymbol{A})=R(\boldsymbol{B})=r<n$，其中 $\boldsymbol{B}=(\boldsymbol{A}\quad\boldsymbol{\beta})$ 为增广矩阵，$\boldsymbol{\eta}^*$ 为其特解，则(4.8)的通解为

$$\boldsymbol{X}=\boldsymbol{\eta}^*+c_1\boldsymbol{\xi}_1+c_2\boldsymbol{\xi}_2+\cdots+c_{n-r}\boldsymbol{\xi}_{n-r}, \tag{4.10}$$

其中 $\boldsymbol{\xi}_1,\boldsymbol{\xi}_2,\cdots,\boldsymbol{\xi}_{n-r}$ 为导出组(4.9)的一个基础解系，$c_1,c_2,\cdots,c_{n-r}$ 为任意常数.

证 由性质 5 知，$\boldsymbol{X}-\boldsymbol{\eta}^*$ 为导出组(4.9)的解，则存在常数 $c_1,c_2,\cdots,c_{n-r}$，使得

$$\boldsymbol{X}-\boldsymbol{\eta}^*=c_1\boldsymbol{\xi}_1+c_2\boldsymbol{\xi}_2+\cdots+c_{n-r}\boldsymbol{\xi}_{n-r},$$

即

$$\boldsymbol{X}=\boldsymbol{\eta}^*+c_1\boldsymbol{\xi}_1+c_2\boldsymbol{\xi}_2+\cdots+c_{n-r}\boldsymbol{\xi}_{n-r}.$$

现在我们对于非齐次线性方程组 $\boldsymbol{A}_{m\times n}\boldsymbol{X}_{n\times 1}=\boldsymbol{\beta}$ 的研究结束，主要结论如下：

定理 14 对于非齐次线性方程组 $\boldsymbol{A}_{m\times n}\boldsymbol{X}_{n\times 1}=\boldsymbol{\beta}$，记增广矩阵 $\boldsymbol{B}=(\boldsymbol{A}\quad\boldsymbol{\beta})$，有

(1) 当 $R(\boldsymbol{A})\neq R(\boldsymbol{B})$ 时，方程组无解；

(2) 当 $R(\boldsymbol{A})=R(\boldsymbol{B})=n$ 时，方程组有唯一解；

(3) 当 $R(\boldsymbol{A})=R(\boldsymbol{B})=r<n$ 时，方程组有无穷多解.设 $\boldsymbol{\eta}^*$ 为其特解，$\boldsymbol{\xi}_1,\boldsymbol{\xi}_2,\cdots,\boldsymbol{\xi}_{n-r}$ 为其导出组的一个基础解系，则方程组的通解为

$$\boldsymbol{X}=\boldsymbol{\eta}^*+c_1\boldsymbol{\xi}_1+c_2\boldsymbol{\xi}_2+\cdots+c_{n-r}\boldsymbol{\xi}_{n-r},$$

其中 $c_1,c_2,\cdots,c_{n-r}$ 为任意常数.

例 15 求解线性方程组

$$\begin{cases} x_1-x_2+2x_3+x_4=1,\\ 2x_1-x_2+x_3+2x_4=3,\\ x_1-x_3+x_4=2,\\ 3x_1-x_2+3x_4=5. \end{cases}$$

解 对增广矩阵 $\boldsymbol{B}$ 施行初等行变换,化为行阶梯形矩阵:

$$\boldsymbol{B}=(\boldsymbol{A}\vdots\boldsymbol{\beta})=\left(\begin{array}{cccc:c}1&-1&2&1&1\\2&-1&1&2&3\\1&0&-1&1&2\\3&-1&0&3&5\end{array}\right)\xrightarrow{r}\left(\begin{array}{cccc:c}1&-1&2&1&1\\0&1&-3&0&1\\0&0&0&0&0\\0&0&0&0&0\end{array}\right),$$

则 $R(\boldsymbol{A})=R(\boldsymbol{B})=2<4$,方程组有无穷多解.对增广矩阵 $\boldsymbol{B}$ 施行初等行变换,化为行最简形矩阵:

$$\boldsymbol{B}=(\boldsymbol{A}\vdots\boldsymbol{\beta})\xrightarrow{r}\left(\begin{array}{cccc:c}1&0&-1&1&2\\0&1&-3&0&1\\0&0&0&0&0\\0&0&0&0&0\end{array}\right),$$

得方程组的解

$$\begin{cases}x_1=2+\ x_3-x_4,\\x_2=1+3x_3,\end{cases}$$

其中 x_3,x_4 为自由变量.

下面用两种方法求方程组的通解.

方法一 令 $x_3=c_1,x_4=c_2$,得方程组的通解

$$\boldsymbol{X}=\begin{pmatrix}2\\1\\0\\0\end{pmatrix}+c_1\begin{pmatrix}1\\3\\1\\0\end{pmatrix}+c_2\begin{pmatrix}-1\\0\\0\\1\end{pmatrix},$$

其中 c_1,c_2 为任意常数,而 $\boldsymbol{\xi}_1=(1,3,1,0)^{\mathrm{T}},\boldsymbol{\xi}_2=(-1,0,0,1)^{\mathrm{T}}$ 为导出组的一个基础解系,$\boldsymbol{\eta}^*=(2,1,0,0)^{\mathrm{T}}$ 为方程组的特解.

方法二 令 $\begin{pmatrix}x_3\\x_4\end{pmatrix}=\begin{pmatrix}0\\0\end{pmatrix}$,得方程组的一个特解为 $\boldsymbol{\eta}^*=(2,1,0,0)^{\mathrm{T}}$. 又导出组的解为(只要令方程组的解中的常数项为零)

$$\begin{cases}x_1=\ x_3-x_4,\\x_2=3x_3,\end{cases}$$

其中 x_3,x_4 为自由变量.令 $\begin{pmatrix}x_3\\x_4\end{pmatrix}=\begin{pmatrix}1\\0\end{pmatrix},\begin{pmatrix}0\\1\end{pmatrix}$,得导出组的一个基础解系为

$$\boldsymbol{\xi}_1=(1,3,1,0)^{\mathrm{T}},\quad \boldsymbol{\xi}_2=(-1,0,0,1)^{\mathrm{T}}.$$

于是,方程组的通解为 $\boldsymbol{X}=\boldsymbol{\eta}^*+c_1\boldsymbol{\xi}_1+c_2\boldsymbol{\xi}_2$,其中 c_1,c_2 为任意常数.

例 16 设线性方程组

$$\begin{cases}x_1+2x_2-\ x_3-2x_4=0,\\2x_1-\ x_2-\ x_3+\ x_4=1,\\3x_1+\ x_2-2x_3-\ x_4=a,\end{cases}$$

试确定 a 的值,使方程组有解;并求其全部解.

解　对增广矩阵 $\boldsymbol{B}$ 施行初等行变换,化为行阶梯形矩阵:

$$\boldsymbol{B}=(\boldsymbol{A}\mid\boldsymbol{\beta})=\left(\begin{array}{cccc|c}1&2&-1&-2&0\\2&-1&-1&1&1\\3&1&-2&-1&a\end{array}\right)\xrightarrow{r}\left(\begin{array}{cccc|c}1&2&-1&-2&0\\0&-5&1&5&1\\0&0&0&0&a-1\end{array}\right).$$

要使方程组有解,则 $R(\boldsymbol{B})=R(\boldsymbol{A})=2$, 因此当 $a=1$ 时,方程组有无穷多解.

当 $a=1$ 时,

$$\boldsymbol{B}=(\boldsymbol{A}\mid\boldsymbol{\beta})\xrightarrow{r}\left(\begin{array}{cccc|c}1&2&-1&-2&0\\0&-5&1&5&1\\0&0&0&0&0\end{array}\right)\xrightarrow{r}\left(\begin{array}{cccc|c}1&-3&0&3&1\\0&-5&1&5&1\\0&0&0&0&0\end{array}\right),$$

得方程组的解

$$\begin{cases}x_1=1+3x_2-3x_4,\\x_3=1+5x_2-5x_4,\end{cases}$$

其中 x_2,x_4 为自由变量.令 $x_2=c_1,x_4=c_2$, 得方程组的通解为

$$\boldsymbol{X}=(1,0,1,0)^{\mathrm{T}}+c_1(3,1,5,0)^{\mathrm{T}}+c_2(-3,0,-5,1)^{\mathrm{T}},$$

其中 c_1,c_2 为任意常数.

实际上,亦可取 x_3,x_4 为自由变量,请读者自行完成.

含参数的线性方程组的解法

例 17　设有三元非齐次线性方程组 $\boldsymbol{AX}=\boldsymbol{\beta}$,$\boldsymbol{A}$ 的秩 $R(\boldsymbol{A})=2$,它的三个解向量 $\boldsymbol{\eta}_1$, $\boldsymbol{\eta}_2,\boldsymbol{\eta}_3$ 满足 $\boldsymbol{\eta}_1+\boldsymbol{\eta}_2=(2,0,-2)^{\mathrm{T}}$,$\boldsymbol{\eta}_1+\boldsymbol{\eta}_3=(3,1,-1)^{\mathrm{T}}$,求方程组 $\boldsymbol{AX}=\boldsymbol{\beta}$ 的通解.

解　由 $R(\boldsymbol{A})=2$ 知,该方程组的导出组 $\boldsymbol{AX}=\boldsymbol{0}$ 的基础解系只含 $3-2=1$ 个解向量,而

$$\boldsymbol{\xi}=\boldsymbol{\eta}_3-\boldsymbol{\eta}_2=(\boldsymbol{\eta}_1+\boldsymbol{\eta}_3)-(\boldsymbol{\eta}_1+\boldsymbol{\eta}_2)=(1,1,1)^{\mathrm{T}}$$

是导出组 $\boldsymbol{AX}=\boldsymbol{0}$ 的一个非零解向量,可构成基础解系.又因为

$$\boldsymbol{A}\left(\frac{1}{2}(\boldsymbol{\eta}_1+\boldsymbol{\eta}_2)\right)=\frac{1}{2}(\boldsymbol{A\eta}_1+\boldsymbol{A\eta}_2)=\frac{1}{2}(\boldsymbol{\beta}+\boldsymbol{\beta})=\boldsymbol{\beta},$$

故

$$\boldsymbol{\eta}^*=\frac{1}{2}(\boldsymbol{\eta}_1+\boldsymbol{\eta}_2)=(1,0,-1)^{\mathrm{T}}$$

是 $\boldsymbol{AX}=\boldsymbol{\beta}$ 的一个解.所以,该方程组的通解为

$$\boldsymbol{\eta}=k\boldsymbol{\xi}+\boldsymbol{\eta}^*=k\begin{pmatrix}1\\1\\1\end{pmatrix}+\begin{pmatrix}1\\0\\-1\end{pmatrix}\ (k\text{ 为任意常数}).$$

思考题五

1. 在求解线性方程组中,自由变量(如果存在)的选择是否唯一? 齐次线性方程组的基础解系(如果存在)是否唯一?

2. 在定理 11 的证明中,自由变量组成的解的部分向量取的是单位坐标向量,问这是否是本质的？若否,其一般的取法如何？

3. 例 13 中给出了求齐次线性方程组通解的两种方法,试比较两种方法的优劣.

4. 例 15 中给出了求非齐次线性方程组通解的两种方法,试比较两种方法的优劣.

5. 齐次线性方程组的解集的秩是未知量个数 n 与系数矩阵的秩 r 之差,即 $n-r$.若非齐次线性方程组有解,试问其解集的秩的情况如何？

第六节 应用举例

一、引例解答

我们将每种调味品每袋所含七种材料的含量用向量表示,得向量组

$$\boldsymbol{\alpha}_1=\begin{pmatrix}30\\20\\10\\10\\5\\5\\2.5\end{pmatrix},\ \boldsymbol{\alpha}_2=\begin{pmatrix}15\\40\\20\\20\\10\\10\\5\end{pmatrix},\ \boldsymbol{\alpha}_3=\begin{pmatrix}45\\0\\0\\0\\0\\0\\0\end{pmatrix},\ \boldsymbol{\alpha}_4=\begin{pmatrix}75\\80\\40\\40\\20\\20\\20\end{pmatrix},\ \boldsymbol{\alpha}_5=\begin{pmatrix}90\\10\\20\\10\\20\\20\\10\end{pmatrix},\ \boldsymbol{\alpha}_6=\begin{pmatrix}45\\60\\30\\30\\15\\15\\7.5\end{pmatrix},$$

新调味品用向量

$$\boldsymbol{\beta}=(180,180,90,90,45,45,32.5)^{\mathrm{T}}$$

表示,则

1. "顾客至少需购买几类调味品才能配置出其余几种调味品"等价于求向量组 $\boldsymbol{\alpha}_1$, $\boldsymbol{\alpha}_2,\boldsymbol{\alpha}_3,\boldsymbol{\alpha}_4,\boldsymbol{\alpha}_5,\boldsymbol{\alpha}_6$ 的一个极大无关组,且其余向量用该极大无关组线性表示时系数应大于或等于零(请思考为什么).

2. "要配置含量分别是辣椒 180 g、大葱 180 g、姜 90 g、胡椒 90 g、大蒜 45 g、花椒 45 g 和盐 32.5 g 的一种新调味品,计算需要每种调味品各多少袋"等价于将向量 $\boldsymbol{\beta}$ 用向量组 $\boldsymbol{\alpha}_1,\boldsymbol{\alpha}_2,\boldsymbol{\alpha}_3,\boldsymbol{\alpha}_4,\boldsymbol{\alpha}_5,\boldsymbol{\alpha}_6$ 的一个极大无关组线性表示.

由

$$(\boldsymbol{\alpha}_1,\boldsymbol{\alpha}_2,\boldsymbol{\alpha}_3,\boldsymbol{\alpha}_4,\boldsymbol{\alpha}_5,\boldsymbol{\alpha}_6)=\begin{pmatrix}30&15&45&75&90&45\\20&40&0&80&10&60\\10&20&0&40&20&30\\10&20&0&40&10&30\\5&10&0&20&20&15\\5&10&0&20&20&15\\2.5&5&0&20&10&7.5\end{pmatrix}$$

$$\xrightarrow{r}\begin{pmatrix}1&0&2&0&0&1\\0&1&-1&0&0&1\\0&0&0&1&0&0\\0&0&0&0&1&0\\0&0&0&0&0&0\\0&0&0&0&0&0\\0&0&0&0&0&0\end{pmatrix},$$

得 $R(\boldsymbol{\alpha}_1,\boldsymbol{\alpha}_2,\boldsymbol{\alpha}_3,\boldsymbol{\alpha}_4,\boldsymbol{\alpha}_5,\boldsymbol{\alpha}_6)=4$. $\boldsymbol{\alpha}_1,\boldsymbol{\alpha}_2,\boldsymbol{\alpha}_3,\boldsymbol{\alpha}_6$ 中任意 2 个向量线性无关,且极大无关组必包含向量 $\boldsymbol{\alpha}_4,\boldsymbol{\alpha}_5$, 因此向量组 $\boldsymbol{\alpha}_1,\boldsymbol{\alpha}_2,\boldsymbol{\alpha}_3,\boldsymbol{\alpha}_4,\boldsymbol{\alpha}_5,\boldsymbol{\alpha}_6$ 的极大无关组共有 6 个,即

$$\boldsymbol{\alpha}_1,\boldsymbol{\alpha}_2,\boldsymbol{\alpha}_4,\boldsymbol{\alpha}_5;\ \boldsymbol{\alpha}_1,\boldsymbol{\alpha}_3,\boldsymbol{\alpha}_4,\boldsymbol{\alpha}_5;\ \boldsymbol{\alpha}_1,\boldsymbol{\alpha}_4,\boldsymbol{\alpha}_5,\boldsymbol{\alpha}_6;$$

$$\boldsymbol{\alpha}_2,\boldsymbol{\alpha}_3,\boldsymbol{\alpha}_4,\boldsymbol{\alpha}_5;\ \boldsymbol{\alpha}_2,\boldsymbol{\alpha}_4,\boldsymbol{\alpha}_5,\boldsymbol{\alpha}_6;\ \boldsymbol{\alpha}_3,\boldsymbol{\alpha}_4,\boldsymbol{\alpha}_5,\boldsymbol{\alpha}_6.$$

经检验,符合条件的只有一组 $\boldsymbol{\alpha}_2,\boldsymbol{\alpha}_3,\boldsymbol{\alpha}_4,\boldsymbol{\alpha}_5$, 即顾客至少购买 B,C,D,E 四类调味品才能配置出其余几种调味品.又

$$(\boldsymbol{\alpha}_2,\boldsymbol{\alpha}_3,\boldsymbol{\alpha}_4,\boldsymbol{\alpha}_5\ \vdots\ \boldsymbol{\beta})=\left(\begin{array}{cccc:c}15&45&75&90&180\\40&0&80&10&180\\20&0&40&20&90\\20&0&40&10&90\\10&0&20&20&45\\10&0&20&20&45\\5&0&20&10&32.5\end{array}\right)\xrightarrow{r}\left(\begin{array}{cccc:c}1&0&0&0&2.5\\0&1&0&0&1.5\\0&0&1&0&1\\0&0&0&1&0\\0&0&0&0&0\\0&0&0&0&0\\0&0&0&0&0\end{array}\right),$$

得

$$\boldsymbol{\beta}=2.5\boldsymbol{\alpha}_2+1.5\boldsymbol{\alpha}_3+\boldsymbol{\alpha}_4,$$

即要配置新调味品,需要 B 调味品 2.5 袋、C 调味品 1.5 袋、D 调味品 1 袋.

二、减肥配方

设三种食物每 100 g 中蛋白质、碳水化合物和脂肪的含量如下表:

营养	每 100 g 食物所含营养/g			减肥所要求的每日营养量/g
	脱脂奶粉	大豆面粉	乳清	
蛋白质	36	51	13	33
碳水化合物	52	34	74	45
脂肪	0	7	1.1	3

如果用这三种食物作为每天的主要食物,那么它们的用量应各取多少才能全面准确地实现这个营养要求?

将三种食物所含营养成分和减肥所要求的每日营养量分别用向量表示,得

$$\boldsymbol{\alpha}_1=\begin{pmatrix}36\\52\\0\end{pmatrix},\ \boldsymbol{\alpha}_2=\begin{pmatrix}51\\34\\7\end{pmatrix},\ \boldsymbol{\alpha}_3=\begin{pmatrix}13\\74\\1.1\end{pmatrix},\ \boldsymbol{\beta}=\begin{pmatrix}33\\45\\3\end{pmatrix}.$$

问题归结为求向量 $\boldsymbol{\beta}$ 由向量组 $\boldsymbol{\alpha}_1,\boldsymbol{\alpha}_2,\boldsymbol{\alpha}_3$ 线性表示的表达式.

设脱脂奶粉、大豆面粉、乳清的用量分别为 x_1 个单位、x_2 个单位、x_3 个单位(100 g),有

$$x_1\boldsymbol{\alpha}_1+x_2\boldsymbol{\alpha}_2+x_3\boldsymbol{\alpha}_3=\boldsymbol{\beta},$$

解得

$$x_1=0.277\,2,x_2=0.391\,9,x_3=0.233\,2,$$

即当脱脂奶粉、大豆面粉、乳清的用量分别为 27.72 g、39.19 g、23.32 g 时,就能全面准确地实现这个营养要求.

三、马尔可夫链

假设一个随机系统在任一时刻可用有限个可能状态之一来描述,且系统将来的状态只与现在的状态有关(即系统过程无后效性),我们把这样的随机系统称为马尔可夫链.

我们用概率向量(所谓概率向量,是指由有限个非负元素所构成的列向量,满足所有非负元素之和等于 1)来描述系统在某一时刻有限个可能状态的概率.令

$$\boldsymbol{X}^{(n)}=(x_1^{(n)}\quad x_2^{(n)}\quad\cdots\quad x_k^{(n)})^{\mathrm{T}},\tag{4.11}$$

其中 $x_i^{(n)}$ 表示第 n 次观测时第 i 个状态的概率, $n=0,1,2,\cdots,k$ 是系统的可能状态数. $\boldsymbol{X}^{(n)}$ 称为马尔可夫链的状态向量,而 $\boldsymbol{X}^{(0)}$ 称为马尔可夫链的初始状态向量.

令 $p_{ij}(i,j=1,2,\cdots,k)$ 表示在某次观测时系统处于状态 j,在下一次观测时系统处于状态 i 的概率,称为转移概率.可用矩阵

$$\boldsymbol{P}=\begin{pmatrix}p_{11}&p_{12}&\cdots&p_{1k}\\p_{21}&p_{22}&\cdots&p_{2k}\\\vdots&\vdots&&\vdots\\p_{k1}&p_{k2}&\cdots&p_{kk}\end{pmatrix}\tag{4.12}$$

来描述系统的整个状态转换情形.(4.12)称为马尔可夫链的转移矩阵.显然 $\boldsymbol{P}$ 的元素非负,且每一列元素之和等于 1.

由马尔可夫链的无后效性,得 $\boldsymbol{X}^{(n+1)}=\boldsymbol{P}\boldsymbol{X}^{(n)}$. 进一步,有

$$\boldsymbol{X}^{(n)}=\boldsymbol{P}^n\boldsymbol{X}^{(0)},\tag{4.13}$$

即 $\boldsymbol{X}^{(n)}$ 可由初始状态向量 $\boldsymbol{X}^{(0)}$ 与转移矩阵 $\boldsymbol{P}$ 所决定.

例 18(汽车租赁) 一汽车租赁公司有三家出租店,分别记为 A 店、B 店、C 店.顾客可从这三家出租店的任一家租一辆汽车,还车时可以还到这三家的任一家.根据以往的经验,公司从不同的店找到顾客还车的概率如下表:

还车	租车		
	A	B	C
A	0.8	0.3	0.2
B	0.1	0.2	0.6
C	0.1	0.5	0.2

问题：一辆汽车从 B 店租出后，公司前 3 次应从哪家店去寻找该辆汽车最快捷.

设该汽车的状态向量为 $\boldsymbol{X}^{(n)}(n=1,2,3)$. 由上表得系统的转移矩阵

$$\boldsymbol{P}=\begin{pmatrix}0.8&0.3&0.2\\0.1&0.2&0.6\\0.1&0.5&0.2\end{pmatrix},$$

且由题意知初始状态向量 $\boldsymbol{X}^{(0)}=(0,1,0)^{\mathrm{T}}$. 由(4.13)得

$$\boldsymbol{X}^{(1)}=\begin{pmatrix}0.3\\0.2\\0.5\end{pmatrix},\quad \boldsymbol{X}^{(2)}=\begin{pmatrix}0.40\\0.37\\0.23\end{pmatrix},\quad \boldsymbol{X}^{(3)}=\begin{pmatrix}0.477\\0.252\\0.271\end{pmatrix},$$

分别比较 $\boldsymbol{X}^{(1)},\boldsymbol{X}^{(2)},\boldsymbol{X}^{(3)}$ 的各分量大小，可见当一辆汽车从 B 店租出后，第一次先从 C 店寻找、第二次与第三次都先从 A 店寻找.

习 题 四

(A)

1. 设 $\boldsymbol{v}_1=(1,1,0)^{\mathrm{T}},\boldsymbol{v}_2=(0,1,1)^{\mathrm{T}},\boldsymbol{v}_3=(3,4,0)^{\mathrm{T}}$，求 $\boldsymbol{v}_1-\boldsymbol{v}_2$ 和 $3\boldsymbol{v}_1+2\boldsymbol{v}_2-\boldsymbol{v}_3$.

2. 求解下列向量方程：

(1) $3\boldsymbol{X}+\boldsymbol{\alpha}=\boldsymbol{\beta}$，其中 $\boldsymbol{\alpha}=(1,0,1)^{\mathrm{T}},\boldsymbol{\beta}=(1,1,-1)^{\mathrm{T}}$；

(2) $2\boldsymbol{X}+3\boldsymbol{\alpha}=3\boldsymbol{X}+\boldsymbol{\beta}$，其中 $\boldsymbol{\alpha}=(2,0,1)^{\mathrm{T}},\boldsymbol{\beta}=(3,1,-1)^{\mathrm{T}}$.

3. 问向量 $\boldsymbol{\beta}$ 能否由向量组 $\boldsymbol{\alpha}_1,\boldsymbol{\alpha}_2,\boldsymbol{\alpha}_3,\boldsymbol{\alpha}_4$ 线性表示？若能，求出表示式：

(1) $\boldsymbol{\beta}=\begin{pmatrix}1\\2\\1\\1\end{pmatrix},\boldsymbol{\alpha}_1=\begin{pmatrix}1\\1\\1\\1\end{pmatrix},\boldsymbol{\alpha}_2=\begin{pmatrix}1\\1\\-1\\-1\end{pmatrix},\boldsymbol{\alpha}_3=\begin{pmatrix}1\\-1\\1\\-1\end{pmatrix},\boldsymbol{\alpha}_4=\begin{pmatrix}1\\-1\\-1\\1\end{pmatrix}$；

(2) $\boldsymbol{\beta}=\begin{pmatrix}0\\2\\0\\-1\end{pmatrix},\boldsymbol{\alpha}_1=\begin{pmatrix}1\\1\\1\\1\end{pmatrix},\boldsymbol{\alpha}_2=\begin{pmatrix}1\\1\\1\\0\end{pmatrix},\boldsymbol{\alpha}_3=\begin{pmatrix}1\\1\\0\\0\end{pmatrix},\boldsymbol{\alpha}_4=\begin{pmatrix}1\\0\\0\\0\end{pmatrix}$.

4. 讨论下列向量组的线性相关性：

(1) $\boldsymbol{\alpha}_1=\begin{pmatrix}3\\2\\4\end{pmatrix},\boldsymbol{\alpha}_2=\begin{pmatrix}2\\-1\\5\end{pmatrix},\boldsymbol{\alpha}_3=\begin{pmatrix}-1\\3\\-5\end{pmatrix},\boldsymbol{\alpha}_4=\begin{pmatrix}-3\\1\\-7\end{pmatrix},\boldsymbol{\alpha}_5=\begin{pmatrix}-2\\-3\\-1\end{pmatrix}$；

(2) $\boldsymbol{\alpha}_1=\begin{pmatrix}ax\\bx\\cx\end{pmatrix},\boldsymbol{\alpha}_2=\begin{pmatrix}ay\\by\\cy\end{pmatrix},\boldsymbol{\alpha}_3=\begin{pmatrix}az\\bz\\cz\end{pmatrix}$，其中 a,b,c,x,y,z 全不为零；

(3) $\boldsymbol{\alpha}_1=\begin{pmatrix}1\\0\\-1\\2\end{pmatrix},\boldsymbol{\alpha}_2=\begin{pmatrix}-1\\-1\\2\\-4\end{pmatrix},\boldsymbol{\alpha}_3=\begin{pmatrix}2\\3\\1\\0\end{pmatrix}$；

(4) $\boldsymbol{\alpha}_1=\begin{pmatrix}1\\2\\3\\0\end{pmatrix},\boldsymbol{\alpha}_2=\begin{pmatrix}-1\\-2\\0\\3\end{pmatrix},\boldsymbol{\alpha}_3=\begin{pmatrix}1\\-2\\-1\\0\end{pmatrix},\boldsymbol{\alpha}_4=\begin{pmatrix}0\\0\\1\\1\end{pmatrix}$.

5. (1) 设 $\boldsymbol{\alpha}\in\mathbf{R}^n$, 证明:$\boldsymbol{\alpha}$ 线性相关当且仅当 $\boldsymbol{\alpha}=\mathbf{0}$;

(2) 设 $\boldsymbol{\alpha}_1,\boldsymbol{\alpha}_2\in\mathbf{R}^n$, 证明:$\boldsymbol{\alpha}_1,\boldsymbol{\alpha}_2$ 线性相关当且仅当它们对应的分量成比例.

6. 任取 $\boldsymbol{\alpha}_1,\boldsymbol{\alpha}_2,\boldsymbol{\alpha}_3,\boldsymbol{\alpha}_4\in\mathbf{R}^n$, 又记

$$\boldsymbol{\beta}_1=\boldsymbol{\alpha}_1+\boldsymbol{\alpha}_2,\ \boldsymbol{\beta}_2=\boldsymbol{\alpha}_2+\boldsymbol{\alpha}_3,\ \boldsymbol{\beta}_3=\boldsymbol{\alpha}_3+\boldsymbol{\alpha}_4,\ \boldsymbol{\beta}_4=\boldsymbol{\alpha}_4+\boldsymbol{\alpha}_1,$$

证明:$\boldsymbol{\beta}_1,\boldsymbol{\beta}_2,\boldsymbol{\beta}_3,\boldsymbol{\beta}_4$ 必线性相关.

7. 若向量组 $\boldsymbol{\beta}_1,\boldsymbol{\beta}_2,\boldsymbol{\beta}_3$ 可由向量组 $\boldsymbol{\alpha}_1,\boldsymbol{\alpha}_2,\boldsymbol{\alpha}_3$ 线性表示:

$$\boldsymbol{\beta}_1=\boldsymbol{\alpha}_1-\boldsymbol{\alpha}_2+\boldsymbol{\alpha}_3,\ \boldsymbol{\beta}_2=\boldsymbol{\alpha}_1+\boldsymbol{\alpha}_2-\boldsymbol{\alpha}_3,\ \boldsymbol{\beta}_3=-\boldsymbol{\alpha}_1+\boldsymbol{\alpha}_2+\boldsymbol{\alpha}_3,$$

试将向量组 $\boldsymbol{\alpha}_1,\boldsymbol{\alpha}_2,\boldsymbol{\alpha}_3$ 由向量组 $\boldsymbol{\beta}_1,\boldsymbol{\beta}_2,\boldsymbol{\beta}_3$ 线性表示.

8. 设 $\boldsymbol{\alpha}_1,\boldsymbol{\alpha}_2,\cdots,\boldsymbol{\alpha}_s\in\mathbf{R}^n$ 为一组非零向量,按所给的顺序,每一 $\boldsymbol{\alpha}_i(i=1,2,\cdots,s)$ 都不能由它前面的 $i-1$ 个向量线性表示,证明:向量组 $\boldsymbol{\alpha}_1,\boldsymbol{\alpha}_2,\cdots,\boldsymbol{\alpha}_s$ 线性无关.

9. 设非零向量 $\boldsymbol{\beta}$ 可由向量组 $\boldsymbol{\alpha}_1,\boldsymbol{\alpha}_2,\cdots,\boldsymbol{\alpha}_s$ 线性表示,证明:表示法唯一当且仅当向量组 $\boldsymbol{\alpha}_1,\boldsymbol{\alpha}_2,\cdots,\boldsymbol{\alpha}_s$ 线性无关.

10. 设 $\boldsymbol{\alpha}_1,\boldsymbol{\alpha}_2,\cdots,\boldsymbol{\alpha}_n\in\mathbf{R}^n$, 证明:向量组 $\boldsymbol{\alpha}_1,\boldsymbol{\alpha}_2,\cdots,\boldsymbol{\alpha}_n$ 线性无关当且仅当任一 n 维向量均可由 $\boldsymbol{\alpha}_1,\boldsymbol{\alpha}_2,\cdots,\boldsymbol{\alpha}_n$ 线性表示.

11. 求下列各向量组的秩及其一个极大无关组,并把其余向量用该极大无关组线性表示:

(1) $\boldsymbol{\alpha}_1=\begin{pmatrix}1\\1\\0\end{pmatrix},\boldsymbol{\alpha}_2=\begin{pmatrix}0\\2\\0\end{pmatrix},\boldsymbol{\alpha}_3=\begin{pmatrix}1\\3\\1\end{pmatrix}$;

(2) $\boldsymbol{\alpha}_1=\begin{pmatrix}1\\2\\1\\3\end{pmatrix},\boldsymbol{\alpha}_2=\begin{pmatrix}4\\-1\\-5\\-6\end{pmatrix},\boldsymbol{\alpha}_3=\begin{pmatrix}1\\-3\\-4\\-7\end{pmatrix},\boldsymbol{\alpha}_4=\begin{pmatrix}-2\\0\\2\\2\end{pmatrix}$;

(3) $\boldsymbol{\alpha}_1=\begin{pmatrix}1\\-1\\2\\4\end{pmatrix},\boldsymbol{\alpha}_2=\begin{pmatrix}0\\3\\1\\2\end{pmatrix},\boldsymbol{\alpha}_3=\begin{pmatrix}3\\0\\7\\14\end{pmatrix},\boldsymbol{\alpha}_4=\begin{pmatrix}2\\1\\5\\6\end{pmatrix},\boldsymbol{\alpha}_5=\begin{pmatrix}1\\-1\\2\\0\end{pmatrix}$.

12. 设 $A:\boldsymbol{\alpha}_1,\boldsymbol{\alpha}_2,\cdots,\boldsymbol{\alpha}_s$ 和 $B:\boldsymbol{\beta}_1,\boldsymbol{\beta}_2,\cdots,\boldsymbol{\beta}_t$ 为两个同维向量组,秩分别为 r_1 和 r_2;向量组 $C=A\cup B$ 的秩为 r_3,证明:$\max\{r_1,r_2\}\leqslant r_3\leqslant r_1+r_2$.

13. 设 $\boldsymbol{B}$ 为 n 阶可逆矩阵,$\boldsymbol{A}$ 与 $\boldsymbol{C}$ 均为 $m\times n$ 矩阵,且 $\boldsymbol{AB}=\boldsymbol{C}$, 证明:$R(\boldsymbol{A})=R(\boldsymbol{C})$.

14. 设 $\boldsymbol{A}$ 为 $m\times n$ 矩阵,证明:$\boldsymbol{A}=\boldsymbol{O}$ 当且仅当 $R(\boldsymbol{A})=0$.

15. 设 $\boldsymbol{\alpha}_1=(1,1,1)^{\mathrm{T}},\boldsymbol{\alpha}_2=(0,2,5)^{\mathrm{T}},\boldsymbol{\alpha}_3=(1,3,6)^{\mathrm{T}},\boldsymbol{\beta}=(1,5,11)^{\mathrm{T}}$.

(1) 求由向量组 $\boldsymbol{\alpha}_1,\boldsymbol{\alpha}_2,\boldsymbol{\alpha}_3$ 所生成的向量空间的一组基与维数;

(2) 求向量 $\boldsymbol{\beta}$ 在此组基下的坐标.

16. 设向量组 $\boldsymbol{\alpha}_1=(1,2,1)^{\mathrm{T}}$, $\boldsymbol{\alpha}_2=(1,3,2)^{\mathrm{T}}$, $\boldsymbol{\alpha}_3=(1,a,3)^{\mathrm{T}}$ 为 $\mathbf{R}^3$ 的一个基, $\boldsymbol{\beta}=(1,1,1)^{\mathrm{T}}$ 在该基下的坐标为 $(b,c,1)^{\mathrm{T}}$.

(1) 求 a,b,c 的值;

(2) 证明 $\boldsymbol{\alpha}_2,\boldsymbol{\alpha}_3,\boldsymbol{\beta}$ 是 $\mathbf{R}^3$ 的一组基,并求由 $\boldsymbol{\alpha}_2,\boldsymbol{\alpha}_3,\boldsymbol{\beta}$ 到 $\boldsymbol{\alpha}_1,\boldsymbol{\alpha}_2,\boldsymbol{\alpha}_3$ 的过渡矩阵.

17. 在 $\mathbf{R}^3$ 中取两组基:

$$\boldsymbol{\alpha}_1=(1,2,1)^{\mathrm{T}},\ \boldsymbol{\alpha}_2=(2,3,3)^{\mathrm{T}},\ \boldsymbol{\alpha}_3=(3,7,1)^{\mathrm{T}};$$
$$\boldsymbol{\beta}_1=(3,1,4)^{\mathrm{T}},\ \boldsymbol{\beta}_2=(5,2,1)^{\mathrm{T}},\ \boldsymbol{\beta}_3=(1,1,-6)^{\mathrm{T}}.$$

(1) 求由基 $\boldsymbol{\alpha}_1,\boldsymbol{\alpha}_2,\boldsymbol{\alpha}_3$ 到基 $\boldsymbol{\beta}_1,\boldsymbol{\beta}_2,\boldsymbol{\beta}_3$ 的过渡矩阵;

(2) 若向量 $\boldsymbol{\gamma}$ 在基 $\boldsymbol{\beta}_1,\boldsymbol{\beta}_2,\boldsymbol{\beta}_3$ 下的坐标为 $(1,1,1)$,求向量 $\boldsymbol{\gamma}$ 在基 $\boldsymbol{\alpha}_1,\boldsymbol{\alpha}_2,\boldsymbol{\alpha}_3$ 下的坐标.

18. 在 $\mathbf{R}^4$ 中求一向量 $\boldsymbol{\gamma}$,使其在下面两组基下有相同的坐标:

$$\boldsymbol{\alpha}_1=(1,0,0,0)^{\mathrm{T}},\ \boldsymbol{\alpha}_2=(0,1,0,0)^{\mathrm{T}},\ \boldsymbol{\alpha}_3=(0,0,1,0)^{\mathrm{T}},\ \boldsymbol{\alpha}_4=(0,0,0,1)^{\mathrm{T}};$$
$$\boldsymbol{\beta}_1=(2,1,-1,1)^{\mathrm{T}},\ \boldsymbol{\beta}_2=(0,3,1,0)^{\mathrm{T}},\ \boldsymbol{\beta}_3=(5,3,2,1)^{\mathrm{T}},\ \boldsymbol{\beta}_4=(6,6,1,3)^{\mathrm{T}}.$$

19. 求下列齐次线性方程组的一个基础解系及通解:

(1) $\begin{cases} x_1+x_2+x_3=0, \\ x_2+x_3=0, \\ x_1+2x_2+2x_3=0; \end{cases}$

(2) $\begin{cases} x_1+x_2-x_3+x_4=0, \\ x_1-x_2+2x_3-x_4=0, \\ 3x_1+x_2+x_4=0; \end{cases}$

(3) $\begin{cases} x_1-2x_2-x_3-x_4=0, \\ 2x_1-4x_2+5x_3+3x_4=0, \\ 4x_1-8x_2+17x_3+11x_4=0; \end{cases}$

(4) $\begin{cases} 2x_1+x_2-x_3-x_4+x_5=0, \\ x_1-x_2+x_3+x_4-2x_5=0, \\ 3x_1+3x_2-3x_3-3x_4+4x_5=0, \\ 4x_1+5x_2-5x_3-5x_4+7x_5=0. \end{cases}$

20. 判断下列非齐次线性方程组是否有解,若有解,求其解(在有无穷多解的情况下,用基础解系表示全部解):

(1) $\begin{cases} 2x_1-4x_2-x_3=4, \\ -x_1-2x_2-x_4=4, \\ 3x_2+x_3+2x_4=1, \\ 3x_1+x_2+2x_4=-3; \end{cases}$

(2) $\begin{cases} x_1+x_2+x_3+x_4+x_5=-1, \\ 3x_1+2x_2+x_3+x_4-3x_5=-5, \\ x_2+2x_3+2x_4+6x_5=2, \\ 5x_1+4x_2+3x_3+3x_4-x_5=-7; \end{cases}$

$$(3)\begin{cases}2x_1+3x_2-x_3-5x_4=-2,\\ x_1+2x_2-x_3+x_4=-2,\\ x_1+x_2+x_3+x_4=5,\\ 3x_1+x_2+2x_3+3x_4=4.\end{cases}$$

21. 设三元非齐次线性方程组 $\boldsymbol{AX}=\boldsymbol{\beta}$，矩阵 $\boldsymbol{A}$ 的秩为 2，且

$$\boldsymbol{\eta}_1=(1,2,2)^{\mathrm{T}},\quad \boldsymbol{\eta}_2=(3,2,1)^{\mathrm{T}}$$

是方程组的两个特解，求此方程组的全部解.

22. 设 $\boldsymbol{\xi}_1,\boldsymbol{\xi}_2,\cdots,\boldsymbol{\xi}_m$ 是齐次线性方程组 $\boldsymbol{AX}=\mathbf{0}$ 的基础解系，证明：$\boldsymbol{\xi}_1+\boldsymbol{\xi}_2,\boldsymbol{\xi}_2,\cdots,\boldsymbol{\xi}_m$ 也是 $\boldsymbol{AX}=\mathbf{0}$ 的基础解系.

23. 设 $\boldsymbol{A}$ 是 n 阶方阵，证明：存在一个 n 阶非零矩阵 $\boldsymbol{B}$，使 $\boldsymbol{AB}=\boldsymbol{O}$ 的充要条件是 $|\boldsymbol{A}|=0$.

24. 设 $\boldsymbol{A}$ 是 n 阶方阵，$\boldsymbol{B}$ 为 $n\times s$ 矩阵，且 $R(\boldsymbol{B})=n$，证明：

(1) 若 $\boldsymbol{AB}=\boldsymbol{O}$，则 $\boldsymbol{A}=\boldsymbol{O}$；

(2) 若 $\boldsymbol{AB}=\boldsymbol{B}$，则 $\boldsymbol{A}=\boldsymbol{E}_n$.

(B)

1. 设向量组 $\boldsymbol{\alpha}_1,\boldsymbol{\alpha}_2,\boldsymbol{\alpha}_3$ 线性相关，而 $\boldsymbol{\alpha}_2,\boldsymbol{\alpha}_3,\boldsymbol{\alpha}_4$ 线性无关，问：

(1) $\boldsymbol{\alpha}_1$ 能否由 $\boldsymbol{\alpha}_2,\boldsymbol{\alpha}_3,\boldsymbol{\alpha}_4$ 线性表示？为什么？

(2) $\boldsymbol{\alpha}_4$ 能否由 $\boldsymbol{\alpha}_1,\boldsymbol{\alpha}_2,\boldsymbol{\alpha}_3$ 线性表示？为什么？

2. 若向量组 $\boldsymbol{\alpha}_i=(a,\cdots,b,\cdots,a)^{\mathrm{T}},i=1,2,\cdots,n$，其中 $\boldsymbol{\alpha}_i$ 的第 i 个分量为 b，其余分量皆为 a，讨论该向量组的线性相关性.

3. 设向量组 $\boldsymbol{\alpha}_1,\boldsymbol{\alpha}_2,\cdots,\boldsymbol{\alpha}_s$ 线性无关，

$$\boldsymbol{\beta}_1=\boldsymbol{\alpha}_1+\boldsymbol{\alpha}_2,\ \boldsymbol{\beta}_2=\boldsymbol{\alpha}_2+\boldsymbol{\alpha}_3,\cdots,\boldsymbol{\beta}_s=\boldsymbol{\alpha}_s+\boldsymbol{\alpha}_1,$$

讨论 $\boldsymbol{\beta}_1,\boldsymbol{\beta}_2,\cdots,\boldsymbol{\beta}_s$ 的线性相关性.若向量组 $\boldsymbol{\alpha}_1,\boldsymbol{\alpha}_2,\cdots,\boldsymbol{\alpha}_s$ 线性相关呢？

4. 设 $\boldsymbol{\alpha}_1,\boldsymbol{\alpha}_2,\cdots,\boldsymbol{\alpha}_s$ 为 n 维非零向量，$\boldsymbol{A}$ 为 n 阶方阵，若

$$\boldsymbol{A\alpha}_1=\boldsymbol{\alpha}_2,\boldsymbol{A\alpha}_2=\boldsymbol{\alpha}_3,\cdots,\boldsymbol{A\alpha}_{s-1}=\boldsymbol{\alpha}_s,\boldsymbol{A\alpha}_s=\mathbf{0},$$

证明：$\boldsymbol{\alpha}_1,\boldsymbol{\alpha}_2,\cdots,\boldsymbol{\alpha}_s$ 线性无关.

5. 设 $\boldsymbol{A\alpha}_1=\boldsymbol{\alpha}_1,\boldsymbol{A\alpha}_2=\boldsymbol{\alpha}_1+\boldsymbol{\alpha}_2,\boldsymbol{A\alpha}_3=\boldsymbol{\alpha}_2+\boldsymbol{\alpha}_3$，其中 $\boldsymbol{A}$ 为三阶方阵，$\boldsymbol{\alpha}_1,\boldsymbol{\alpha}_2,\boldsymbol{\alpha}_3$ 为三维向量，且 $\boldsymbol{\alpha}_1\neq\mathbf{0}$，证明：$\boldsymbol{\alpha}_1,\boldsymbol{\alpha}_2,\boldsymbol{\alpha}_3$ 线性无关.

6. 设 $\boldsymbol{A}$ 为 n 阶方阵，$\boldsymbol{\alpha}$ 为 n 维列向量.证明：若存在正整数 m，使 $\boldsymbol{A}^m\boldsymbol{\alpha}=\mathbf{0}$，而 $\boldsymbol{A}^{m-1}\boldsymbol{\alpha}\neq\mathbf{0}$，则 $\boldsymbol{\alpha},\boldsymbol{A\alpha},\cdots,\boldsymbol{A}^{m-1}\boldsymbol{\alpha}$ 线性无关.

7. 设向量组 A 的秩与向量组 B 的秩相同，且向量组 A 可由向量组 B 线性表示，证明：向量组 A 与向量组 B 等价.

8. 设向量组 A：$\boldsymbol{\alpha}_1,\boldsymbol{\alpha}_2,\cdots,\boldsymbol{\alpha}_s$ 线性无关，向量组 B：$\boldsymbol{\beta}_1,\boldsymbol{\beta}_2,\cdots,\boldsymbol{\beta}_r$ 能由 A 线性表示：

$$(\boldsymbol{\beta}_1,\boldsymbol{\beta}_2,\cdots,\boldsymbol{\beta}_r)=(\boldsymbol{\alpha}_1,\boldsymbol{\alpha}_2,\cdots,\boldsymbol{\alpha}_s)\boldsymbol{K}_{s\times r},$$

其中 $r\leqslant s$，证明：向量组 B 线性无关当且仅当 $\boldsymbol{K}$ 的秩 $R(\boldsymbol{K})=r$.

9. 设 $\boldsymbol{A},\boldsymbol{B}$ 都是 $m\times n$ 矩阵，证明：

$$R(\boldsymbol{A}+\boldsymbol{B})\leqslant R(\boldsymbol{A}\quad\boldsymbol{B})\leqslant R(\boldsymbol{A})+R(\boldsymbol{B}).$$

10. 设 $\boldsymbol{\alpha}_1,\boldsymbol{\alpha}_2,\boldsymbol{\alpha}_3$ 是 $\mathbf{R}^3$ 的一组基，$\boldsymbol{\beta}_1=\boldsymbol{\alpha}_1+\boldsymbol{\alpha}_2,\boldsymbol{\beta}_2=\boldsymbol{\alpha}_2+\boldsymbol{\alpha}_3,\boldsymbol{\beta}_3=\boldsymbol{\alpha}_3+\boldsymbol{\alpha}_1$.

(1) 证明：$\boldsymbol{\beta}_1,\boldsymbol{\beta}_2,\boldsymbol{\beta}_3$ 是 $\mathbf{R}^3$ 的一组基；

(2) 求由基 $\boldsymbol{\alpha}_1,\boldsymbol{\alpha}_2,\boldsymbol{\alpha}_3$ 到基 $\boldsymbol{\beta}_1,\boldsymbol{\beta}_2,\boldsymbol{\beta}_3$ 的过渡矩阵；

(3) 若向量 $\boldsymbol{\gamma}$ 在基 $\boldsymbol{\alpha}_1,\boldsymbol{\alpha}_2,\boldsymbol{\alpha}_3$ 下的坐标为 $(1,0,0)$，求向量 $\boldsymbol{\gamma}$ 在基 $\boldsymbol{\beta}_1,\boldsymbol{\beta}_2,\boldsymbol{\beta}_3$ 下的坐标.

11. 当 p,q 为何值时，齐次线性方程组

$$\begin{cases} x_1+qx_2+x_3=0,\\ x_1+2qx_2+x_3=0,\\ px_1+x_2+x_3=0 \end{cases}$$

只有零解？有非零解？在方程组有非零解时，求其全部解.

12. 设 $\boldsymbol{X}_1,\boldsymbol{X}_2,\boldsymbol{X}_3$ 是 $\boldsymbol{AX}=\boldsymbol{\beta}$ 的三个特解，则(　　)也是 $\boldsymbol{AX}=\boldsymbol{\beta}$ 的解.

A. $k_1\boldsymbol{X}_1+k_2\boldsymbol{X}_2+k_3\boldsymbol{X}_3$　　B. $k_1\boldsymbol{X}_1+k_2\boldsymbol{X}_2+k_3\boldsymbol{X}_3,k_1+k_2+k_3=1$

C. $k(\boldsymbol{X}_1+\boldsymbol{X}_2)+\boldsymbol{X}_3$　　D. $k_1(\boldsymbol{X}_1-\boldsymbol{X}_2)+k_2\boldsymbol{X}_3$

13. 考虑线性方程组

$$\begin{cases} x_1+x_2+x_3+x_4+x_5=0,\\ 3x_1+2x_2+x_3+x_4-3x_5=a,\\ x_2+2x_3+2x_4+6x_5=3,\\ 5x_1+4x_2+3x_3+3x_4-x_5=b, \end{cases}$$

问 a,b 取什么值时有解？当有解时，求它的通解.

14. 设矩阵 $\boldsymbol{A}=(\boldsymbol{\alpha}_1,\boldsymbol{\alpha}_2,\boldsymbol{\alpha}_3,\boldsymbol{\alpha}_4)$，其中 $\boldsymbol{\alpha}_2,\boldsymbol{\alpha}_3,\boldsymbol{\alpha}_4$ 线性无关，且 $\boldsymbol{\alpha}_1=\boldsymbol{\alpha}_2-\boldsymbol{\alpha}_3+\boldsymbol{\alpha}_4$，向量 $\boldsymbol{\beta}=\boldsymbol{\alpha}_1+2\boldsymbol{\alpha}_2+3\boldsymbol{\alpha}_3+4\boldsymbol{\alpha}_4$，求方程组 $\boldsymbol{AX}=\boldsymbol{\beta}$ 的通解.

15. 设 $\boldsymbol{A}$ 为 $m\times r$ 矩阵，$\boldsymbol{B}$ 为 $r\times n$ 矩阵，且 $\boldsymbol{AB}=\boldsymbol{O}$，证明：

(1) $\boldsymbol{B}$ 的各列向量是齐次线性方程组 $\boldsymbol{AX}=\mathbf{0}$ 的解；

(2) 若 $R(\boldsymbol{A})=r$，则 $\boldsymbol{B}=\boldsymbol{O}$；

(3) 若 $\boldsymbol{B}\neq\boldsymbol{O}$，则 $\boldsymbol{A}$ 的各列向量线性相关.

16. 某大学校友会检查它的捐赠记录，发现有 80%的校友在一年捐赠年度基金后，下一年继续捐赠；30%的校友是一年不捐赠而下一年捐赠.

如果一个刚毕业的学生，在毕业后的第一年不捐赠，求该学生三年后捐赠的概率，并预测以后捐赠的可能状态.

习题四参考答案　　第四章自测题

第五章 矩阵的相似对角化

在第三章引入了矩阵的等价，等价是矩阵间的一种关系，利用等价是解决矩阵问题的行之有效的方法.

本章讨论矩阵等价的一种特殊情形，即方阵的相似.相似可用于简化计算，而且由于相似矩阵有许多共同的性质，它的应用是很广泛的.本章研究的中心问题是对于任一 n 阶矩阵 $\boldsymbol{A}$，是否存在 n 阶可逆矩阵 $\boldsymbol{P}$，使 $\boldsymbol{P}^{-1}\boldsymbol{AP}=\boldsymbol{\Lambda}$ 为对角矩阵.解决这个问题的关键是矩阵的特征值与特征向量，它不仅在矩阵理论上很重要，而且也可以直接解决实际问题.

引例 遗传问题

农场的植物园中某种植物的基因型为 AA，Aa 和 aa，农场计划采用 AA 型的植物与每种基因型植物相结合的方案培育植物后代.那么经过若干年后，这种植物的任一代的三种基因型分布如何?

第一节 特征值与特征向量

一、特征值与特征向量的概念及求法

定义 1 设 $\boldsymbol{A}$ 是 n 阶方阵，若存在数 λ 和 n 维非零向量 $\boldsymbol{X}$，使关系式

$$\boldsymbol{AX}=\lambda\boldsymbol{X} \tag{5.1}$$

成立，则称数 λ 为方阵 $\boldsymbol{A}$ 的特征值；非零向量 $\boldsymbol{X}$ 称为 $\boldsymbol{A}$ 的属于特征值 λ 的特征向量.

将(5.1)式改写成

$$(\boldsymbol{A}-\lambda\boldsymbol{E})\boldsymbol{X}=\boldsymbol{0}, \tag{5.2}$$

得到一个含 n 个方程 n 个未知量的齐次线性方程组，称为方阵 $\boldsymbol{A}$ 的特征方程组，它有非

零解的充要条件是其系数行列式 $|\boldsymbol{A}-\lambda\boldsymbol{E}|=0$.若设 $\boldsymbol{A}=(a_{ij})_n$，则

$$|\boldsymbol{A}-\lambda\boldsymbol{E}|=\begin{vmatrix} a_{11}-\lambda & a_{12} & \cdots & a_{1n} \\ a_{21} & a_{22}-\lambda & \cdots & a_{2n} \\ \vdots & \vdots & & \vdots \\ a_{n1} & a_{n2} & \cdots & a_{nn}-\lambda \end{vmatrix}=0. \tag{5.3}$$

这是以 λ 为未知量的一元 n 次方程，称为方阵 $\boldsymbol{A}$ 的**特征方程**，其左端 $|\boldsymbol{A}-\lambda\boldsymbol{E}|$ 是 λ 的 n 次多项式，记作 $f(\lambda)$，称为方阵 $\boldsymbol{A}$ 的**特征多项式**.显然，$\boldsymbol{A}$ 的特征值就是特征方程的根；在复数范围内，n 阶方阵有 n 个特征值(重根按重数计算).

从定义 1 不难看出，若非零向量 $\boldsymbol{\xi}_i$ 是方阵 $\boldsymbol{A}$ 的属于特征值 λ_i 的特征向量，则 $k\boldsymbol{\xi}_i$(k 为非零常数)也是 $\boldsymbol{A}$ 的属于 λ_i 的特征向量，即属于一个特征值的特征向量可以有无穷多个；反之，不同的特征值所对应的特征向量不相等，即一个特征向量只能属于一个特征值.

注　由上面的讨论得到方阵 $\boldsymbol{A}$ 的特征值与特征向量的求法：

(1) 计算 $\boldsymbol{A}$ 的特征多项式：$f(\lambda)=|\boldsymbol{A}-\lambda\boldsymbol{E}|$，其根 $\lambda_1,\lambda_2,\cdots,\lambda_s(\lambda_i\neq\lambda_j)$ 就是 $\boldsymbol{A}$ 的 s 个不同的特征值.

(2) 对每个特征值 $\lambda_i, i=1,2,\cdots,s$，解方程组 $(\boldsymbol{A}-\lambda_i\boldsymbol{E})\boldsymbol{X}=\boldsymbol{0}$，其基础解系就是 $\boldsymbol{A}$ 的属于特征值 λ_i 的线性无关的特征向量，其非零解就是 $\boldsymbol{A}$ 的属于特征值 λ_i 的全部特征向量.

需要强调的是：零向量不是特征向量，实矩阵的特征值未必都是实数.

例 1　求矩阵 $\boldsymbol{A}=\begin{pmatrix}1 & 1\\ -2 & 4\end{pmatrix}$ 的特征值和特征向量.

解　$\boldsymbol{A}$ 的特征多项式

$$f(\lambda)=|\boldsymbol{A}-\lambda\boldsymbol{E}|=\begin{vmatrix}1-\lambda & 1\\ -2 & 4-\lambda\end{vmatrix}=(2-\lambda)(3-\lambda),$$

所以 $\boldsymbol{A}$ 的特征值为 $\lambda_1=2,\lambda_2=3$.

当 $\lambda_1=2$ 时，解特征方程组 $(\boldsymbol{A}-2\boldsymbol{E})\boldsymbol{X}=\boldsymbol{0}$.由

$$\boldsymbol{A}-2\boldsymbol{E}=\begin{pmatrix}-1 & 1\\ -2 & 2\end{pmatrix}\xrightarrow{r}\begin{pmatrix}1 & -1\\ 0 & 0\end{pmatrix},$$

得方程组的解 $x_1=x_2$.令 $x_2=1$，得基础解系

$$\boldsymbol{\xi}_1=\begin{pmatrix}1\\1\end{pmatrix},$$

即为 $\boldsymbol{A}$ 的属于 $\lambda_1=2$ 的线性无关的特征向量，属于 $\lambda_1=2$ 的全部特征向量为 $k_1\boldsymbol{\xi}_1(k_1\neq 0)$.

当 $\lambda_2=3$ 时，解特征方程组 $(\boldsymbol{A}-3\boldsymbol{E})\boldsymbol{X}=\boldsymbol{0}$.由

$$\boldsymbol{A}-3\boldsymbol{E}=\begin{pmatrix}-2 & 1\\ -2 & 1\end{pmatrix}\xrightarrow{r}\begin{pmatrix}1 & -\dfrac{1}{2}\\ 0 & 0\end{pmatrix},$$

得方程组的解 $x_1=\dfrac{1}{2}x_2$.令 $x_2=2$，得 $\boldsymbol{A}$ 的属于 $\lambda_2=3$ 的线性无关的特征向量

$$\boldsymbol{\xi}_2=\begin{pmatrix}1\\2\end{pmatrix},$$

属于 $\lambda_2=3$ 的全部特征向量为 $k_2\boldsymbol{\xi}_2(k_2\neq 0)$.

例 2 求矩阵 $\boldsymbol{A}=\begin{pmatrix}3&-4&0\\1&-1&0\\4&0&5\end{pmatrix}$ 的特征值和特征向量.

解 $\boldsymbol{A}$ 的特征多项式

$$f(\lambda)=|\boldsymbol{A}-\lambda\boldsymbol{E}|=\begin{vmatrix}3-\lambda&-4&0\\1&-1-\lambda&0\\4&0&5-\lambda\end{vmatrix}=(5-\lambda)(1-\lambda)^2,$$

所以 $\boldsymbol{A}$ 的特征值为 $\lambda_{1,2}=1,\lambda_3=5$.

当 $\lambda_{1,2}=1$ 时,解特征方程组 $(\boldsymbol{A}-\boldsymbol{E})\boldsymbol{X}=\boldsymbol{0}$.由

$$\boldsymbol{A}-\boldsymbol{E}=\begin{pmatrix}2&-4&0\\1&-2&0\\4&0&4\end{pmatrix}\xrightarrow{r}\begin{pmatrix}1&0&1\\0&1&\frac{1}{2}\\0&0&0\end{pmatrix},$$

得方程组的解

$$\begin{cases}x_1=-x_3,\\x_2=-\dfrac{1}{2}x_3.\end{cases}$$

令 $x_3=2$,得 $\boldsymbol{A}$ 的属于 $\lambda_{1,2}=1$ 的线性无关的特征向量

$$\boldsymbol{\xi}_1=\begin{pmatrix}-2\\-1\\2\end{pmatrix},$$

属于 $\lambda_{1,2}=1$ 的全部特征向量为 $k_1\boldsymbol{\xi}_1(k_1\neq 0)$.

当 $\lambda_3=5$ 时,解特征方程组 $(\boldsymbol{A}-5\boldsymbol{E})\boldsymbol{X}=\boldsymbol{0}$.由

$$\boldsymbol{A}-5\boldsymbol{E}=\begin{pmatrix}-2&-4&0\\1&-6&0\\4&0&0\end{pmatrix}\xrightarrow{r}\begin{pmatrix}1&0&0\\0&1&0\\0&0&0\end{pmatrix},$$

得方程组的解

$$\begin{cases}x_1=0,\\x_2=0.\end{cases}$$

令 $x_3=1$,得 $\boldsymbol{A}$ 的属于 $\lambda_3=5$ 的线性无关的特征向量

$$\boldsymbol{\xi}_2=\begin{pmatrix}0\\0\\1\end{pmatrix},$$

属于 $\lambda_3=5$ 的全部特征向量为 $k_2\boldsymbol{\xi}_2(k_2\neq 0)$.

例 3 求矩阵 $\boldsymbol{A}=\begin{pmatrix}2&1&2\\1&2&2\\1&1&3\end{pmatrix}$ 的特征值和特征向量.

解 $\boldsymbol{A}$ 的特征多项式

$$f(\lambda)=|\boldsymbol{A}-\lambda\boldsymbol{E}|=\begin{vmatrix}2-\lambda&1&2\\1&2-\lambda&2\\1&1&3-\lambda\end{vmatrix}=(5-\lambda)(1-\lambda)^2,$$

所以 $\boldsymbol{A}$ 的特征值为 $\lambda_{1,2}=1,\lambda_3=5$.

当 $\lambda_{1,2}=1$ 时,解特征方程组 $(\boldsymbol{A}-\boldsymbol{E})\boldsymbol{X}=\boldsymbol{0}$.由

$$\boldsymbol{A}-\boldsymbol{E}=\begin{pmatrix}1&1&2\\1&1&2\\1&1&2\end{pmatrix}\xrightarrow{r}\begin{pmatrix}1&1&2\\0&0&0\\0&0&0\end{pmatrix},$$

得方程组的解 $x_1=-x_2-2x_3$.令 $\begin{pmatrix}x_2\\x_3\end{pmatrix}=\begin{pmatrix}1\\0\end{pmatrix},\begin{pmatrix}0\\1\end{pmatrix}$,得 $\boldsymbol{A}$ 的属于 $\lambda_{1,2}=1$ 的线性无关的特征向量

$$\boldsymbol{\xi}_1=\begin{pmatrix}-1\\1\\0\end{pmatrix},\ \boldsymbol{\xi}_2=\begin{pmatrix}-2\\0\\1\end{pmatrix},$$

属于 $\lambda_{1,2}=1$ 的全部特征向量为 $k_1\boldsymbol{\xi}_1+k_2\boldsymbol{\xi}_2$($k_1,k_2$ 不全为零).

当 $\lambda_3=5$ 时,解特征方程组 $(\boldsymbol{A}-5\boldsymbol{E})\boldsymbol{X}=\boldsymbol{0}$.由

$$\boldsymbol{A}-5\boldsymbol{E}=\begin{pmatrix}-3&1&2\\1&-3&2\\1&1&-2\end{pmatrix}\xrightarrow{r}\begin{pmatrix}1&0&-1\\0&1&-1\\0&0&0\end{pmatrix},$$

得方程组的解

$$\begin{cases}x_1=x_3,\\x_2=x_3.\end{cases}$$

令 $x_3=1$,得 $\boldsymbol{A}$ 的属于 $\lambda_3=5$ 的线性无关的特征向量

$$\boldsymbol{\xi}_3=\begin{pmatrix}1\\1\\1\end{pmatrix},$$

属于 $\lambda_3=5$ 的全部特征向量为 $k_3\boldsymbol{\xi}_3(k_3\neq 0)$.

上述例 2 中 $\boldsymbol{A}$ 的属于二重特征值 $\lambda=1$ 的线性无关的特征向量只有 1 个;而在例 3 中 $\boldsymbol{A}$ 的属于二重特征值 $\lambda=1$ 的线性无关的特征向量有 2 个.可见属于某一特征值的线性无关的特征向量的个数可能不等于该特征值的重数.

由以上讨论可知,对于方阵 $\boldsymbol{A}$ 的每一个特征值,我们可以求出其全部的特征向量.但属于不同特征值的特征向量,它们之间存在什么关系呢?这一问题的讨论在相似对角化

理论中有很重要的应用,对此我们先给出特征值和特征向量的一些性质.

二、特征值和特征向量的性质

定理 1 设 $\boldsymbol{A}$ 是 n 阶方阵,则 $\boldsymbol{A}^{\mathrm{T}}$ 与 $\boldsymbol{A}$ 有相同的特征值.

证 因为 $|\boldsymbol{A}^{\mathrm{T}}-\lambda\boldsymbol{E}|=|(\boldsymbol{A}-\lambda\boldsymbol{E})^{\mathrm{T}}|=|\boldsymbol{A}-\lambda\boldsymbol{E}|$,所以 $\boldsymbol{A}^{\mathrm{T}}$ 与 $\boldsymbol{A}$ 有相同的特征多项式,故有相同的特征值.

定理 2 设 $\lambda_1,\lambda_2,\cdots,\lambda_n$ 为 n 阶方阵 $\boldsymbol{A}=(a_{ij})$ 的 n 个特征值,则

(1) $\sum\limits_{i=1}^{n}\lambda_i=\sum\limits_{i=1}^{n}a_{ii}$;　　(2) $\prod\limits_{i=1}^{n}\lambda_i=|\boldsymbol{A}|$,

其中 $\sum\limits_{i=1}^{n}a_{ii}$ 是 $\boldsymbol{A}$ 的主对角线元素之和,称为方阵 $\boldsymbol{A}$ 的迹,记作 $\mathrm{tr}(\boldsymbol{A})$.

证 由行列式的定义,$\boldsymbol{A}$ 的特征多项式

$$f(\lambda)=|\boldsymbol{A}-\lambda\boldsymbol{E}|$$

$$=(a_{11}-\lambda)\begin{vmatrix}a_{22}-\lambda & a_{23} & \cdots & a_{2n}\\ a_{32} & a_{33}-\lambda & \cdots & a_{3n}\\ \vdots & \vdots & & \vdots\\ a_{n2} & a_{n3} & \cdots & a_{nn}-\lambda\end{vmatrix}-a_{12}\begin{vmatrix}a_{21} & a_{23} & \cdots & a_{2n}\\ a_{31} & a_{33}-\lambda & \cdots & a_{3n}\\ \vdots & \vdots & & \vdots\\ a_{n1} & a_{n3} & \cdots & a_{nn}-\lambda\end{vmatrix}+\cdots,$$

类推可得 $f(\lambda)$ 的最高次项(n 次)和 $n-1$ 次项只能出现在

$$(a_{11}-\lambda)(a_{22}-\lambda)\cdots(a_{nn}-\lambda)$$

中,且 $f(0)=|\boldsymbol{A}|$,所以

$$f(\lambda)=(-1)^n\lambda^n+(-1)^{n-1}(a_{11}+a_{22}+\cdots+a_{nn})\lambda^{n-1}+\cdots+|\boldsymbol{A}|. \tag{5.4}$$

又 $\boldsymbol{A}$ 的全部特征值为 $\lambda_1,\lambda_2,\cdots,\lambda_n$,则

$$\begin{aligned}f(\lambda)&=(\lambda_1-\lambda)(\lambda_2-\lambda)\cdots(\lambda_n-\lambda)\\&=(-1)^n\lambda^n+(-1)^{n-1}(\lambda_1+\lambda_2+\cdots+\lambda_n)\lambda^{n-1}+\cdots+\lambda_1\lambda_2\cdots\lambda_n.\end{aligned} \tag{5.5}$$

比较(5.4)式与(5.5)式,得 $\sum\limits_{i=1}^{n}\lambda_i=\sum\limits_{i=1}^{n}a_{ii},\prod\limits_{i=1}^{n}\lambda_i=|\boldsymbol{A}|$.

例 4 设矩阵 $\boldsymbol{A}=\begin{pmatrix}1 & 0 & 0\\ -2 & a & -2\\ -4 & -2 & 2\end{pmatrix}$ 的特征值分别为 $-2,1,b$,求参数 a,b.

解 方法一 $\boldsymbol{A}$ 的特征多项式

$$f(\lambda)=|\boldsymbol{A}-\lambda\boldsymbol{E}|=\begin{vmatrix}1-\lambda & 0 & 0\\ -2 & a-\lambda & -2\\ -4 & -2 & 2-\lambda\end{vmatrix}=(1-\lambda)[\lambda^2-(2+a)\lambda+(2a-4)].$$

又 $\boldsymbol{A}$ 的特征值为 $-2,1,b$,则

$$f(\lambda)=(-2-\lambda)(1-\lambda)(b-\lambda).$$

比较多项式同次幂的系数,解得 $a=-1,b=3$.

方法二 由定理 2 得

$$\begin{cases}-2+1+b=1+a+2,\\(-2)\cdot 1\cdot b=|\boldsymbol{A}|=2a-4,\end{cases}$$

解得 $a=-1,b=3$.

定理 3 设 λ 是 n 阶方阵 $\boldsymbol{A}$ 的特征值.

(1) λ^m 为 $\boldsymbol{A}^m$(m 为正整数)的特征值,且 $\boldsymbol{A}$ 与 $\boldsymbol{A}^m$ 有相同的特征向量;

(2) 设 $\varphi(x)=a_0+a_1x+a_2x^2+\cdots+a_mx^m$ 为 m 次多项式,称

$$\varphi(\boldsymbol{A})=a_0\boldsymbol{E}+a_1\boldsymbol{A}+a_2\boldsymbol{A}^2+\cdots+a_m\boldsymbol{A}^m$$

为方阵 $\boldsymbol{A}$ 的多项式,则 $\varphi(\lambda)$ 是 $\varphi(\boldsymbol{A})$ 的特征值,且 $\boldsymbol{A}$ 与 $\varphi(\boldsymbol{A})$ 有相同的特征向量.

证 (1) 设 $\boldsymbol{\xi}$ 是 $\boldsymbol{A}$ 的属于特征值 λ 的特征向量,则 $\boldsymbol{A\xi}=\lambda\boldsymbol{\xi}$.又

$$\boldsymbol{A}^2\boldsymbol{\xi}=\boldsymbol{A}(\boldsymbol{A\xi})=\boldsymbol{A}(\lambda\boldsymbol{\xi})=\lambda(\boldsymbol{A\xi})=\lambda(\lambda\boldsymbol{\xi})=\lambda^2\boldsymbol{\xi},$$
$$\boldsymbol{A}^3\boldsymbol{\xi}=\boldsymbol{A}(\boldsymbol{A}^2\boldsymbol{\xi})=\boldsymbol{A}(\lambda^2\boldsymbol{\xi})=\lambda^2(\boldsymbol{A\xi})=\lambda^2(\lambda\boldsymbol{\xi})=\lambda^3\boldsymbol{\xi},$$

由数学归纳法得 $\boldsymbol{A}^m\boldsymbol{\xi}=\lambda^m\boldsymbol{\xi}$,即 λ^m 为 $\boldsymbol{A}^m$ 的特征值,且 $\boldsymbol{A}$ 与 $\boldsymbol{A}^m$ 有相同的特征向量.

(2) 因为

$$\begin{aligned}\varphi(\boldsymbol{A})\boldsymbol{\xi}&=(a_0\boldsymbol{E}+a_1\boldsymbol{A}+a_2\boldsymbol{A}^2+\cdots+a_m\boldsymbol{A}^m)\boldsymbol{\xi}\\&=a_0(\boldsymbol{E\xi})+a_1(\boldsymbol{A\xi})+a_2(\boldsymbol{A}^2\boldsymbol{\xi})+\cdots+a_m(\boldsymbol{A}^m\boldsymbol{\xi})\\&=a_0\boldsymbol{\xi}+a_1\lambda\boldsymbol{\xi}+a_1\lambda^2\boldsymbol{\xi}+\cdots+a_m\lambda^m\boldsymbol{\xi}=\varphi(\lambda)\boldsymbol{\xi},\end{aligned}$$

所以 $\varphi(\lambda)$ 是 $\varphi(\boldsymbol{A})$ 的特征值,且 $\boldsymbol{A}$ 与 $\varphi(\boldsymbol{A})$ 有相同的特征向量.

定理 4 设 λ 是 n 阶可逆矩阵 $\boldsymbol{A}$ 的特征值,则

(1) $\lambda\neq 0$;

(2) $\dfrac{1}{\lambda}$为 $\boldsymbol{A}^{-1}$的特征值,且 $\boldsymbol{A}$ 与 $\boldsymbol{A}^{-1}$有相同的特征向量;

(3) $\dfrac{|\boldsymbol{A}|}{\lambda}$ 为 $\boldsymbol{A}$ 的伴随矩阵 $\boldsymbol{A}^*$ 的特征值,且 $\boldsymbol{A}$ 与 $\boldsymbol{A}^*$ 有相同的特征向量.

证 (1) 由 $\boldsymbol{A}$ 可逆知 $|\boldsymbol{A}|\neq 0$,则 $\prod\limits_{i=1}^{n}\lambda_i=|\boldsymbol{A}|\neq 0$, 从而 $\boldsymbol{A}$ 的特征值全不为零.

(2) 设 $\boldsymbol{\xi}$ 是 $\boldsymbol{A}$ 的属于特征值 λ 的特征向量,则 $\boldsymbol{A\xi}=\lambda\boldsymbol{\xi}$,有 $\boldsymbol{A}^{-1}(\boldsymbol{A\xi})=\boldsymbol{A}^{-1}(\lambda\boldsymbol{\xi})$,得 $\lambda(\boldsymbol{A}^{-1}\boldsymbol{\xi})=\boldsymbol{\xi}$,即 $\boldsymbol{A}^{-1}\boldsymbol{\xi}=\dfrac{1}{\lambda}\boldsymbol{\xi}$.由(5.1)知$\dfrac{1}{\lambda}$为 $\boldsymbol{A}^{-1}$的特征值,且 $\boldsymbol{A}$ 与 $\boldsymbol{A}^{-1}$有相同的特征向量.

(3) 设 $\boldsymbol{\xi}$ 是 $\boldsymbol{A}$ 的属于特征值 λ 的特征向量,则 $\boldsymbol{A\xi}=\lambda\boldsymbol{\xi}$,有 $\boldsymbol{A}^*(\boldsymbol{A\xi})=\boldsymbol{A}^*(\lambda\boldsymbol{\xi})$, 得 $\lambda(\boldsymbol{A}^*\boldsymbol{\xi})=|\boldsymbol{A}|\boldsymbol{\xi}$,即 $\boldsymbol{A}^*\boldsymbol{\xi}=\dfrac{|\boldsymbol{A}|}{\lambda}\boldsymbol{\xi}$. 由(5.1)知$\dfrac{|\boldsymbol{A}|}{\lambda}$为 $\boldsymbol{A}$ 的伴随矩阵 $\boldsymbol{A}^*$ 的特征值,且 $\boldsymbol{A}$ 与 $\boldsymbol{A}^*$ 有相同的特征向量.

例 5 设三阶方阵 $\boldsymbol{A}$ 的特征值分别为$-1,1,3$,求 $\boldsymbol{B}=\boldsymbol{A}^*+\boldsymbol{A}^2-2\boldsymbol{A}+3\boldsymbol{E}$ 的特征值,并计算行列式 $|\boldsymbol{B}|$ 的值.

解 设 $\boldsymbol{\xi}$ 是 $\boldsymbol{A}$ 的属于特征值 λ 的特征向量,则 $\boldsymbol{A\xi}=\lambda\boldsymbol{\xi}$.又

$$\boldsymbol{B\xi}=(\boldsymbol{A}^*+\boldsymbol{A}^2-2\boldsymbol{A}+3\boldsymbol{E})\boldsymbol{\xi}=\left(\frac{|\boldsymbol{A}|}{\lambda}+\lambda^2-2\lambda+3\right)\boldsymbol{\xi},$$

得 $\dfrac{|\boldsymbol{A}|}{\lambda}+\lambda^2-2\lambda+3$ 为 $\boldsymbol{B}$ 的特征值.因为 $|\boldsymbol{A}|=(-1)\times1\times3=-3$，令

$$g(x)=\frac{|\boldsymbol{A}|}{x}+x^2-2x+3=-\frac{3}{x}+x^2-2x+3,$$

则 $\boldsymbol{B}$ 的特征值为 $g(-1)=9,g(1)=-1,g(3)=5$，且 $|\boldsymbol{B}|=9\times(-1)\times5=-45$.

定理 5 属于不同特征值的特征向量线性无关.

证 设 $\lambda_1,\lambda_2,\cdots,\lambda_m$ 是方阵 $\boldsymbol{A}$ 的互异特征值，$\boldsymbol{\xi}_1,\boldsymbol{\xi}_2,\cdots,\boldsymbol{\xi}_m$ 是分别属于它们的特征向量，现在证明它们是线性无关的.对于特征值的个数作数学归纳法.

当 $m=2$ 时，设

$$k_1\boldsymbol{\xi}_1+k_2\boldsymbol{\xi}_2=\boldsymbol{0},\tag{5.6}$$

则 $\boldsymbol{A}(k_1\boldsymbol{\xi}_1+k_2\boldsymbol{\xi}_2)=\boldsymbol{0}$，即

$$\lambda_1k_1\boldsymbol{\xi}_1+\lambda_2k_2\boldsymbol{\xi}_2=\boldsymbol{0}.\tag{5.7}$$

将(5.6)式乘 λ_1 再减去(5.7)式，得 $(\lambda_1-\lambda_2)k_2\boldsymbol{\xi}_2=\boldsymbol{0}$. 因为 $\lambda_1\neq\lambda_2$，所以 $k_2\boldsymbol{\xi}_2=\boldsymbol{0}$.又 $\boldsymbol{\xi}_2\neq\boldsymbol{0}$，则 $k_2=0$.再将 $k_2=0$ 代入(5.6)式，得 $k_1=0$. 所以 $\boldsymbol{\xi}_1,\boldsymbol{\xi}_2$ 线性无关.

假定属于 $m-1(m\geqslant3)$ 个不同特征值的特征向量线性无关，下面证明对于 m 个不同特征值定理也成立.设有数 $k_1,k_2,\cdots,k_m$，使

$$k_1\boldsymbol{\xi}_1+k_2\boldsymbol{\xi}_2+\cdots+k_m\boldsymbol{\xi}_m=\boldsymbol{0},\tag{5.8}$$

则 $\boldsymbol{A}(k_1\boldsymbol{\xi}_1+k_2\boldsymbol{\xi}_2+\cdots+k_m\boldsymbol{\xi}_m)=\boldsymbol{0}$，即

$$\lambda_1k_1\boldsymbol{\xi}_1+\lambda_2k_2\boldsymbol{\xi}_2+\cdots+\lambda_mk_m\boldsymbol{\xi}_m=\boldsymbol{0}.\tag{5.9}$$

另一方面，将(5.8)式两端乘 λ_m，得

$$\lambda_mk_1\boldsymbol{\xi}_1+\lambda_mk_2\boldsymbol{\xi}_2+\cdots+\lambda_mk_m\boldsymbol{\xi}_m=\boldsymbol{0}.\tag{5.10}$$

将(5.10)式减去(5.9)式，得

$$k_1(\lambda_m-\lambda_1)\boldsymbol{\xi}_1+k_2(\lambda_m-\lambda_2)\boldsymbol{\xi}_2+\cdots+k_{m-1}(\lambda_m-\lambda_{m-1})\boldsymbol{\xi}_{m-1}=\boldsymbol{0}.$$

由数学归纳法假设 $\boldsymbol{\xi}_1,\boldsymbol{\xi}_2,\cdots,\boldsymbol{\xi}_{m-1}$ 线性无关，于是

$$k_i(\lambda_m-\lambda_i)=0,i=1,2,\cdots,m-1.$$

但 $\lambda_m-\lambda_i\neq0$，所以

$$k_i=0,i=1,2,\cdots,m-1.$$

于是(5.8)式变成

$$k_m\boldsymbol{\xi}_m=\boldsymbol{0}.$$

又 $\boldsymbol{\xi}_m\neq\boldsymbol{0}$，所以 $k_m=0$. 这就证明了 $\boldsymbol{\xi}_1,\boldsymbol{\xi}_2,\cdots,\boldsymbol{\xi}_m$ 是线性无关的.

定理 5 还可以进一步推广为如下定理.

定理 6 若 $\lambda_1,\lambda_2,\cdots,\lambda_m$ 是方阵 $\boldsymbol{A}$ 的不同的特征值，而 $\boldsymbol{\xi}_{i1},\boldsymbol{\xi}_{i2},\cdots,\boldsymbol{\xi}_{ir_i}(i=1,2,\cdots,m)$ 是属于特征值 λ_i 的线性无关的特征向量，则向量组

$$\boldsymbol{\xi}_{11},\boldsymbol{\xi}_{12},\cdots,\boldsymbol{\xi}_{1r_1},\boldsymbol{\xi}_{21},\boldsymbol{\xi}_{22},\cdots,\boldsymbol{\xi}_{2r_2},\cdots,\boldsymbol{\xi}_{m1},\boldsymbol{\xi}_{m2},\cdots,\boldsymbol{\xi}_{mr_m}$$

线性无关.

定理的证明与定理 5 的证明类似，略.

例 6 设 λ_1 和 λ_2 是方阵 $\boldsymbol{A}$ 的两个不同的特征值，对应的特征向量依次为 $\boldsymbol{\xi}_1$ 和 $\boldsymbol{\xi}_2$，证明 $a\boldsymbol{\xi}_1+b\boldsymbol{\xi}_2,ab\neq0$ 不是 $\boldsymbol{A}$ 的特征向量.

证　由题设，有 $\boldsymbol{A}\boldsymbol{\xi}_1=\lambda_1\boldsymbol{\xi}_1,\boldsymbol{A}\boldsymbol{\xi}_2=\lambda_2\boldsymbol{\xi}_2$，故

$$\boldsymbol{A}(a\boldsymbol{\xi}_1+b\boldsymbol{\xi}_2)=a\lambda_1\boldsymbol{\xi}_1+b\lambda_2\boldsymbol{\xi}_2.$$

用反证法.假设 $a\boldsymbol{\xi}_1+b\boldsymbol{\xi}_2$ 是 $\boldsymbol{A}$ 的特征向量，则存在数 λ，使

$$\boldsymbol{A}(a\boldsymbol{\xi}_1+b\boldsymbol{\xi}_2)=\lambda(a\boldsymbol{\xi}_1+b\boldsymbol{\xi}_2),$$

于是

$$a(\lambda_1-\lambda)\boldsymbol{\xi}_1+b(\lambda_2-\lambda)\boldsymbol{\xi}_2=\mathbf{0}.$$

因 $\lambda_1\neq\lambda_2$，由定理 5 知 $\boldsymbol{\xi}_1,\boldsymbol{\xi}_2$ 线性无关，得

$$a(\lambda_1-\lambda)=b(\lambda_2-\lambda)=0.$$

因 $ab\neq0$，得 $\lambda_1=\lambda_2$：与题设矛盾，所以 $a\boldsymbol{\xi}_1+b\boldsymbol{\xi}_2,ab\neq0$ 不是 $\boldsymbol{A}$ 的特征向量.

思考题一

1. 如何求方阵 $\boldsymbol{A}$（分别为“数值”型矩阵与“抽象型”矩阵）的特征值和特征向量？

2. 设 λ_0 是方阵 $\boldsymbol{A}$ 的特征值，齐次线性方程组 $(\boldsymbol{A}-\lambda_0\boldsymbol{E})\boldsymbol{X}=\mathbf{0}$ 的解向量是否是 $\boldsymbol{A}$ 的特征向量？

3. 不同方阵的特征值一定不同吗？

4. 举例说明实矩阵的特征值不一定是实数.

5. 如果 λ 是方阵 $\boldsymbol{A}$ 的 r 重特征值，那么方阵 $\boldsymbol{A}$ 的属于 λ 的线性无关的特征向量是否一定有 r 个？

6. 对角矩阵的特征值与其主对角线上的元素有什么关系？

7. 命题“若 n 阶方阵 $\boldsymbol{A}$ 的每行（或列）的元素之和为同一常数 a，则 a 是 $\boldsymbol{A}$ 的特征值，且 n 维向量 $(1,1,\cdots,1)^{\mathrm{T}}$ 是对应的特征向量”对吗？

第二节　相似矩阵

一、相似矩阵的概念与性质

相似矩阵的概念与性质

定义 2　设 $\boldsymbol{A}$ 和 $\boldsymbol{B}$ 都是 n 阶矩阵.若存在 n 阶可逆矩阵 $\boldsymbol{P}$，使

$$\boldsymbol{P}^{-1}\boldsymbol{A}\boldsymbol{P}=\boldsymbol{B} \tag{5.11}$$

成立，则称 $\boldsymbol{B}$ 是 $\boldsymbol{A}$ 的相似矩阵，并称矩阵 $\boldsymbol{A}$ 与 $\boldsymbol{B}$ 相似.

对 $\boldsymbol{A}$ 进行运算 $\boldsymbol{P}^{-1}\boldsymbol{A}\boldsymbol{P}$ 称为对 $\boldsymbol{A}$ 进行相似变换，称可逆矩阵 $\boldsymbol{P}$ 为相似变换矩阵.

设 $\boldsymbol{A},\boldsymbol{B},\boldsymbol{C}$ 为同阶方阵，则相似具有下列性质：

(1) 反身性：$\boldsymbol{A}$ 与 $\boldsymbol{A}$ 相似.

(2) 对称性：若 $\boldsymbol{A}$ 与 $\boldsymbol{B}$ 相似，则 $\boldsymbol{B}$ 与 $\boldsymbol{A}$ 也相似.

(3) 传递性：若 $\boldsymbol{A}$ 与 $\boldsymbol{B}$ 相似，$\boldsymbol{B}$ 与 $\boldsymbol{C}$ 相似，则 $\boldsymbol{A}$ 与 $\boldsymbol{C}$ 相似.

由此可知,矩阵的相似关系是一种特殊的等价关系,且彼此相似的矩阵具有一些共性,也称为相似不变性,这就是下述性质.

性质 1 若 n 阶矩阵 $\boldsymbol{A}$ 和 $\boldsymbol{B}$ 相似,则

(1) $|\boldsymbol{A}|=|\boldsymbol{B}|$;

(2) $\boldsymbol{A}$ 与 $\boldsymbol{B}$ 有相同的秩,即 $R(\boldsymbol{A})=R(\boldsymbol{B})$;

(3) $\boldsymbol{A}$ 与 $\boldsymbol{B}$ 有相同的特征多项式和特征值,从而 $\operatorname{tr}(\boldsymbol{A})=\operatorname{tr}(\boldsymbol{B})$.

证 (1) 若 $\boldsymbol{A}$ 与 $\boldsymbol{B}$ 相似,则存在可逆矩阵 $\boldsymbol{P}$,使 $\boldsymbol{P}^{-1}\boldsymbol{AP}=\boldsymbol{B}$,有

$$|\boldsymbol{B}|=|\boldsymbol{P}^{-1}\boldsymbol{AP}|=|\boldsymbol{P}^{-1}|\cdot|\boldsymbol{A}|\cdot|\boldsymbol{P}|=\frac{1}{|\boldsymbol{P}|}\cdot|\boldsymbol{A}|\cdot|\boldsymbol{P}|=|\boldsymbol{A}|.$$

(2) 若 $\boldsymbol{A}$ 与 $\boldsymbol{B}$ 相似,则 $\boldsymbol{A}$ 与 $\boldsymbol{B}$ 必等价,从而 $R(\boldsymbol{A})=R(\boldsymbol{B})$.

(3) 由(5.11)式得

$$\begin{aligned}|\boldsymbol{B}-\lambda\boldsymbol{E}|&=|\boldsymbol{P}^{-1}\boldsymbol{AP}-\lambda\boldsymbol{E}|=|\boldsymbol{P}^{-1}(\boldsymbol{A}-\lambda\boldsymbol{E})\boldsymbol{P}|\\&=|\boldsymbol{P}^{-1}|\cdot|\boldsymbol{A}-\lambda\boldsymbol{E}|\cdot|\boldsymbol{P}|=|\boldsymbol{A}-\lambda\boldsymbol{E}|,\end{aligned}$$

所以 $\boldsymbol{A}$ 与 $\boldsymbol{B}$ 有相同的特征多项式,从而有相同的特征值.由定理 2 可得 $\operatorname{tr}(\boldsymbol{A})=\operatorname{tr}(\boldsymbol{B})$.

例 7 设矩阵 $\boldsymbol{A}=\begin{pmatrix}1&0&0\\-2&a&-2\\-4&-2&2\end{pmatrix}$ 与 $\boldsymbol{B}=\begin{pmatrix}-2&0&0\\0&1&0\\0&0&b\end{pmatrix}$ 相似,求 a,b.

解 由 $\operatorname{tr}(\boldsymbol{A})=\operatorname{tr}(\boldsymbol{B})$ 得

$$3+a=-1+b.$$

由 $|\boldsymbol{A}|=|\boldsymbol{B}|$ 得

$$2a-4=-2b.$$

从而解得

$$a=-1,b=3.$$

性质 2 设 n 阶矩阵 $\boldsymbol{A}$ 和 $\boldsymbol{B}$ 相似,函数 $\varphi(x)$ 是一个多项式,则 $\varphi(\boldsymbol{A})$ 和 $\varphi(\boldsymbol{B})$ 相似.

证 设 $\varphi(x)=a_mx^m+\cdots+a_1x+a_0$,则 $\varphi(\boldsymbol{A})=a_m\boldsymbol{A}^m+\cdots+a_1\boldsymbol{A}+a_0\boldsymbol{E}$. 由于 $\boldsymbol{A}$ 和 $\boldsymbol{B}$ 相似,即存在 n 阶可逆矩阵 $\boldsymbol{P}$,使 $\boldsymbol{P}^{-1}\boldsymbol{AP}=\boldsymbol{B}$,则 $\boldsymbol{P}^{-1}\boldsymbol{A}^k\boldsymbol{P}=\boldsymbol{B}^k$, 其中 k 为正整数.故

$$\boldsymbol{P}^{-1}\varphi(\boldsymbol{A})\boldsymbol{P}=\boldsymbol{P}^{-1}\left(\sum_{k=0}^{m}a_k\boldsymbol{A}^k\right)\boldsymbol{P}=\sum_{k=0}^{m}a_k\boldsymbol{P}^{-1}\boldsymbol{A}^k\boldsymbol{P}=\sum_{k=0}^{m}a_k\boldsymbol{B}^k=\varphi(\boldsymbol{B}),$$

所以 $\varphi(\boldsymbol{A})$ 和 $\varphi(\boldsymbol{B})$ 相似.

在矩阵的运算中,对角矩阵的运算很简便.由性质 2 发现,若方阵 $\boldsymbol{A}$ 相似于对角矩阵 $\boldsymbol{\Lambda}$,就很容易计算 $\boldsymbol{A}^m$.这样很自然地提出了一个问题:是否每个方阵 $\boldsymbol{A}$ 都能相似于对角矩阵(可相似对角化)? 如果一个方阵能相似于对角矩阵,那么怎样求出对角矩阵及相应的相似变换矩阵 $\boldsymbol{P}$? 下面我们就来讨论这个问题.

二、矩阵与对角矩阵相似的条件

定理 7 n 阶矩阵 $\boldsymbol{A}$ 与对角矩阵相似的充要条件是 $\boldsymbol{A}$ 有 n 个线性无关的特征向量.

证　必要性：设 $\boldsymbol{A}$ 与对角矩阵 $\boldsymbol{\Lambda}=\mathrm{diag}(\lambda_1,\lambda_2,\cdots,\lambda_n)$ 相似，即存在一个 n 阶可逆矩阵 $\boldsymbol{P}$，使 $\boldsymbol{P}^{-1}\boldsymbol{AP}=\boldsymbol{\Lambda}$，则 $\boldsymbol{AP}=\boldsymbol{P\Lambda}$.令 $\boldsymbol{P}=(\boldsymbol{\xi}_1,\boldsymbol{\xi}_2,\cdots,\boldsymbol{\xi}_n)$，则 $\boldsymbol{\xi}_1,\boldsymbol{\xi}_2,\cdots,\boldsymbol{\xi}_n$ 线性无关，且

$$(\boldsymbol{A\xi}_1,\boldsymbol{A\xi}_2,\cdots,\boldsymbol{A\xi}_n)=(\lambda_1\boldsymbol{\xi}_1,\lambda_2\boldsymbol{\xi}_2,\cdots,\lambda_n\boldsymbol{\xi}_n),$$

有 $\boldsymbol{A\xi}_i=\lambda_i\boldsymbol{\xi}_i,i=1,2,\cdots,n$，即 $\boldsymbol{\xi}_i$ 是 $\boldsymbol{A}$ 的属于特征值 λ_i 的特征向量.所以 $\boldsymbol{A}$ 有 n 个线性无关的特征向量.

充分性：设 $\boldsymbol{A}$ 有 n 个线性无关的特征向量 $\boldsymbol{\xi}_1,\boldsymbol{\xi}_2,\cdots,\boldsymbol{\xi}_n$，它们对应的特征值依次为 $\lambda_1,\lambda_2,\cdots,\lambda_n$，即有 $\boldsymbol{A\xi}_i=\lambda_i\boldsymbol{\xi}_i,i=1,2,\cdots,n$.令 $\boldsymbol{P}=(\boldsymbol{\xi}_1,\boldsymbol{\xi}_2,\cdots,\boldsymbol{\xi}_n)$，显然 $\boldsymbol{P}$ 可逆，且

$$\boldsymbol{AP}=(\boldsymbol{A\xi}_1,\boldsymbol{A\xi}_2,\cdots,\boldsymbol{A\xi}_n)=(\lambda_1\boldsymbol{\xi}_1,\lambda_2\boldsymbol{\xi}_2,\cdots,\lambda_n\boldsymbol{\xi}_n)=\boldsymbol{P\Lambda},$$

得 $\boldsymbol{P}^{-1}\boldsymbol{AP}=\boldsymbol{\Lambda}$，即 $\boldsymbol{A}$ 与对角矩阵 $\boldsymbol{\Lambda}$ 相似.

推论　若 n 阶方阵 $\boldsymbol{A}$ 有 n 个不同的特征值，则 $\boldsymbol{A}$ 一定可相似对角化.

由推论知，当 n 阶方阵 $\boldsymbol{A}$ 有重特征值时，$\boldsymbol{A}$ 不一定有 n 个线性无关的特征向量，从而 $\boldsymbol{A}$ 不一定可相似对角化.因此，一个 n 阶方阵能否与对角矩阵相似，关键在于属于重特征值的线性无关的特征向量的个数是否等于重特征值的重数.我们有以下结论.

定理 8　n 阶方阵 $\boldsymbol{A}$ 可相似对角化的充要条件是属于 $\boldsymbol{A}$ 的每个特征值的线性无关的特征向量的个数恰好等于该特征值的重数，即设 λ_i 是 $\boldsymbol{A}$ 的 n_i 重特征值，则 $\boldsymbol{A}$ 与对角矩阵 $\boldsymbol{\Lambda}$ 相似，当且仅当 $R(\boldsymbol{A}-\lambda_i\boldsymbol{E})=n-n_i,i=1,2,\cdots,s$.

注　当 $\boldsymbol{A}$ 可相似对角化时，综合定理 7 与定理 8，可得将矩阵相似对角化的方法：

（1）求 $\boldsymbol{A}$ 的 n 个特征值：由 $\boldsymbol{A}$ 的特征多项式 $f(\lambda)=|\boldsymbol{A}-\lambda\boldsymbol{E}|$，得 $\boldsymbol{A}$ 的 s 个互异的特征值 $\lambda_1,\lambda_2,\cdots,\lambda_s$，它们的重数分别为 $r_1,r_2,\cdots,r_s$，且 $r_1+r_2+\cdots+r_s=n$.

（2）求 $\boldsymbol{A}$ 的 n 个线性无关的特征向量：对 $\boldsymbol{A}$ 的特征值 λ_i，解方程组 $(\boldsymbol{A}-\lambda_i\boldsymbol{E})\boldsymbol{X}=\boldsymbol{0}$，其基础解系为 $\boldsymbol{A}$ 的特征值 λ_i 对应的 r_i 个线性无关的特征向量，设为 $\boldsymbol{\xi}_{i1},\boldsymbol{\xi}_{i2},\cdots,\boldsymbol{\xi}_{ir_i},i=1,2,\cdots,s$.

（3）令相似变换矩阵 $\boldsymbol{P}=(\boldsymbol{\xi}_{11},\boldsymbol{\xi}_{12},\cdots,\boldsymbol{\xi}_{1r_1},\boldsymbol{\xi}_{21},\boldsymbol{\xi}_{22},\cdots,\boldsymbol{\xi}_{2r_2},\cdots,\boldsymbol{\xi}_{s1},\boldsymbol{\xi}_{s2},\cdots,\boldsymbol{\xi}_{sr_s})$，则

$$\boldsymbol{P}^{-1}\boldsymbol{AP}=\boldsymbol{\Lambda}=\mathrm{diag}(\underbrace{\lambda_1,\lambda_1,\cdots,\lambda_1}_{r_1\text{个}},\underbrace{\lambda_2,\lambda_2,\cdots,\lambda_2}_{r_2\text{个}},\cdots,\underbrace{\lambda_s,\lambda_s,\cdots,\lambda_s}_{r_s\text{个}}),$$

其中 $\boldsymbol{P}$ 与 $\boldsymbol{\Lambda}$ 是相互对应的，即 $\boldsymbol{P}$ 的第 j 列（即 $\boldsymbol{A}$ 的特征向量）对应的特征值 λ_j 应位于对角矩阵 $\boldsymbol{\Lambda}$ 的第 j 行第 j 列，$j=1,2,\cdots,n$.

例 8　设三阶矩阵

$$\boldsymbol{A}=\begin{pmatrix}-1&1&2\\-2&2&2\\-2&1&3\end{pmatrix}.$$

（1）求可逆矩阵 $\boldsymbol{P}$，使 $\boldsymbol{P}^{-1}\boldsymbol{AP}=\boldsymbol{\Lambda}$ 为对角矩阵；

（2）求 $\boldsymbol{A}^k$，其中 k 为正整数.

解　（1）$\boldsymbol{A}$ 的特征多项式

$$|\boldsymbol{A}-\lambda\boldsymbol{E}|=\begin{vmatrix}-1-\lambda&1&2\\-2&2-\lambda&2\\-2&1&3-\lambda\end{vmatrix}\xlongequal{r_1-r_2}\begin{vmatrix}1-\lambda&-1+\lambda&0\\-2&2-\lambda&2\\-2&1&3-\lambda\end{vmatrix}$$

$$=(1-\lambda)\begin{vmatrix}1&-1&0\\-2&2-\lambda&2\\-2&1&3-\lambda\end{vmatrix}=(1-\lambda)\begin{vmatrix}1&0&0\\-2&-\lambda&2\\-2&-1&3-\lambda\end{vmatrix}$$

$$=(1-\lambda)\begin{vmatrix}-\lambda&2\\-1&3-\lambda\end{vmatrix}=(1-\lambda)^2(2-\lambda),$$

所以 $\boldsymbol{A}$ 的特征值为 $\lambda_{1,2}=1,\lambda_3=2$.

当 $\lambda_{1,2}=1$ 时，得特征方程组 $(\boldsymbol{A}-\boldsymbol{E})\boldsymbol{X}=\boldsymbol{0}$. 由

$$\boldsymbol{A}-\boldsymbol{E}=\begin{pmatrix}-2&1&2\\-2&1&2\\-2&1&2\end{pmatrix}\xrightarrow{r}\begin{pmatrix}1&-\frac{1}{2}&-1\\0&0&0\\0&0&0\end{pmatrix},$$

得方程组的基础解系

$$\boldsymbol{\xi}_1=\begin{pmatrix}1\\2\\0\end{pmatrix},\boldsymbol{\xi}_2=\begin{pmatrix}1\\0\\1\end{pmatrix},$$

即为属于特征值 $\lambda_{1,2}=1$ 的线性无关的特征向量.

当 $\lambda_3=2$ 时，得特征方程组 $(\boldsymbol{A}-2\boldsymbol{E})\boldsymbol{X}=\boldsymbol{0}$. 由

$$\boldsymbol{A}-2\boldsymbol{E}=\begin{pmatrix}-3&1&2\\-2&0&2\\-2&1&1\end{pmatrix}\xrightarrow{r}\begin{pmatrix}1&0&-1\\0&1&-1\\0&0&0\end{pmatrix},$$

得基础解系

$$\boldsymbol{\xi}_3=\begin{pmatrix}1\\1\\1\end{pmatrix},$$

即为属于特征值 $\lambda_3=2$ 的线性无关的特征向量.

令

$$\boldsymbol{P}=(\boldsymbol{\xi}_1,\boldsymbol{\xi}_2,\boldsymbol{\xi}_3)=\begin{pmatrix}1&1&1\\2&0&1\\0&1&1\end{pmatrix},$$

则

$$\boldsymbol{P}^{-1}\boldsymbol{A}\boldsymbol{P}=\boldsymbol{\Lambda}=\begin{pmatrix}1&0&0\\0&1&0\\0&0&2\end{pmatrix}.$$

(2) 由(1)得 $\boldsymbol{P}^{-1}\boldsymbol{A}\boldsymbol{P}=\boldsymbol{\Lambda}$，则 $\boldsymbol{A}=\boldsymbol{P}\boldsymbol{\Lambda}\boldsymbol{P}^{-1}$，有 $\boldsymbol{A}^k=\boldsymbol{P}\boldsymbol{\Lambda}^k\boldsymbol{P}^{-1}$. 又求得

$$\boldsymbol{P}^{-1}=\begin{pmatrix}1&0&-1\\2&-1&-1\\-2&1&2\end{pmatrix},$$

所以

$$A^k = P\Lambda^k P^{-1} = \begin{pmatrix} 1 & 1 & 1 \\ 2 & 0 & 1 \\ 0 & 1 & 1 \end{pmatrix} \begin{pmatrix} 1 & 0 & 0 \\ 0 & 1 & 0 \\ 0 & 0 & 2^k \end{pmatrix} \begin{pmatrix} 1 & 0 & -1 \\ 2 & -1 & -1 \\ -2 & 1 & 2 \end{pmatrix}$$

$$= \begin{pmatrix} 3 - 2^{k+1} & -1 + 2^k & -2 + 2^{k+1} \\ 2 - 2^{k+1} & 2^k & -2 + 2^{k+1} \\ 2 - 2^{k+1} & -1 + 2^k & -1 + 2^{k+1} \end{pmatrix}.$$

例 9 设三阶矩阵 $A = \begin{pmatrix} 2 & 0 & 1 \\ 3 & 1 & a \\ 4 & 0 & 5 \end{pmatrix}$,问 a 为何值时,矩阵 A 可相似对角化.

解 A 的特征多项式

$$|A - \lambda E| = \begin{vmatrix} 2 - \lambda & 0 & 1 \\ 3 & 1 - \lambda & a \\ 4 & 0 & 5 - \lambda \end{vmatrix} = (1 - \lambda) \begin{vmatrix} 2 - \lambda & 1 \\ 4 & 5 - \lambda \end{vmatrix} = (1 - \lambda)^2 (6 - \lambda),$$

得 A 的特征值为 $\lambda_{1,2} = 1, \lambda_3 = 6$.

因为 A 可相似对角化,所以对于 $\lambda_{1,2} = 1$,特征方程组 $(A - E)X = 0$ 的基础解系有两个线性无关的解,即 $R(A - E) = 1$. 由

$$A - E = \begin{pmatrix} 1 & 0 & 1 \\ 3 & 0 & a \\ 4 & 0 & 4 \end{pmatrix} \xrightarrow{r} \begin{pmatrix} 1 & 0 & 1 \\ 0 & 0 & a - 3 \\ 0 & 0 & 0 \end{pmatrix}$$

知,当 $a = 3$ 时, $R(A - E) = 1$.故当 $a = 3$ 时,矩阵 A 可相似对角化.

例 10 设三阶方阵 A 的特征值为 $\lambda_1 = 2, \lambda_2 = -2, \lambda_3 = 1$,对应的特征向量依次为

$$\boldsymbol{\xi}_1 = (0,1,1)^T, \quad \boldsymbol{\xi}_2 = (1,1,1)^T, \quad \boldsymbol{\xi}_3 = (1,1,0)^T,$$

求 A.

解 A 有三个不同的特征值,故 A 可相似对角化.令

$$P = (\boldsymbol{\xi}_1, \boldsymbol{\xi}_2, \boldsymbol{\xi}_3) = \begin{pmatrix} 0 & 1 & 1 \\ 1 & 1 & 1 \\ 1 & 1 & 0 \end{pmatrix},$$

则

$$P^{-1}AP = \Lambda = \begin{pmatrix} 2 & 0 & 0 \\ 0 & -2 & 0 \\ 0 & 0 & 1 \end{pmatrix}.$$

因此, $A = P\Lambda P^{-1}$.又

$$P^{-1} = \begin{pmatrix} -1 & 1 & 0 \\ 1 & -1 & 1 \\ 0 & 1 & -1 \end{pmatrix},$$

所以

$$A=\begin{pmatrix}0&1&1\\1&1&1\\1&1&0\end{pmatrix}\begin{pmatrix}2&0&0\\0&-2&0\\0&0&1\end{pmatrix}\begin{pmatrix}-1&1&0\\1&-1&1\\0&1&-1\end{pmatrix}=\begin{pmatrix}-2&3&-3\\-4&5&-3\\-4&4&-2\end{pmatrix}.$$

思考题二

1. 是不是任何方阵都可相似对角化？
2. 矩阵 $\boldsymbol{A}$ 与 $\boldsymbol{B}$ 有相同特征值，$\boldsymbol{A}$ 与 $\boldsymbol{B}$ 相似吗？
3. 如果 n 阶方阵 $\boldsymbol{A}$ 有 n 个互不相同的特征向量，那么 $\boldsymbol{A}$ 可与对角矩阵相似吗？
4. 判断矩阵 $\boldsymbol{A}$ 是否可相似对角化的基本方法有哪些？
5. 已知 n 阶方阵 $\boldsymbol{A}$ 可相似对角化，如何求可逆矩阵 $\boldsymbol{P}$，使 $\boldsymbol{P}^{-1}\boldsymbol{A}\boldsymbol{P}=\boldsymbol{\Lambda}$ 为对角矩阵？
6. 相似矩阵定义中的可逆矩阵 $\boldsymbol{P}$ 是唯一的吗？
7. 若方阵 $\boldsymbol{A}$ 与 $\boldsymbol{B}$ 相似，则 $\boldsymbol{A}$ 与 $\boldsymbol{B}$ 有相同的特征多项式.反过来，若 $\boldsymbol{A}$ 与 $\boldsymbol{B}$ 有相同的特征多项式，则 $\boldsymbol{A}$ 与 $\boldsymbol{B}$ 是否相似？在什么条件下必定相似？

第三节 实对称矩阵的对角化

上一节已经指出，不是任何方阵都与对角矩阵相似，然而实用中很重要的一类矩阵——实对称矩阵一定可对角化，下面讨论此情况.

一、实向量的内积、施密特正交化方法与正交矩阵

在第四章，我们研究了向量的线性运算，并讨论了向量之间的线性关系，但尚未涉及向量的度量性质，本节我们把空间解析几何中数量积的概念推广到 n 维实向量，从而引入内积的概念.

1. 向量的内积

定义 3 给定 n 维实向量 $\boldsymbol{\alpha}=(a_1,a_2,\cdots,a_n)^{\mathrm{T}}$，$\boldsymbol{\beta}=(b_1,b_2,\cdots,b_n)^{\mathrm{T}}$，称实数

$$[\boldsymbol{\alpha},\boldsymbol{\beta}]=a_1b_1+a_2b_2+\cdots+a_nb_n$$

为向量 $\boldsymbol{\alpha}$ 与 $\boldsymbol{\beta}$ 的内积.

由内积定义和矩阵乘法，有 $[\boldsymbol{\alpha},\boldsymbol{\beta}]=\boldsymbol{\alpha}^{\mathrm{T}}\boldsymbol{\beta}=\boldsymbol{\beta}^{\mathrm{T}}\boldsymbol{\alpha}$. 进一步可得内积具有以下性质（其中 $\boldsymbol{\alpha},\boldsymbol{\beta},\boldsymbol{\gamma}$ 为 n 维实向量，λ 为实数）：

(1) $[\boldsymbol{\alpha},\boldsymbol{\beta}]=[\boldsymbol{\beta},\boldsymbol{\alpha}]$；

(2) $[\boldsymbol{\alpha}+\boldsymbol{\beta},\boldsymbol{\gamma}]=[\boldsymbol{\alpha},\boldsymbol{\gamma}]+[\boldsymbol{\beta},\boldsymbol{\gamma}]$；

(3) $[\lambda\boldsymbol{\alpha},\boldsymbol{\beta}]=\lambda[\boldsymbol{\alpha},\boldsymbol{\beta}]$；

(4) $[\boldsymbol{\alpha},\boldsymbol{\alpha}]\geqslant 0$，当且仅当 $\boldsymbol{\alpha}=\boldsymbol{0}$ 时等号成立.

2. 向量的长度与夹角

定义 4 给定 n 维实向量 $\boldsymbol{\alpha}=(a_1,a_2,\cdots,a_n)^{\mathrm{T}}$，称

$$\|\boldsymbol{\alpha}\|=\sqrt{[\boldsymbol{\alpha},\boldsymbol{\alpha}]}=\sqrt{a_1^2+a_2^2+\cdots+a_n^2}$$

为向量 $\boldsymbol{\alpha}$ 的长度(或范数,或模).

向量的长度具有下述性质(其中 λ 为实数)：

(1) 非负性：$\|\boldsymbol{\alpha}\|\geqslant 0$；

(2) 齐次性：$\|\lambda\boldsymbol{\alpha}\|=|\lambda|\cdot\|\boldsymbol{\alpha}\|$；

(3) 三角不等式：$\|\boldsymbol{\alpha}+\boldsymbol{\beta}\|\leqslant\|\boldsymbol{\alpha}\|+\|\boldsymbol{\beta}\|$.

长度为 1 的向量称为单位向量.对任一非零向量 $\boldsymbol{\alpha}$,向量 $\dfrac{\boldsymbol{\alpha}}{\|\boldsymbol{\alpha}\|}$ 为单位向量,这一过程称为将向量 α 单位化(或规范化,或标准化).

可以证明,向量的内积满足

$$|[\boldsymbol{\alpha},\boldsymbol{\beta}]|\leqslant\|\boldsymbol{\alpha}\|\cdot\|\boldsymbol{\beta}\|,$$

等号当且仅当 $\boldsymbol{\alpha},\boldsymbol{\beta}$ 线性相关时成立.上式称为施瓦茨(Schwarz)不等式.由此可得

$$\left|\frac{[\boldsymbol{\alpha},\boldsymbol{\beta}]}{\|\boldsymbol{\alpha}\|\|\boldsymbol{\beta}\|}\right|\leqslant 1,\ \boldsymbol{\alpha}\neq\mathbf{0},\boldsymbol{\beta}\neq\mathbf{0}.$$

于是有向量夹角的定义.

定义 5 设 $\boldsymbol{\alpha},\boldsymbol{\beta}$ 为 n 维实非零向量,记

$$<\boldsymbol{\alpha},\boldsymbol{\beta}>=\arccos\frac{[\boldsymbol{\alpha},\boldsymbol{\beta}]}{\|\boldsymbol{\alpha}\|\|\boldsymbol{\beta}\|},$$

称 $<\boldsymbol{\alpha},\boldsymbol{\beta}>$ 为向量 $\boldsymbol{\alpha}$ 与 $\boldsymbol{\beta}$ 的夹角.

由定义可知,$0\leqslant<\boldsymbol{\alpha},\boldsymbol{\beta}>\leqslant\pi$.

例 11 求向量 $\boldsymbol{\alpha}=(1,1,0,-1)^{\mathrm{T}},\boldsymbol{\beta}=(1,2,1,0)^{\mathrm{T}}$ 的夹角.

解 $\|\boldsymbol{\alpha}\|=\sqrt{1^2+1^2+0^2+(-1)^2}=\sqrt{3}$, $\|\boldsymbol{\beta}\|=\sqrt{1^2+2^2+1^2+0^2}=\sqrt{6}$,

$$[\boldsymbol{\alpha},\boldsymbol{\beta}]=1\times1+1\times2+0\times1+(-1)\times0=3,$$

所以

$$<\boldsymbol{\alpha},\boldsymbol{\beta}>=\arccos\frac{[\boldsymbol{\alpha},\boldsymbol{\beta}]}{\|\boldsymbol{\alpha}\|\ \|\boldsymbol{\beta}\|}=\arccos\frac{3}{\sqrt{3}\cdot\sqrt{6}}=\frac{\pi}{4}.$$

注 令 $\boldsymbol{\alpha}=(a_1,a_2,\cdots,a_n)^{\mathrm{T}},\boldsymbol{\beta}=(b_1,b_2,\cdots,b_n)^{\mathrm{T}}$,由施瓦茨不等式,有

$$\left|\sum_{i=1}^{n}a_ib_i\right|\leqslant\sqrt{\sum_{i=1}^{n}a_i^2}\sqrt{\sum_{i=1}^{n}b_i^2}.$$

这是一个著名的不等式.

3. 正交向量组

定义 6 设 $\boldsymbol{\alpha},\boldsymbol{\beta}$ 是两个 n 维实向量,若 $[\boldsymbol{\alpha},\boldsymbol{\beta}]=0$,则称向量 $\boldsymbol{\alpha}$ 与 $\boldsymbol{\beta}$ 正交(或垂直),记为 $\boldsymbol{\alpha}\perp\boldsymbol{\beta}$.

显然,零向量与任何向量都正交.两个非零向量正交当且仅当它们的夹角为 $\dfrac{\pi}{2}$.

定理 9(勾股定理) 向量 $\boldsymbol{\alpha}$ 与 $\boldsymbol{\beta}$ 正交的充要条件是

$$\|\boldsymbol{\alpha}+\boldsymbol{\beta}\|^2=\|\boldsymbol{\alpha}\|^2+\|\boldsymbol{\beta}\|^2.$$

定义 7 若不含零向量的向量组中的任意两个向量都正交,则称此向量组为正交向量组.由单位向量构成的正交向量组叫做规范正交向量组(或正交单位向量组,或标准正交向量组).

对于规范正交向量组 $\boldsymbol{\alpha}_1,\boldsymbol{\alpha}_2,\cdots,\boldsymbol{\alpha}_m$,有

$$\boldsymbol{\alpha}_1,\boldsymbol{\alpha}_2,\cdots,\boldsymbol{\alpha}_m \text{ 为规范正交向量组} \Leftrightarrow [\boldsymbol{\alpha}_i,\boldsymbol{\alpha}_j]=\begin{cases}1, & i=j,\\ 0, & i\neq j,\end{cases} i,j=1,2,\cdots,m.$$

定理 10 设 $\boldsymbol{\alpha}_1,\boldsymbol{\alpha}_2,\cdots,\boldsymbol{\alpha}_m$ 是正交向量组,则 $\boldsymbol{\alpha}_1,\boldsymbol{\alpha}_2,\cdots,\boldsymbol{\alpha}_m$ 必线性无关.

证 设有 $k_1,k_2,\cdots,k_m$,使得

$$k_1\boldsymbol{\alpha}_1+k_2\boldsymbol{\alpha}_2+\cdots+k_m\boldsymbol{\alpha}_m=\mathbf{0}. \tag{5.12}$$

用 $\boldsymbol{\alpha}_i$ 与(5.12)式两端作内积,得

$$(k_1\boldsymbol{\alpha}_1+k_2\boldsymbol{\alpha}_2+\cdots+k_m\boldsymbol{\alpha}_m,\boldsymbol{\alpha}_i)=0. \tag{5.13}$$

由正交性,将(5.13)式化简得 $k_i[\boldsymbol{\alpha}_i,\boldsymbol{\alpha}_i]=0$.因为 $\boldsymbol{\alpha}_i\neq\mathbf{0}$,所以$[\boldsymbol{\alpha}_i,\boldsymbol{\alpha}_i]>0$,从而 $k_i=0$.于是向量组 $\boldsymbol{\alpha}_1,\boldsymbol{\alpha}_2,\cdots,\boldsymbol{\alpha}_m$ 线性无关.

例 12 已知向量 $\boldsymbol{\alpha}_1=(1,1,-1)^{\mathrm{T}},\boldsymbol{\alpha}_2=(1,1,2)^{\mathrm{T}}$,求一个非零向量 $\boldsymbol{\alpha}_3$,使 $\boldsymbol{\alpha}_1,\boldsymbol{\alpha}_2,\boldsymbol{\alpha}_3$ 成为正交向量组.

解 显然 $\boldsymbol{\alpha}_1$ 与 $\boldsymbol{\alpha}_2$ 正交.只要求出 $\boldsymbol{\alpha}_3$,使 $\boldsymbol{\alpha}_3$ 与 $\boldsymbol{\alpha}_1$,$\boldsymbol{\alpha}_3$ 与 $\boldsymbol{\alpha}_2$ 都正交即可.

设 $\boldsymbol{\alpha}_3=(x_1,x_2,x_3)^{\mathrm{T}}$,由$\begin{cases}[\boldsymbol{\alpha}_1,\boldsymbol{\alpha}_3]=0,\\ [\boldsymbol{\alpha}_2,\boldsymbol{\alpha}_3]=0\end{cases}$可得$\begin{pmatrix}\boldsymbol{\alpha}_1^{\mathrm{T}}\\ \boldsymbol{\alpha}_2^{\mathrm{T}}\end{pmatrix}\begin{pmatrix}x_1\\ x_2\\ x_3\end{pmatrix}=\mathbf{0}$,即

$$\begin{pmatrix}1 & 1 & -1\\ 1 & 1 & 2\end{pmatrix}\begin{pmatrix}x_1\\ x_2\\ x_3\end{pmatrix}=\mathbf{0},$$

得方程组的基础解系$(-1,1,0)^{\mathrm{T}}$.取 $\boldsymbol{\alpha}_3=(-1,1,0)^{\mathrm{T}}$ 即可.

4. 施密特正交化方法

设向量组 $\boldsymbol{\alpha}_1,\boldsymbol{\alpha}_2,\cdots,\boldsymbol{\alpha}_m$ 线性无关,下面介绍如何从 $\boldsymbol{\alpha}_1,\boldsymbol{\alpha}_2,\cdots,\boldsymbol{\alpha}_m$ 的线性组合中构造与 $\boldsymbol{\alpha}_1,\boldsymbol{\alpha}_2,\cdots,\boldsymbol{\alpha}_m$ 等价的正交向量组 $\boldsymbol{\beta}_1,\boldsymbol{\beta}_2,\cdots,\boldsymbol{\beta}_m$.

定理 11 设向量组 $\boldsymbol{\alpha}_1,\boldsymbol{\alpha}_2,\cdots,\boldsymbol{\alpha}_m$ 线性无关.令

$$\boldsymbol{\beta}_1=\boldsymbol{\alpha}_1,$$

$$\boldsymbol{\beta}_2=\boldsymbol{\alpha}_2-\frac{[\boldsymbol{\alpha}_2,\boldsymbol{\beta}_1]}{[\boldsymbol{\beta}_1,\boldsymbol{\beta}_1]}\boldsymbol{\beta}_1,$$

$$\boldsymbol{\beta}_3=\boldsymbol{\alpha}_3-\frac{[\boldsymbol{\alpha}_3,\boldsymbol{\beta}_1]}{[\boldsymbol{\beta}_1,\boldsymbol{\beta}_1]}\boldsymbol{\beta}_1-\frac{[\boldsymbol{\alpha}_3,\boldsymbol{\beta}_2]}{[\boldsymbol{\beta}_2,\boldsymbol{\beta}_2]}\boldsymbol{\beta}_2,$$

$$\cdots$$

$$\boldsymbol{\beta}_m=\boldsymbol{\alpha}_m-\frac{[\boldsymbol{\alpha}_m,\boldsymbol{\beta}_1]}{[\boldsymbol{\beta}_1,\boldsymbol{\beta}_1]}\boldsymbol{\beta}_1-\frac{[\boldsymbol{\alpha}_m,\boldsymbol{\beta}_2]}{[\boldsymbol{\beta}_2,\boldsymbol{\beta}_2]}\boldsymbol{\beta}_2-\cdots-\frac{[\boldsymbol{\alpha}_m,\boldsymbol{\beta}_{m-1}]}{[\boldsymbol{\beta}_{m-1},\boldsymbol{\beta}_{m-1}]}\boldsymbol{\beta}_{m-1}, \tag{5.14}$$

则 $\boldsymbol{\beta}_1,\boldsymbol{\beta}_2,\cdots,\boldsymbol{\beta}_m$ 是正交向量组,且 $\boldsymbol{\beta}_1,\boldsymbol{\beta}_2,\cdots,\boldsymbol{\beta}_j$ 与 $\boldsymbol{\alpha}_1,\boldsymbol{\alpha}_2,\cdots,\boldsymbol{\alpha}_j(j=1,2,\cdots,m)$ 等价.上述过程称为施密特(Schmidt)正交化方法.

证 用数学归纳法证明. 令$\boldsymbol{\beta}_1=\boldsymbol{\alpha}_1$,取$\boldsymbol{\beta}_2=\boldsymbol{\alpha}_2+x_1\boldsymbol{\beta}_1$,由于$\boldsymbol{\beta}_1,\boldsymbol{\alpha}_2$线性无关,则$\boldsymbol{\beta}_2\neq\mathbf{0}$.要使$\boldsymbol{\beta}_1,\boldsymbol{\beta}_2$正交,即

$$[\boldsymbol{\beta}_2,\boldsymbol{\beta}_1]=[\boldsymbol{\alpha}_2,\boldsymbol{\beta}_1]+x_1[\boldsymbol{\beta}_1,\boldsymbol{\beta}_1]=0,$$

得$x_1=-\dfrac{[\boldsymbol{\alpha}_2,\boldsymbol{\beta}_1]}{[\boldsymbol{\beta}_1,\boldsymbol{\beta}_1]}$.所以

$$\boldsymbol{\beta}_2=\boldsymbol{\alpha}_2-\frac{[\boldsymbol{\alpha}_2,\boldsymbol{\beta}_1]}{[\boldsymbol{\beta}_1,\boldsymbol{\beta}_1]}\boldsymbol{\beta}_1.$$

此时$\boldsymbol{\beta}_1,\boldsymbol{\beta}_2$正交,且$\boldsymbol{\beta}_1,\boldsymbol{\beta}_2$与$\boldsymbol{\alpha}_1,\boldsymbol{\alpha}_2$等价.

假定已求出满足定理要求的正交向量组$\boldsymbol{\beta}_1,\boldsymbol{\beta}_2,\cdots,\boldsymbol{\beta}_s(s<m)$.由于$\boldsymbol{\alpha}_{s+1}$不能由$\boldsymbol{\beta}_1,\boldsymbol{\beta}_2,\cdots,\boldsymbol{\beta}_s$线性表示,取

$$\boldsymbol{\beta}_{s+1}=\boldsymbol{\alpha}_{s+1}+x_1\boldsymbol{\beta}_1+x_2\boldsymbol{\beta}_2+\cdots+x_s\boldsymbol{\beta}_s,$$

要使$\boldsymbol{\beta}_{s+1}$与$\boldsymbol{\beta}_1,\boldsymbol{\beta}_2,\cdots,\boldsymbol{\beta}_s$正交,有

$$\begin{gathered}[\boldsymbol{\beta}_{s+1},\boldsymbol{\beta}_1]=[\boldsymbol{\alpha}_{s+1},\boldsymbol{\beta}_1]+x_1[\boldsymbol{\beta}_1,\boldsymbol{\beta}_1]=0,\\ [\boldsymbol{\beta}_{s+1},\boldsymbol{\beta}_2]=[\boldsymbol{\alpha}_{s+1},\boldsymbol{\beta}_2]+x_2[\boldsymbol{\beta}_2,\boldsymbol{\beta}_2]=0,\\ \cdots\\ [\boldsymbol{\beta}_{s+1},\boldsymbol{\beta}_s]=[\boldsymbol{\alpha}_{s+1},\boldsymbol{\beta}_s]+x_s[\boldsymbol{\beta}_s,\boldsymbol{\beta}_s]=0,\end{gathered}$$

得

$$x_1=-\frac{[\boldsymbol{\alpha}_{s+1},\boldsymbol{\beta}_1]}{[\boldsymbol{\beta}_1,\boldsymbol{\beta}_1]},x_2=-\frac{[\boldsymbol{\alpha}_{s+1},\boldsymbol{\beta}_2]}{[\boldsymbol{\beta}_2,\boldsymbol{\beta}_2]},\cdots,x_s=-\frac{[\boldsymbol{\alpha}_{s+1},\boldsymbol{\beta}_s]}{[\boldsymbol{\beta}_s,\boldsymbol{\beta}_s]}.$$

所以

$$\boldsymbol{\beta}_{s+1}=\boldsymbol{\alpha}_{s+1}-\frac{[\boldsymbol{\alpha}_{s+1},\boldsymbol{\beta}_1]}{[\boldsymbol{\beta}_1,\boldsymbol{\beta}_1]}\boldsymbol{\beta}_1-\frac{[\boldsymbol{\alpha}_{s+1},\boldsymbol{\beta}_2]}{[\boldsymbol{\beta}_2,\boldsymbol{\beta}_2]}\boldsymbol{\beta}_2-\cdots-\frac{[\boldsymbol{\alpha}_{s+1},\boldsymbol{\beta}_s]}{[\boldsymbol{\beta}_s,\boldsymbol{\beta}_s]}\boldsymbol{\beta}_s,$$

此时$\boldsymbol{\beta}_1,\boldsymbol{\beta}_2,\cdots,\boldsymbol{\beta}_{s+1}$是正交向量组,且$\boldsymbol{\beta}_1,\boldsymbol{\beta}_2,\cdots,\boldsymbol{\beta}_{s+1}$与$\boldsymbol{\alpha}_1,\boldsymbol{\alpha}_2,\cdots,\boldsymbol{\alpha}_{s+1}$等价.

由数学归纳法得正交向量组$\boldsymbol{\beta}_1,\boldsymbol{\beta}_2,\cdots,\boldsymbol{\beta}_m$,且$\boldsymbol{\beta}_1,\boldsymbol{\beta}_2,\cdots,\boldsymbol{\beta}_m$与$\boldsymbol{\alpha}_1,\boldsymbol{\alpha}_2,\cdots,\boldsymbol{\alpha}_m$等价.

进一步,将(5.14)式的正交向量组$\boldsymbol{\beta}_1,\boldsymbol{\beta}_2,\cdots,\boldsymbol{\beta}_m$单位化,得

$$\boldsymbol{\eta}_j=\frac{1}{\|\boldsymbol{\beta}_j\|}\boldsymbol{\beta}_j,\quad j=1,2,\cdots,m, \tag{5.15}$$

则(5.15)是规范正交向量组,且$\boldsymbol{\eta}_1,\boldsymbol{\eta}_2,\cdots,\boldsymbol{\eta}_m$与$\boldsymbol{\alpha}_1,\boldsymbol{\alpha}_2,\cdots,\boldsymbol{\alpha}_m$等价.

例 13 用施密特正交化方法将向量组

$$\boldsymbol{\alpha}_1=(1,1,1)^{\mathrm{T}},\quad \boldsymbol{\alpha}_2=(1,2,3)^{\mathrm{T}},\quad \boldsymbol{\alpha}_3=(1,4,9)^{\mathrm{T}}$$

化为规范正交向量组.

解 先将向量组正交化.取

$$\boldsymbol{\beta}_1=\boldsymbol{\alpha}_1=\begin{pmatrix}1\\1\\1\end{pmatrix},$$

$$\boldsymbol{\beta}_2=\boldsymbol{\alpha}_2-\frac{[\boldsymbol{\alpha}_2,\boldsymbol{\beta}_1]}{[\boldsymbol{\beta}_1,\boldsymbol{\beta}_1]}\boldsymbol{\beta}_1=\begin{pmatrix}1\\2\\3\end{pmatrix}-\frac{6}{3}\begin{pmatrix}1\\1\\1\end{pmatrix}=\begin{pmatrix}-1\\0\\1\end{pmatrix},$$

$$\boldsymbol{\beta}_3=\boldsymbol{\alpha}_3-\frac{[\boldsymbol{\alpha}_3,\boldsymbol{\beta}_1]}{[\boldsymbol{\beta}_1,\boldsymbol{\beta}_1]}\boldsymbol{\beta}_1-\frac{[\boldsymbol{\alpha}_3,\boldsymbol{\beta}_2]}{[\boldsymbol{\beta}_2,\boldsymbol{\beta}_2]}\boldsymbol{\beta}_2=\begin{pmatrix}1\\4\\9\end{pmatrix}-\frac{14}{3}\begin{pmatrix}1\\1\\1\end{pmatrix}-\frac{8}{2}\begin{pmatrix}-1\\0\\1\end{pmatrix}=\frac{1}{3}\begin{pmatrix}1\\-2\\1\end{pmatrix},$$

再将 $\boldsymbol{\beta}_1,\boldsymbol{\beta}_2,\boldsymbol{\beta}_3$ 单位化,得规范正交向量组:

$$\boldsymbol{\eta}_1=\frac{1}{\|\boldsymbol{\beta}_1\|}\boldsymbol{\beta}_1=\frac{1}{\sqrt{3}}\begin{pmatrix}1\\1\\1\end{pmatrix},\ \boldsymbol{\eta}_2=\frac{1}{\|\boldsymbol{\beta}_2\|}\boldsymbol{\beta}_2=\frac{1}{\sqrt{2}}\begin{pmatrix}-1\\0\\1\end{pmatrix},\ \boldsymbol{\eta}_3=\frac{1}{\|\boldsymbol{\beta}_3\|}\boldsymbol{\beta}_3=\frac{1}{\sqrt{6}}\begin{pmatrix}1\\-2\\1\end{pmatrix}.$$

5. 正交矩阵

定义 8 设 $\boldsymbol{A}$ 为 n 阶矩阵,如果 $\boldsymbol{A}\boldsymbol{A}^{\mathrm{T}}=\boldsymbol{E}$,那么称 $\boldsymbol{A}$ 为正交矩阵.

显然,若 $\boldsymbol{A}$ 为正交矩阵,则 $\boldsymbol{A}^{-1}=\boldsymbol{A}^{\mathrm{T}}$.

定理 12 $\boldsymbol{A}$ 为正交矩阵的充要条件是 $\boldsymbol{A}$ 的列(或行)向量组是规范正交向量组.

证 设 $\boldsymbol{A}=(\boldsymbol{\alpha}_1,\boldsymbol{\alpha}_2,\cdots,\boldsymbol{\alpha}_n)$.$\boldsymbol{A}$ 是正交矩阵等价于 $\boldsymbol{A}^{\mathrm{T}}\boldsymbol{A}=\boldsymbol{E}$,即

$$\boldsymbol{A}^{\mathrm{T}}\boldsymbol{A}=\begin{pmatrix}\boldsymbol{\alpha}_1^{\mathrm{T}}\\\boldsymbol{\alpha}_2^{\mathrm{T}}\\\vdots\\\boldsymbol{\alpha}_n^{\mathrm{T}}\end{pmatrix}(\boldsymbol{\alpha}_1,\boldsymbol{\alpha}_2,\cdots,\boldsymbol{\alpha}_n)=\begin{pmatrix}\boldsymbol{\alpha}_1^{\mathrm{T}}\boldsymbol{\alpha}_1&\boldsymbol{\alpha}_1^{\mathrm{T}}\boldsymbol{\alpha}_2&\cdots&\boldsymbol{\alpha}_1^{\mathrm{T}}\boldsymbol{\alpha}_n\\\boldsymbol{\alpha}_2^{\mathrm{T}}\boldsymbol{\alpha}_1&\boldsymbol{\alpha}_2^{\mathrm{T}}\boldsymbol{\alpha}_2&\cdots&\boldsymbol{\alpha}_2^{\mathrm{T}}\boldsymbol{\alpha}_n\\\vdots&\vdots&&\vdots\\\boldsymbol{\alpha}_n^{\mathrm{T}}\boldsymbol{\alpha}_1&\boldsymbol{\alpha}_n^{\mathrm{T}}\boldsymbol{\alpha}_2&\cdots&\boldsymbol{\alpha}_n^{\mathrm{T}}\boldsymbol{\alpha}_n\end{pmatrix}=\boldsymbol{E}.$$

有

$$[\boldsymbol{\alpha}_i,\boldsymbol{\alpha}_j]=\boldsymbol{\alpha}_i^{\mathrm{T}}\boldsymbol{\alpha}_j=\begin{cases}1, & i=j,\\0, & i\neq j,\end{cases}\quad i,j=1,2,\cdots,n,$$

所以 $\boldsymbol{\alpha}_1,\boldsymbol{\alpha}_2,\cdots,\boldsymbol{\alpha}_n$ 是规范正交向量组.

正交矩阵具有以下性质(其中 $\boldsymbol{A},\boldsymbol{B}$ 为正交矩阵):

(1) $|\boldsymbol{A}|=1$ 或 -1;

(2) $\boldsymbol{A}^{-1},\boldsymbol{A}^{\mathrm{T}},\boldsymbol{A}\boldsymbol{B}$ 也是正交矩阵.

二、实对称矩阵特征值与特征向量的性质

一个实矩阵具备什么条件才可相似对角化?这是一个比较复杂的问题.本节仅对实对称矩阵的情况进行讨论,实对称矩阵具有一般矩阵所没有的特殊性质.

性质 1 实对称矩阵的特征值为实数.

证 设 $\boldsymbol{A}$ 是实对称矩阵,$\boldsymbol{\xi}$ 是 $\boldsymbol{A}$ 的属于 λ 的特征向量,有 $\boldsymbol{A}\boldsymbol{\xi}=\lambda\boldsymbol{\xi}$,则 $\overline{\boldsymbol{A}\boldsymbol{\xi}}=\overline{\lambda\boldsymbol{\xi}}$.从而 $\boldsymbol{A}\overline{\boldsymbol{\xi}}=\overline{\lambda}\,\overline{\boldsymbol{\xi}}$.两边转置,得 $\overline{\boldsymbol{\xi}}^{\mathrm{T}}\boldsymbol{A}=\overline{\lambda}\,\overline{\boldsymbol{\xi}}^{\mathrm{T}}$.两边右乘 $\boldsymbol{\xi}$,得 $\overline{\boldsymbol{\xi}}^{\mathrm{T}}\boldsymbol{A}\boldsymbol{\xi}=\overline{\lambda}\,\overline{\boldsymbol{\xi}}^{\mathrm{T}}\boldsymbol{\xi}$,即

$$(\lambda-\overline{\lambda})\overline{\boldsymbol{\xi}}^{\mathrm{T}}\boldsymbol{\xi}=0.$$

因为 $\boldsymbol{\xi}$ 是非零向量,所以 $\lambda=\overline{\lambda}$,即 λ 是实数.

注 由于实对称矩阵 $\boldsymbol{A}$ 的特征值 λ 为实数,故特征方程组 $(\boldsymbol{A}-\lambda\boldsymbol{E})\boldsymbol{X}=\boldsymbol{0}$ 是实系数线性方程组,所以实对称矩阵 $\boldsymbol{A}$ 的特征向量可取为实向量.

性质 2 实对称矩阵属于不同特征值的特征向量相互正交.

证 设 λ_1,λ_2 是实对称矩阵 $\boldsymbol{A}$ 的不同特征值,$\boldsymbol{\xi}_1,\boldsymbol{\xi}_2$ 分别是属于特征值 λ_1,λ_2 的特征向量,有 $\boldsymbol{A\xi}_1=\lambda_1\boldsymbol{\xi}_1,\boldsymbol{A\xi}_2=\lambda_2\boldsymbol{\xi}_2$. 因 $\boldsymbol{A}$ 为实对称矩阵,有

$$\lambda_1\boldsymbol{\xi}_1^{\mathrm{T}}\boldsymbol{\xi}_2=(\lambda_1\boldsymbol{\xi}_1)^{\mathrm{T}}\boldsymbol{\xi}_2=(\boldsymbol{A\xi}_1)^{\mathrm{T}}\boldsymbol{\xi}_2=\boldsymbol{\xi}_1^{\mathrm{T}}\boldsymbol{A}^{\mathrm{T}}\boldsymbol{\xi}_2=\boldsymbol{\xi}_1^{\mathrm{T}}(\boldsymbol{A\xi}_2)=\boldsymbol{\xi}_1^{\mathrm{T}}(\lambda_2\boldsymbol{\xi}_2)=\lambda_2\boldsymbol{\xi}_1^{\mathrm{T}}\boldsymbol{\xi}_2,$$

移项得 $(\lambda_1-\lambda_2)\boldsymbol{\xi}_1^{\mathrm{T}}\boldsymbol{\xi}_2=0$.因为 $\lambda_1\neq\lambda_2$,所以 $\boldsymbol{\xi}_1^{\mathrm{T}}\boldsymbol{\xi}_2=0$,即 $\boldsymbol{\xi}_1$ 与 $\boldsymbol{\xi}_2$ 正交.

定理 13 设 $\boldsymbol{A}$ 为 n 阶实对称矩阵,λ_0 是 $\boldsymbol{A}$ 的 r 重特征值,则 $\boldsymbol{A}$ 的属于特征值 λ_0 的线性无关的特征向量恰有 r 个,即 $R(\boldsymbol{A}-\lambda_0\boldsymbol{E})=n-r$.

定理不予证明.

三、实对称矩阵的对角化

定理 14 设 $\boldsymbol{A}$ 为 n 阶实对称矩阵,则存在 n 阶正交矩阵 $\boldsymbol{Q}$,使

$$\boldsymbol{Q}^{-1}\boldsymbol{AQ}=\boldsymbol{Q}^{\mathrm{T}}\boldsymbol{AQ}=\boldsymbol{\Lambda}=\mathrm{diag}(\lambda_1,\lambda_2,\cdots,\lambda_n),$$

其中 $\lambda_1,\lambda_2,\cdots,\lambda_n$ 为 $\boldsymbol{A}$ 的特征值.

证 设 $\lambda_1,\lambda_2,\cdots,\lambda_s$ 为 $\boldsymbol{A}$ 的互不相等的特征值,它们的重数依次为 $r_1,r_2,\cdots,r_s$ $(r_1+r_2+\cdots+r_s=n)$.根据定理 13,属于特征值 $\lambda_i(i=1,2,\cdots,s)$ 的线性无关的特征向量恰有 r_i 个,把它们正交化并单位化,即得 r_i 个属于特征值 λ_i 的正交的单位特征向量.由 $r_1+r_2+\cdots+r_s=n$ 知,这样的特征向量共有 n 个.由性质 2 知,这 n 个单位特征向量两两正交,以它们为列向量构成正交矩阵 $\boldsymbol{Q}$,有 $\boldsymbol{Q}^{-1}\boldsymbol{AQ}=\boldsymbol{Q}^{\mathrm{T}}\boldsymbol{AQ}=\boldsymbol{\Lambda}$,其中对角矩阵 $\boldsymbol{\Lambda}$ 的主对角线上的元素含 r_1 个 λ_1,r_2 个 λ_2……r_s 个 λ_s,恰是 $\boldsymbol{A}$ 的 n 个特征值.

注 定理 14 的证明过程,给出了对于实对称矩阵 $\boldsymbol{A}$ 如何求正交矩阵 $\boldsymbol{Q}$,使

$$\boldsymbol{Q}^{-1}\boldsymbol{AQ}=\boldsymbol{Q}^{\mathrm{T}}\boldsymbol{AQ}=\boldsymbol{\Lambda}$$

为对角矩阵的具体方法.具体步骤如下:

(1) 求 $\boldsymbol{A}$ 的 n 个特征值:由 $\boldsymbol{A}$ 的特征多项式 $f(\lambda)=|\boldsymbol{A}-\lambda\boldsymbol{E}|$,得 $\boldsymbol{A}$ 的 s 个互异的特征值 $\lambda_1,\lambda_2,\cdots,\lambda_s$,它们的重数分别为 $r_1,r_2,\cdots,r_s$,且 $r_1+r_2+\cdots+r_s=n$.

(2) 求 $\boldsymbol{A}$ 的 n 个两两正交且单位化的特征向量:对 $\boldsymbol{A}$ 的特征值 λ_i,解方程组 $(\boldsymbol{A}-\lambda_i\boldsymbol{E})\boldsymbol{X}=\boldsymbol{0}$,其基础解系 $\boldsymbol{\xi}_{i1},\boldsymbol{\xi}_{i2},\cdots,\boldsymbol{\xi}_{ir_i}$ 为矩阵 $\boldsymbol{A}$ 的属于特征值 λ_i 的 r_i 个线性无关的特征向量;用施密特正交化方法将 $\boldsymbol{\xi}_{i1},\boldsymbol{\xi}_{i2},\cdots,\boldsymbol{\xi}_{ir_i}$ 正交化,再单位化,得到一组正交的单位向量组 $\boldsymbol{\eta}_{i1},\boldsymbol{\eta}_{i2},\cdots,\boldsymbol{\eta}_{ir_i}$,它们是矩阵 $\boldsymbol{A}$ 的属于特征值 λ_i 的 r_i 个正交的单位特征向量;从而得到矩阵 $\boldsymbol{A}$ 的 n 个两两正交且单位化的特征向量

$$\boldsymbol{\eta}_{11},\cdots,\boldsymbol{\eta}_{1r_1},\boldsymbol{\eta}_{21},\cdots,\boldsymbol{\eta}_{2r_2},\cdots,\boldsymbol{\eta}_{s1},\cdots,\boldsymbol{\eta}_{sr_s}.$$

(3) 令 $\boldsymbol{Q}=(\boldsymbol{\eta}_{11},\cdots,\boldsymbol{\eta}_{1r_1},\boldsymbol{\eta}_{21},\cdots,\boldsymbol{\eta}_{2r_2},\cdots,\boldsymbol{\eta}_{s1},\cdots,\boldsymbol{\eta}_{sr_s})$,则 $\boldsymbol{Q}$ 为正交矩阵,且

$$\boldsymbol{Q}^{-1}\boldsymbol{AQ}=\boldsymbol{Q}^{\mathrm{T}}\boldsymbol{AQ}=\boldsymbol{\Lambda}=\mathrm{diag}(\underbrace{\lambda_1,\cdots,\lambda_1}_{r_1\text{个}},\underbrace{\lambda_2,\cdots,\lambda_2}_{r_2\text{个}},\cdots,\underbrace{\lambda_s,\cdots,\lambda_s}_{r_s\text{个}}),$$

其中正交矩阵 $\boldsymbol{Q}$ 与 $\boldsymbol{\Lambda}$ 是相互对应的,即 $\boldsymbol{Q}$ 的第 j 列(即 $\boldsymbol{A}$ 的特征向量)对应的特征值 λ_j 应位于对角矩阵 $\boldsymbol{\Lambda}$ 的第 j 行第 j 列,$j=1,2,\cdots,n$.

例 14 设 $\boldsymbol{A}=\begin{pmatrix}0&1&-1\\1&0&-1\\-1&-1&0\end{pmatrix}$,求一个正交矩阵 $\boldsymbol{Q}$,使 $\boldsymbol{Q}^{-1}\boldsymbol{AQ}=\boldsymbol{\Lambda}$ 为对角矩阵.

解 $\boldsymbol{A}$ 的特征多项式

$$|\boldsymbol{A}-\lambda\boldsymbol{E}|=\begin{vmatrix}-\lambda & 1 & -1\\ 1 & -\lambda & -1\\ -1 & -1 & -\lambda\end{vmatrix}=(1+\lambda)^2(2-\lambda),$$

所以 $\boldsymbol{A}$ 的特征值为 $\lambda_{1,2}=-1,\lambda_3=2$.

当 $\lambda_{1,2}=-1$ 时,解齐次线性方程组 $(\boldsymbol{A}+\boldsymbol{E})\boldsymbol{X}=\boldsymbol{0}$. 由

$$\boldsymbol{A}+\boldsymbol{E}=\begin{pmatrix}1 & 1 & -1\\ 1 & 1 & -1\\ -1 & -1 & 1\end{pmatrix}\xrightarrow{r}\begin{pmatrix}1 & 1 & -1\\ 0 & 0 & 0\\ 0 & 0 & 0\end{pmatrix},$$

得基础解系 $\boldsymbol{\xi}_1=(-1,1,0)^{\mathrm{T}},\boldsymbol{\xi}_2=(1,0,1)^{\mathrm{T}}$. 将 $\boldsymbol{\xi}_1,\boldsymbol{\xi}_2$ 正交化,得

$$\boldsymbol{\alpha}_1=\boldsymbol{\xi}_1,\ \boldsymbol{\alpha}_2=\boldsymbol{\xi}_2-\frac{[\boldsymbol{\xi}_2,\boldsymbol{\alpha}_1]}{[\boldsymbol{\alpha}_1,\boldsymbol{\alpha}_1]}\boldsymbol{\alpha}_1=\begin{pmatrix}1\\0\\1\end{pmatrix}-\frac{-1}{2}\begin{pmatrix}-1\\1\\0\end{pmatrix}=\frac{1}{2}\begin{pmatrix}1\\1\\2\end{pmatrix},$$

再将 $\boldsymbol{\alpha}_1,\boldsymbol{\alpha}_2$ 单位化,得

$$\boldsymbol{\eta}_1=\frac{1}{\|\boldsymbol{\alpha}_1\|}\boldsymbol{\alpha}_1=\frac{1}{\sqrt{2}}\begin{pmatrix}-1\\1\\0\end{pmatrix},\ \boldsymbol{\eta}_2=\frac{1}{\|\boldsymbol{\alpha}_2\|}\boldsymbol{\alpha}_2=\frac{1}{\sqrt{6}}\begin{pmatrix}1\\1\\2\end{pmatrix}.$$

当 $\lambda_3=2$ 时,解齐次线性方程组 $(\boldsymbol{A}-2\boldsymbol{E})\boldsymbol{X}=\boldsymbol{0}$.由

$$\boldsymbol{A}-2\boldsymbol{E}=\begin{pmatrix}-2 & 1 & -1\\ 1 & -2 & -1\\ -1 & -1 & -2\end{pmatrix}\xrightarrow{r}\begin{pmatrix}1 & 0 & 1\\ 0 & 1 & 1\\ 0 & 0 & 0\end{pmatrix},$$

得基础解系 $\boldsymbol{\xi}_3=(-1,-1,1)^{\mathrm{T}}$.单位化得

$$\boldsymbol{\eta}_3=\frac{1}{\|\boldsymbol{\xi}_3\|}\boldsymbol{\xi}_3=\frac{1}{\sqrt{3}}\begin{pmatrix}-1\\-1\\1\end{pmatrix}.$$

令

$$\boldsymbol{Q}=(\boldsymbol{\eta}_1,\boldsymbol{\eta}_2,\boldsymbol{\eta}_3)=\begin{pmatrix}-\frac{1}{\sqrt{2}} & \frac{1}{\sqrt{6}} & -\frac{1}{\sqrt{3}}\\ \frac{1}{\sqrt{2}} & \frac{1}{\sqrt{6}} & -\frac{1}{\sqrt{3}}\\ 0 & \frac{2}{\sqrt{6}} & \frac{1}{\sqrt{3}}\end{pmatrix},$$

则 $\boldsymbol{Q}$ 为正交矩阵,且

$$\boldsymbol{Q}^{-1}\boldsymbol{A}\boldsymbol{Q}=\boldsymbol{Q}^{\mathrm{T}}\boldsymbol{A}\boldsymbol{Q}=\begin{pmatrix}-1 & 0 & 0\\ 0 & -1 & 0\\ 0 & 0 & 2\end{pmatrix}.$$

例 15 设三阶实对称矩阵 $\boldsymbol{A}$ 的特征值为 2,4,4,属于特征值 2 的特征向量为 $\boldsymbol{\xi}_1=$

$(0,1,-1)^{T}$.

(1) 求 $\boldsymbol{A}$ 的属于特征值 4 的特征向量； (2) 求 $\boldsymbol{A}$.

解 (1) 设 $\boldsymbol{A}$ 的属于特征值 4 的特征向量为 $\boldsymbol{X}=(x_1,x_2,x_3)^{T}$,则 $\boldsymbol{X}$ 与 $\boldsymbol{\xi}_1$ 正交，有

$$[\boldsymbol{X},\boldsymbol{\xi}_1]=x_2-x_3=0,$$

得基础解系

$$\boldsymbol{\xi}_2=(1,0,0)^{T},\ \boldsymbol{\xi}_3=(0,1,1)^{T}.$$

所以 $\boldsymbol{\xi}_2,\boldsymbol{\xi}_3$ 为 $\boldsymbol{A}$ 的属于特征值 4 的线性无关的特征向量,全部特征向量为 $k_1\boldsymbol{\xi}_2+k_2\boldsymbol{\xi}_3$($k_1$, k_2 不全为零).

(2) 方法一 $\boldsymbol{A}$ 为实对称矩阵,则 $\boldsymbol{A}$ 可相似对角化.令

$$\boldsymbol{P}=(\boldsymbol{\xi}_1,\boldsymbol{\xi}_2,\boldsymbol{\xi}_3)=\begin{pmatrix}0&1&0\\1&0&1\\-1&0&1\end{pmatrix},$$

则

$$\boldsymbol{P}^{-1}\boldsymbol{A}\boldsymbol{P}=\boldsymbol{\Lambda}=\begin{pmatrix}2&0&0\\0&4&0\\0&0&4\end{pmatrix},$$

所以 $\boldsymbol{A}=\boldsymbol{P}\boldsymbol{\Lambda}\boldsymbol{P}^{-1}$.又

$$\boldsymbol{P}^{-1}=\begin{pmatrix}0&\frac{1}{2}&-\frac{1}{2}\\1&0&0\\0&\frac{1}{2}&\frac{1}{2}\end{pmatrix},$$

所以

$$\boldsymbol{A}=\boldsymbol{P}\boldsymbol{\Lambda}\boldsymbol{P}^{-1}=\begin{pmatrix}0&1&0\\1&0&1\\-1&0&1\end{pmatrix}\begin{pmatrix}2&0&0\\0&4&0\\0&0&4\end{pmatrix}\begin{pmatrix}0&\frac{1}{2}&-\frac{1}{2}\\1&0&0\\0&\frac{1}{2}&\frac{1}{2}\end{pmatrix}=\begin{pmatrix}4&0&0\\0&3&1\\0&1&3\end{pmatrix}.$$

方法二 由于 $\boldsymbol{\xi}_2$ 与 $\boldsymbol{\xi}_3$ 正交,从而 $\boldsymbol{\xi}_1,\boldsymbol{\xi}_2,\boldsymbol{\xi}_3$ 为正交特征向量.将 $\boldsymbol{\xi}_1,\boldsymbol{\xi}_2,\boldsymbol{\xi}_3$ 单位化,得

$$\boldsymbol{\eta}_1=\left(0,\frac{1}{\sqrt{2}},-\frac{1}{\sqrt{2}}\right)^{T},\ \boldsymbol{\eta}_2=(1,0,0)^{T},\ \boldsymbol{\eta}_3=\left(0,\frac{1}{\sqrt{2}},\frac{1}{\sqrt{2}}\right)^{T}.$$

令正交矩阵

$$\boldsymbol{Q}=(\boldsymbol{\eta}_1,\boldsymbol{\eta}_2,\boldsymbol{\eta}_3)=\begin{pmatrix}0&1&0\\\frac{1}{\sqrt{2}}&0&\frac{1}{\sqrt{2}}\\-\frac{1}{\sqrt{2}}&0&\frac{1}{\sqrt{2}}\end{pmatrix},$$

则

$$\boldsymbol{Q}^{-1}\boldsymbol{A}\boldsymbol{Q}=\boldsymbol{Q}^{\mathrm{T}}\boldsymbol{A}\boldsymbol{Q}=\boldsymbol{\Lambda}=\begin{pmatrix}2&0&0\\0&4&0\\0&0&4\end{pmatrix}.$$

所以

$$\boldsymbol{A}=\boldsymbol{Q}\boldsymbol{\Lambda}\boldsymbol{Q}^{\mathrm{T}}=\begin{pmatrix}0&1&0\\\frac{1}{\sqrt{2}}&0&\frac{1}{\sqrt{2}}\\-\frac{1}{\sqrt{2}}&0&\frac{1}{\sqrt{2}}\end{pmatrix}\begin{pmatrix}2&0&0\\0&4&0\\0&0&4\end{pmatrix}\begin{pmatrix}0&\frac{1}{\sqrt{2}}&-\frac{1}{\sqrt{2}}\\1&0&0\\0&\frac{1}{\sqrt{2}}&\frac{1}{\sqrt{2}}\end{pmatrix}=\begin{pmatrix}4&0&0\\0&3&1\\0&1&3\end{pmatrix}.$$

思考题三

1. 设 $\boldsymbol{A}$,$\boldsymbol{B}$ 都是 n 阶实对称矩阵,且 $\boldsymbol{A}$ 与 $\boldsymbol{B}$ 有相同特征多项式,问 $\boldsymbol{A}$ 与 $\boldsymbol{B}$ 必相似吗?
2. 实对称矩阵一定可对角化,问和对角矩阵相似的矩阵一定是实对称矩阵吗?

第四节 应用举例

一、引例解答

本例实质上是马尔可夫链的应用.状态向量 $\boldsymbol{X}^{(n)}=(x_1^{(n)},x_2^{(n)},x_3^{(n)})^{\mathrm{T}}$表示第 n 代植物的基因分布,其中 $x_1^{(n)},x_2^{(n)},x_3^{(n)}$ 分别表示第 n 代植物中,基因型为 AA,Aa 和 aa 的植物占植物总数的比例.

第 n 代的分布与第 $n-1$ 代的分布之间的关系由表 5-1 确定.

表 5-1 双亲基因型的结合表

后代基因型	父体-母体的基因型		
	AA-AA	AA-Aa	AA-aa
AA	1	$\frac{1}{2}$	0
Aa	0	$\frac{1}{2}$	1
aa	0	0	0

由表 5-1 知，转移矩阵

$$P=\begin{pmatrix}1 & 0.5 & 0\\0 & 0.5 & 1\\0 & 0 & 0\end{pmatrix},$$

得 $\boldsymbol{X}^{(n)}=\boldsymbol{P}^n\boldsymbol{X}^{(0)}$，其中 $\boldsymbol{X}^{(0)}$ 为初始分布.

下面利用矩阵的相似对角化计算 $\boldsymbol{P}^n$，从而得到 $\boldsymbol{X}^{(n)}$.

显然 $\boldsymbol{P}$ 的特征值 $\lambda_1=1,\lambda_2=0.5,\lambda_3=0$，对应的特征向量分别为

$$\boldsymbol{\xi}_1=(1,0,0)^{\mathrm{T}},\quad \boldsymbol{\xi}_2=(1,-1,0)^{\mathrm{T}},\quad \boldsymbol{\xi}_3=(1,-2,1)^{\mathrm{T}}.$$

令相似矩阵 $\boldsymbol{Q}=(\boldsymbol{\xi}_1,\boldsymbol{\xi}_2,\boldsymbol{\xi}_3)$，则 $\boldsymbol{Q}^{-1}\boldsymbol{PQ}=\boldsymbol{\Lambda}=\mathrm{diag}(1,0.5,0)$. 又 $\boldsymbol{Q}^{-1}=\boldsymbol{Q}$，有

$$\boldsymbol{P}^n=\boldsymbol{Q}\boldsymbol{\Lambda}^n\boldsymbol{Q}^{-1}=\begin{pmatrix}1 & 1-0.5^n & 1-0.5^{n-1}\\0 & 0.5^n & 0.5^{n-1}\\0 & 0 & 0\end{pmatrix}.$$

由 $\boldsymbol{X}^{(n)}=\boldsymbol{P}^n\boldsymbol{X}^{(0)}$，得第 n 代植物的基因分布

$$\begin{cases}x_1^{(n)}=1-0.5^n x_2^{(0)}-0.5^{n-1}x_3^{(0)},\\x_2^{(n)}=0.5^n x_2^{(0)}+0.5^{n-1}x_3^{(0)},\\x_3^{(n)}=0.\end{cases}$$

二、再论马尔可夫链

设 $\boldsymbol{X}^{(n)}$ 为马尔可夫链的状态向量，若

$$\lim_{n\to\infty}\boldsymbol{X}^{(n)}=\boldsymbol{q},$$

则称向量 $\boldsymbol{q}$ 为马尔可夫链的稳态向量. 马尔可夫链的转移矩阵为 $\boldsymbol{P}$，则稳态向量满足 $\boldsymbol{Pq}=\boldsymbol{q}$，即 $\lambda=1$ 为 $\boldsymbol{P}$ 的特征值，$\boldsymbol{q}$ 为 $\boldsymbol{P}$ 的属于特征值 $\lambda=1$ 的特征向量. 马尔可夫链在什么条件下存在稳态向量呢？有下面的定理.

定理 15　若 $\lambda=1$ 为马尔可夫链的转移矩阵 $\boldsymbol{P}$ 的主特征值①，则马尔可夫链必收敛于稳态向量.

定理 16　正则马尔可夫链②必收敛于稳态向量.

例 16　求随机矩阵 $\boldsymbol{P}=\begin{pmatrix}1 & 0.5 & 0\\0 & 0.5 & 1\\0 & 0 & 0\end{pmatrix}$ 的稳态向量 $\boldsymbol{q}$.

解　由引例知，$\lambda=1$ 为 $\boldsymbol{P}$ 的主特征值. 由 $\boldsymbol{PX}=\boldsymbol{X}$ 得 $(\boldsymbol{E}-\boldsymbol{P})\boldsymbol{X}=\boldsymbol{0}$. 又

---

① 若 λ_1 为 $\boldsymbol{A}$ 的特征值，且 $\boldsymbol{A}$ 的其他特征值

$$|\lambda_j|<|\lambda_1|,\quad j=2,3,\cdots,n,$$

则称 λ_1 为 $\boldsymbol{A}$ 的主特征值.

② 设马尔可夫链的转移矩阵为 $\boldsymbol{P}$，若存在正整数 k，使矩阵 $\boldsymbol{P}^k$ 的元素全为正，则称此马尔可夫链为正则马尔可夫链. 此时称 $\boldsymbol{P}$ 为正则矩阵.

$$E-P=\begin{pmatrix}0&-0.5&0\\0&0.5&-1\\0&0&1\end{pmatrix}\xrightarrow{r}\begin{pmatrix}0&1&0\\0&0&1\\0&0&0\end{pmatrix},$$

得方程组的通解为

$$X=c(1,0,0)^{\mathrm{T}},$$

其中 c 为任意常数.取 $c=1$,得所求的 $q=(1,0,0)^{\mathrm{T}}$,即当 $n\to\infty$ 时,培育的植物都是 AA 型.

例 17 求第四章例 18(汽车租赁)的稳态向量 q.

解 显然 P 为正则矩阵.由

$$E-P=\begin{pmatrix}0.2&-0.3&-0.2\\-0.1&0.8&-0.6\\-0.1&-0.5&0.8\end{pmatrix}\xrightarrow{r}\begin{pmatrix}1&0&-\frac{34}{13}\\0&1&-\frac{14}{13}\\0&0&0\end{pmatrix},$$

得方程组的通解为

$$X=c(34,14,13)^{\mathrm{T}},$$

其中 c 为任意常数.取 $c=\frac{1}{61}$,得

$$q=\left(\frac{34}{61},\frac{14}{61},\frac{13}{61}\right)^{\mathrm{T}}.$$

三、环境保护与工业发展

为了定量分析工业发展与环境污染的关系,某地区提出如下增长模型:以四年为一个周期,令 x_k 和 y_k 为第 k 个周期后的污染损耗和工业产值,则此增长模型为

$$\begin{cases}x_k=\frac{8}{3}x_{k-1}-\frac{1}{3}y_{k-1},\\y_k=-\frac{2}{3}x_{k-1}+\frac{7}{3}y_{k-1},\end{cases}\quad k=1,2,\cdots.\tag{5.16}$$

如果目前的污染损耗为 11 亿元,工业产值为 19 亿元,试分析该地区的发展模式.

令

$$\alpha_k=\begin{pmatrix}x_k\\y_k\end{pmatrix},\ A=\frac{1}{3}\begin{pmatrix}8&-1\\-2&7\end{pmatrix},\ \alpha_0=\begin{pmatrix}11\\19\end{pmatrix},$$

由(5.16)得

$$\alpha_k=A\alpha_{k-1},$$

有

$$\alpha_k=A^k\alpha_0.$$

$\boldsymbol{A}$ 的特征值为 $\lambda_1=2,\lambda_2=3$，对应的特征向量分别为 $\boldsymbol{\xi}_1=(1,2)^{\mathrm{T}},\boldsymbol{\xi}_2=(1,-1)^{\mathrm{T}}$. 由

$$\boldsymbol{\alpha}_0=10\boldsymbol{\xi}_1+\boldsymbol{\xi}_2$$

得

$$\boldsymbol{\alpha}_k=\boldsymbol{A}^k\boldsymbol{\alpha}_0=10\boldsymbol{A}^k\boldsymbol{\xi}_1+\boldsymbol{A}^k\boldsymbol{\xi}_2=10\lambda_1^k\boldsymbol{\xi}_1+\lambda_2^k\boldsymbol{\xi}_2=10\cdot2^k\boldsymbol{\xi}_1+3^k\boldsymbol{\xi}_2=\begin{pmatrix}10\cdot2^k+3^k\\20\cdot2^k-3^k\end{pmatrix}.$$

当 $k=4$ 时，污染损耗 $x_4=241$ 亿元，工业产值 $y_4=239$ 亿元，经济出现负增长.所以该地区在第 3 个增长周期后要改变现在的发展模式，采用新的增长模型.

习 题 五

(A)

1. 求下列矩阵的特征值和特征向量：

(1) $\begin{pmatrix}2&1\\4&5\end{pmatrix}$；　(2) $\begin{pmatrix}3&-4&0\\1&-1&0\\1&0&2\end{pmatrix}$；　(3) $\begin{pmatrix}1&-3&3\\3&-5&3\\6&-6&4\end{pmatrix}$；

(4) $\begin{pmatrix}1&-3&4\\4&-7&8\\6&-7&7\end{pmatrix}$；　(5) $\begin{pmatrix}2&-2&0\\-2&1&-2\\0&-2&0\end{pmatrix}$；　(6) $\begin{pmatrix}-1&0&0\\1&-1&-1\\-3&0&2\end{pmatrix}$.

2. 已知矩阵 $\begin{pmatrix}1&-3&3\\3&-5&3\\6&-6&a\end{pmatrix}$ 的特征值为 $\lambda_{1,2}=-2,\lambda_3=4$，求 a 的值.

3. 已知矩阵 $\boldsymbol{A}=\begin{pmatrix}7&4&x\\4&7&-1\\-4&-4&4\end{pmatrix}$ 的特征值为 $\lambda_{1,2}=3,\lambda_3=12$，求 x 的值.

4. 已知三阶方阵 $\boldsymbol{A}$ 的三个特征值分别为 $1,-1,2$，矩阵 $\boldsymbol{B}=\boldsymbol{A}^3-5\boldsymbol{A}^2$，求矩阵 $\boldsymbol{B}$ 的特征值及 $\boldsymbol{B}$ 的行列式 $|\boldsymbol{B}|$.

5. 已知三阶矩阵 $\boldsymbol{A}$ 的特征值为 $1,2,3$，求 $\boldsymbol{A}^3-5\boldsymbol{A}^2+7\boldsymbol{A}$ 及 $\boldsymbol{A}$ 的伴随矩阵 $\boldsymbol{A}^*$ 的特征值.

6. 设 $\boldsymbol{A}=\begin{pmatrix}-4&-10&0\\1&3&0\\3&6&1\end{pmatrix}$，求：

(1) $\boldsymbol{A}$ 的特征值与特征向量；

(2) $\boldsymbol{A}^*$ 的特征值；

(3) $2\boldsymbol{E}-3\boldsymbol{A}^{-1}$ 的特征值.

7. 设矩阵 $\boldsymbol{A}$ 满足等式 $\boldsymbol{A}^2-3\boldsymbol{A}-4\boldsymbol{E}=\boldsymbol{O}$，证明：$\boldsymbol{A}$ 的特征值只能取值 -1 或 4.

8. 设方阵 $\boldsymbol{A}$ 满足 $\boldsymbol{A}^{\mathrm{T}}\boldsymbol{A}=\boldsymbol{E}$，证明：$\boldsymbol{A}$ 的实特征向量所对应的特征值的绝对值等于 1.

9. 证明：n 阶矩阵 $\begin{pmatrix} 1 & 1 & \cdots & 1 \\ 1 & 1 & \cdots & 1 \\ \vdots & \vdots & & \vdots \\ 1 & 1 & \cdots & 1 \end{pmatrix}$ 与 $\begin{pmatrix} 0 & \cdots & 0 & 1 \\ 0 & \cdots & 0 & 2 \\ \vdots & & \vdots & \vdots \\ 0 & 0 & 0 & n \end{pmatrix}$ 相似.

10. 已知矩阵 $\boldsymbol{A}=\begin{pmatrix} -2 & -2 & 1 \\ 2 & x & -2 \\ 0 & 0 & -2 \end{pmatrix}$ 与 $\boldsymbol{B}=\begin{pmatrix} 2 & 1 & 0 \\ 0 & -1 & 0 \\ 0 & 0 & y \end{pmatrix}$ 相似.

(1) 求 x,y 的值；

(2) 求可逆矩阵 $\boldsymbol{P}$，使 $\boldsymbol{P}^{-1}\boldsymbol{A}\boldsymbol{P}=\boldsymbol{B}$.

11. 设矩阵 $\boldsymbol{A}=\begin{pmatrix} -1 & 0 & 0 \\ -2 & 1 & 0 \\ -2 & a & 1 \end{pmatrix}$，问 a 为何值时，矩阵 $\boldsymbol{A}$ 可相似对角化？

12. 已知 $\boldsymbol{\xi}=(1,1,-1)^{\mathrm{T}}$ 是矩阵 $\boldsymbol{A}=\begin{pmatrix} 2 & -1 & 2 \\ 5 & a & 3 \\ -1 & b & -2 \end{pmatrix}$ 的特征向量.

(1) 求参数 a,b 及特征向量 $\boldsymbol{\xi}$ 所对应的特征值；

(2) 问 $\boldsymbol{A}$ 是否可相似对角化？并说明理由.

13. 判断下列矩阵是否与对角矩阵相似；若与对角矩阵相似，求一个可逆矩阵 $\boldsymbol{P}$，使 $\boldsymbol{P}^{-1}\boldsymbol{A}\boldsymbol{P}$ 为对角矩阵：

(1) $\boldsymbol{A}=\begin{pmatrix} 2 & -1 & 1 \\ 0 & 3 & -1 \\ 2 & 1 & 3 \end{pmatrix}$；　　(2) $\boldsymbol{A}=\begin{pmatrix} 7 & -12 & 6 \\ 10 & -19 & 10 \\ 12 & -24 & 13 \end{pmatrix}$；

(3) $\boldsymbol{A}=\begin{pmatrix} 4 & 6 & 0 \\ -3 & -5 & 0 \\ -3 & -6 & 1 \end{pmatrix}$.

14. 设矩阵 $\boldsymbol{A}=\begin{pmatrix} 1 & 2 & 2 \\ 2 & 1 & 2 \\ 2 & 2 & 1 \end{pmatrix}$，求可逆矩阵 $\boldsymbol{P}$，使 $\boldsymbol{P}^{-1}\boldsymbol{A}\boldsymbol{P}$ 为对角矩阵，并计算 $\boldsymbol{A}^m$，其中 m 为正整数.

15. 设三阶方阵 $\boldsymbol{A}$ 有特征值 $\lambda_1=0,\lambda_2=-1,\lambda_3=9$，对应的特征向量依次为

$$\boldsymbol{\xi}_1=(-1,-1,1)^{\mathrm{T}},\quad \boldsymbol{\xi}_2=(-1,1,0)^{\mathrm{T}},\quad \boldsymbol{\xi}_3=(1,1,2)^{\mathrm{T}},$$

求 $\boldsymbol{A}$.

16. 设矩阵 $\boldsymbol{A}$ 与 $\boldsymbol{B}$ 相似，证明：

(1) $\boldsymbol{A}^{\mathrm{T}}$ 与 $\boldsymbol{B}^{\mathrm{T}}$ 相似；　　(2) 当 $\boldsymbol{A}$ 可逆时，$\boldsymbol{A}^{-1}$ 与 $\boldsymbol{B}^{-1}$ 相似.

17. 设向量 $\boldsymbol{\alpha}=(1,2,-1,1)^{\mathrm{T}},\boldsymbol{\beta}=(2,3,1,-1)^{\mathrm{T}}$，求 $\boldsymbol{\alpha},\boldsymbol{\beta}$ 的长度及它们的夹角.

18. 已知三维向量 $\boldsymbol{\alpha}_1=(1,1,1)^{\mathrm{T}},\boldsymbol{\alpha}_2=(1,-2,1)^{\mathrm{T}}$，求一个非零向量 $\boldsymbol{\alpha}_3$，使 $\boldsymbol{\alpha}_1,\boldsymbol{\alpha}_2,\boldsymbol{\alpha}_3$ 为正交向量组.

19. 已知向量 $\boldsymbol{\alpha}_1=(1,2,-1,1)^{\mathrm{T}},\boldsymbol{\alpha}_2=(2,3,1-1)^{\mathrm{T}},\boldsymbol{\alpha}_3=(-1,-1,-2,2)^{\mathrm{T}}$，求与

向量 $\boldsymbol{\alpha}_1,\boldsymbol{\alpha}_2,\boldsymbol{\alpha}_3$ 都正交的向量.

20. 用施密特正交化方法将下列向量组化为规范正交向量组：

(1) $\boldsymbol{\alpha}_1=(1,-1,0)^{\mathrm{T}},\boldsymbol{\alpha}_2=(1,0,1)^{\mathrm{T}},\boldsymbol{\alpha}_3=(1,-1,1)^{\mathrm{T}}$；

(2) $\boldsymbol{\alpha}_1=(1,1,1,1)^{\mathrm{T}},\boldsymbol{\alpha}_2=(3,3,-1,-1)^{\mathrm{T}},\boldsymbol{\alpha}_3=(-2,0,6,8)^{\mathrm{T}}$.

21. 求一个正交矩阵 $\boldsymbol{Q}$，使 $\boldsymbol{Q}^{-1}\boldsymbol{AQ}$ 为对角矩阵：

(1) $\boldsymbol{A}=\begin{pmatrix}2&-2&0\\-2&1&-2\\0&-2&0\end{pmatrix}$；　　(2) $\boldsymbol{A}=\begin{pmatrix}1&0&0\\0&2&1\\0&1&2\end{pmatrix}$；

(3) $\boldsymbol{A}=\begin{pmatrix}2&2&-2\\2&5&-4\\-2&-4&5\end{pmatrix}$；　　(4) $\boldsymbol{A}=\begin{pmatrix}1&-2&2\\-2&4&-4\\2&-4&4\end{pmatrix}$.

22. 设三阶实对称矩阵 $\boldsymbol{A}$ 的特征值为 6,3,3，属于特征值 6 的特征向量为 $\boldsymbol{\xi}_1=(1,1,1)^{\mathrm{T}}$，求属于特征值 3 的特征向量.

23. 设三阶实对称矩阵 $\boldsymbol{A}$ 的特征值为 $\lambda_1=-1,\lambda_{2,3}=1$，属于 $\lambda_1=-1$ 的特征向量为 $\boldsymbol{\xi}_1=(0,1,1)^{\mathrm{T}}$，求 $\boldsymbol{A}$.

24. 设三阶实对称矩阵 $\boldsymbol{A}$ 的秩为 2，$\lambda_{1,2}=6$ 是 $\boldsymbol{A}$ 的二重特征值. 又设 $\boldsymbol{\xi}_1=(1,1,0)^{\mathrm{T}}$，$\boldsymbol{\xi}_2=(2,1,1)^{\mathrm{T}},\boldsymbol{\xi}_3=(-1,2,-3)^{\mathrm{T}}$ 都是 $\boldsymbol{A}$ 的属于特征值 6 的特征向量.

(1) 求 $\boldsymbol{A}$ 的另一特征值和对应的特征向量；　(2) 求矩阵 $\boldsymbol{A}$.

25. 设 $\boldsymbol{A},\boldsymbol{B}$ 都是 n 阶实对称矩阵，证明：$\boldsymbol{A}$ 与 $\boldsymbol{B}$ 相似的充要条件是 $\boldsymbol{A}$ 与 $\boldsymbol{B}$ 有相同的特征值.

(B)

1. 选择题：

(1) 设 $\boldsymbol{A}=\begin{pmatrix}4&-5&2\\5&-7&3\\6&-9&4\end{pmatrix}$，则以下向量中为 $\boldsymbol{A}$ 的特征向量的是(　　).

A. $(1,1,1)^{\mathrm{T}}$　　B. $(1,1,3)^{\mathrm{T}}$

C. $(1,1,0)^{\mathrm{T}}$　　D. $(1,0,-3)^{\mathrm{T}}$

(2) 设 $\boldsymbol{A}$ 为 n 阶方阵，且 $\boldsymbol{A}^k=\boldsymbol{O}$($k$ 为某一正整数)，则(　　).

A. $\boldsymbol{A}=\boldsymbol{O}$　　B. $\boldsymbol{A}$ 有一个不为零的特征值

C. $\boldsymbol{A}$ 的特征值全为零　　D. $\boldsymbol{A}$ 有 n 个线性无关的特征向量

(3) 设 $\boldsymbol{A},\boldsymbol{B}$ 为 n 阶矩阵，且 $\boldsymbol{A}$ 与 $\boldsymbol{B}$ 相似，则(　　).

A. $\lambda\boldsymbol{E}-\boldsymbol{A}=\lambda\boldsymbol{E}-\boldsymbol{B}$

B. $\boldsymbol{A}$ 与 $\boldsymbol{B}$ 有相同的特征值与特征向量

C. $\boldsymbol{A}$ 与 $\boldsymbol{B}$ 都相似于对角矩阵

D. 对于任意常数 t，$t\boldsymbol{E}-\boldsymbol{A}$ 与 $t\boldsymbol{E}-\boldsymbol{B}$ 相似

(4) 设 $\boldsymbol{A}=\begin{pmatrix}1&2&3\\-1&x&2\\0&0&1\end{pmatrix}$，且 $\boldsymbol{A}$ 的特征值为 1,2,3，则 $x=$(　　).

A. -2　　B. 3　　C. 4　　D. -1

(5) 设 $\boldsymbol{A}$ 为 n 阶可逆矩阵，λ 为 $\boldsymbol{A}$ 的一个特征值，则 $\boldsymbol{A}$ 的伴随矩阵 $\boldsymbol{A}^*$ 的一个特征值是(　　).

A. $\lambda^{-1}|\boldsymbol{A}|^n$　　B. $\lambda^{-1}|\boldsymbol{A}|$

C. $\lambda|\boldsymbol{A}|$　　D. $\lambda^{-1}|\boldsymbol{A}|^{n-1}$

(6) 设 $\boldsymbol{A}$ 为 n 阶方阵，以下结论中成立的是(　　).

A. 若 $\boldsymbol{A}$ 可逆，则矩阵 $\boldsymbol{A}$ 的属于特征值 λ 的特征向量也是矩阵 $\boldsymbol{A}^{-1}$ 的属于特征值 $\dfrac{1}{\lambda}$ 的特征向量

B. $\boldsymbol{A}$ 的特征向量为方程 $(\boldsymbol{A}-\lambda\boldsymbol{E})\boldsymbol{X}=\boldsymbol{0}$ 的全部解

C. $\boldsymbol{A}$ 的特征向量的线性组合仍为特征向量

D. $\boldsymbol{A}$ 与 $\boldsymbol{A}^{\mathrm{T}}$ 有相同的特征向量

(7) 当 x,y 满足(　　)时，方阵 $\boldsymbol{A}=\begin{pmatrix}1&x&1\\x&1&y\\1&y&1\end{pmatrix}$ 与 $\boldsymbol{B}=\begin{pmatrix}0&0&0\\0&1&0\\0&0&2\end{pmatrix}$ 相似.

A. $x=0$ 且 $y=0$　　B. $x=0$ 或 $y=0$

C. $x=y$　　D. $x\neq y$

(8) 设 $\boldsymbol{A}$ 是 n 阶实对称矩阵，$\boldsymbol{P}$ 是 n 阶可逆矩阵. 已知 n 维列向量 $\boldsymbol{\alpha}$ 是 $\boldsymbol{A}$ 的属于特征值 λ 的特征向量，则矩阵 $(\boldsymbol{P}^{-1}\boldsymbol{AP})^{\mathrm{T}}$ 的属于特征值 λ 的特征向量是(　　).

A. $\boldsymbol{P}^{-1}\boldsymbol{\alpha}$　　B. $\boldsymbol{P}^{\mathrm{T}}\boldsymbol{\alpha}$　　C. $\boldsymbol{P\alpha}$　　D. $(\boldsymbol{P}^{-1})^{\mathrm{T}}\boldsymbol{\alpha}$

(9) 设 $\lambda=2$ 是可逆矩阵 $\boldsymbol{A}$ 的一个特征值，则矩阵 $\left(\dfrac{1}{3}\boldsymbol{A}^2\right)^{-1}$ 有一个特征值等于(　　).

A. $\dfrac{4}{3}$　　B. $\dfrac{3}{4}$　　C. $\dfrac{1}{2}$　　D. $\dfrac{1}{4}$

(10) 设 $\boldsymbol{A}=\begin{pmatrix}1&2&3\\x&y&z\\0&0&1\end{pmatrix}$，且 $\boldsymbol{A}$ 的特征值为 1,2,3，则(　　).

A. $x=2,y=4,z=8$　　B. $x=-1,y=4,z\in\mathbf{R}$

C. $x=-2,y=2,z\in\mathbf{R}$　　D. $x=-1,y=4,z=3$

(11) 若 n 阶矩阵 $\boldsymbol{A}$ 的任意一行的元素之和都是 a，则 $\boldsymbol{A}$ 有一个特征值为(　　).

A. a　　B. $-a$　　C. 0　　D. a^{-1}

(12) 若 n 阶矩阵 $\boldsymbol{A}$ 的特征值全为零，则不正确的结论是(　　).

A. $|\boldsymbol{A}|=0$　　B. $\operatorname{tr}(\boldsymbol{A})=0$

C. $R(\boldsymbol{A})=0$　　D. $|\lambda\boldsymbol{E}-\boldsymbol{A}|=\lambda^n$

(13) 已知 $\boldsymbol{AX}_0=\lambda_0\boldsymbol{X}_0$ ($\boldsymbol{X}_0$ 为非零向量)，$\boldsymbol{P}$ 为可逆矩阵，则(　　).

A. $\boldsymbol{P}^{-1}\boldsymbol{AP}$ 的特征值为 $\dfrac{1}{\lambda_0}$，其对应的特征向量为 $\boldsymbol{PX}_0$

B. $\boldsymbol{P}^{-1}\boldsymbol{AP}$ 的特征值为 λ_0，其对应的特征向量为 $\boldsymbol{PX}_0$

C. $P^{-1}AP$ 的特征值为$\frac{1}{\lambda_0}$,其对应的特征向量为 $P^{-1}X_0$

D. $P^{-1}AP$ 的特征值为 λ_0,其对应的特征向量为 $P^{-1}X_0$

(14) 设 A,B 是可逆矩阵,且 A 与 B 相似,则下列结论错误的是( ).

A. A^{T} 与 B^{T} 相似　　B. A^{-1} 与 B^{-1} 相似

C. $A+A^{T}$ 与 $B+B^{T}$ 相似　　D. $A+A^{-1}$ 与 $B+B^{-1}$ 相似

(15) 已知矩阵$\begin{pmatrix}22 & 30\\-12 & a\end{pmatrix}$有一个特征向量$\begin{pmatrix}-5\\3\end{pmatrix}$,则 a 等于( ).

A. −18　　B. −16　　C. −14　　D. −12

(16) 矩阵$\begin{pmatrix}1 & a & 1\\a & b & a\\1 & a & 1\end{pmatrix}$与$\begin{pmatrix}2 & 0 & 0\\0 & b & 0\\0 & 0 & 0\end{pmatrix}$相似的充要条件是( ).

A. $a=0,b=2$　　B. $a=0,b$ 为任意常数

C. $a=2,b=0$　　D. $a=2,b$ 为任意常数

(17) 设 λ_1,λ_2 是矩阵 A 的两个不同的特征值,对应的特征向量分别为 ξ_1,ξ_2,则 ξ_1, $A(\xi_1+\xi_2)$ 线性无关的充要条件是( ).

A. $\lambda_1\neq0$　　B. $\lambda_2\neq0$　　C. $\lambda_1=0$　　D. $\lambda_2=0$

(18) 设 A 为三阶矩阵,A 的特征值为 0,1,2,那么齐次线性方程组 $AX=0$ 的基础解系所含解向量的个数为( ).

A. 0　　B. 1　　C. 2　　D. 3

(19) 设三阶矩阵 A 的特征值互不相同,若行列式 $|A|=0$,则 A 的秩为( ).

A. 0　　B. 1　　C. 2　　D. 3

(20) 设 A 是四阶实对称矩阵,且 $A^2+A=O$.若 $R(A)=3$,则 A 相似于( ).

A. $\begin{pmatrix}1 & 0 & 0 & 0\\0 & 1 & 0 & 0\\0 & 0 & 1 & 0\\0 & 0 & 0 & 0\end{pmatrix}$　　B. $\begin{pmatrix}1 & 0 & 0 & 0\\0 & 1 & 0 & 0\\0 & 0 & -1 & 0\\0 & 0 & 0 & 0\end{pmatrix}$

C. $\begin{pmatrix}1 & 0 & 0 & 0\\0 & -1 & 0 & 0\\0 & 0 & -1 & 0\\0 & 0 & 0 & 0\end{pmatrix}$　　D. $\begin{pmatrix}-1 & 0 & 0 & 0\\0 & -1 & 0 & 0\\0 & 0 & -1 & 0\\0 & 0 & 0 & 0\end{pmatrix}$

2. 设 $A=\begin{pmatrix}0 & -1 & 0\\1 & 0 & 0\\0 & 0 & -1\end{pmatrix}$,$B=P^{-1}AP$,其中 P 为三阶可逆矩阵,求 $B^{2004}-2A^2$.

3. 设矩阵 $A=\begin{pmatrix}2 & 1 & 0\\1 & 2 & 0\\1 & a & b\end{pmatrix}$仅有两个不同的特征值.若 A 相似于对角矩阵,求 a,b 的值;并求可逆矩阵 P,使 $P^{-1}AP$ 为对角矩阵.

4. 设 $\boldsymbol{A}$ 为三阶矩阵，$\boldsymbol{\alpha}_1,\boldsymbol{\alpha}_2,\boldsymbol{\alpha}_3$ 是线性无关的向量. 若 $\boldsymbol{A\alpha}_1=2\boldsymbol{\alpha}_1+\boldsymbol{\alpha}_2+\boldsymbol{\alpha}_3$，$\boldsymbol{A\alpha}_2=\boldsymbol{\alpha}_2+2\boldsymbol{\alpha}_3$，$\boldsymbol{A\alpha}_3=-\boldsymbol{\alpha}_2+\boldsymbol{\alpha}_3$，求 $\boldsymbol{A}$ 的实特征值.

5. 设 $\boldsymbol{A}=\begin{pmatrix}0&0&x\\1&1&y\\1&0&0\end{pmatrix}$ 有三个线性无关的特征向量，求 x 和 y 应满足的条件.

6. 设 $\boldsymbol{A}$ 为三阶矩阵，$\boldsymbol{\alpha}_1,\boldsymbol{\alpha}_2$ 分别为 $\boldsymbol{A}$ 的属于特征值 $-1,1$ 的特征向量，向量 $\boldsymbol{\alpha}_3$ 满足 $\boldsymbol{A\alpha}_3=\boldsymbol{\alpha}_2+\boldsymbol{\alpha}_3$.

(1) 证明：$\boldsymbol{\alpha}_1,\boldsymbol{\alpha}_2,\boldsymbol{\alpha}_3$ 线性无关；　(2) 令 $\boldsymbol{P}=(\boldsymbol{\alpha}_1,\boldsymbol{\alpha}_2,\boldsymbol{\alpha}_3)$，求 $\boldsymbol{P}^{-1}\boldsymbol{AP}$.

7. 设三阶实对称矩阵 $\boldsymbol{A}$ 的各行元素之和都为 3，向量

$$\boldsymbol{\alpha}_1=(0,-1,1)^{\mathrm{T}},\quad \boldsymbol{\alpha}_2=(-1,2,-1)^{\mathrm{T}}$$

都是齐次线性方程组 $\boldsymbol{AX}=\boldsymbol{0}$ 的解.

(1) 求 $\boldsymbol{A}$ 的特征值和特征向量；

(2) 求正交矩阵 $\boldsymbol{Q}$ 和对角矩阵 $\boldsymbol{\Lambda}$，使 $\boldsymbol{Q}^{\mathrm{T}}\boldsymbol{AQ}=\boldsymbol{\Lambda}$.

8. 已知矩阵 $\boldsymbol{A}=\begin{pmatrix}-2&0&0\\2&a&2\\3&1&1\end{pmatrix}$ 与 $\boldsymbol{\Lambda}=\begin{pmatrix}-1&0&0\\0&2&0\\0&0&b\end{pmatrix}$ 相似.

(1) 求 a,b 之值；

(2) 求可逆矩阵 $\boldsymbol{P}$，使 $\boldsymbol{P}^{-1}\boldsymbol{AP}=\boldsymbol{\Lambda}$ 为对角矩阵；

(3) 求 $\boldsymbol{A}^{100}$.

9. 设 $\boldsymbol{A}$ 为二阶矩阵，$\boldsymbol{\alpha}_1,\boldsymbol{\alpha}_2$ 为线性无关的二维列向量，$\boldsymbol{A\alpha}_1=\boldsymbol{0}$，$\boldsymbol{A\alpha}_2=2\boldsymbol{\alpha}_1+\boldsymbol{\alpha}_2$，求 $\boldsymbol{A}$ 的特征值.

10. 设三阶对称矩阵 $\boldsymbol{A}$ 的特征值 $\lambda_1=1,\lambda_2=2,\lambda_3=-2$，$\boldsymbol{\xi}_1=(1,-1,1)^{\mathrm{T}}$ 是 $\boldsymbol{A}$ 的属于特征值 λ_1 的特征向量. 记 $\boldsymbol{B}=\boldsymbol{A}^5-4\boldsymbol{A}^3+\boldsymbol{E}$，其中 $\boldsymbol{E}$ 为三阶单位矩阵.

(1) 验证 $\boldsymbol{\xi}_1$ 是矩阵 $\boldsymbol{B}$ 的特征向量，并求 $\boldsymbol{B}$ 的全部特征值与特征向量；

(2) 求矩阵 $\boldsymbol{B}$.

11. 设向量 $\boldsymbol{\alpha}=(a_1,a_2,\cdots,a_n)^{\mathrm{T}}$，$\boldsymbol{\beta}=(b_1,b_2,\cdots,b_n)^{\mathrm{T}}$ 都是非零向量，且满足条件 $\boldsymbol{\alpha}^{\mathrm{T}}\boldsymbol{\beta}=0$. 记 n 阶矩阵 $\boldsymbol{A}=\boldsymbol{\alpha\beta}^{\mathrm{T}}$，求：

(1) $\boldsymbol{A}^2$；　(2) 矩阵 $\boldsymbol{A}$ 的特征值和特征向量.

12. 设四阶方阵 $\boldsymbol{A}$ 满足条件 $|3\boldsymbol{E}+\boldsymbol{A}|=0$，$\boldsymbol{AA}^{\mathrm{T}}=2\boldsymbol{E}$，$|\boldsymbol{A}|<0$，求方阵 $\boldsymbol{A}$ 的伴随矩阵 $\boldsymbol{A}^*$ 的一个特征值.

13. 设 $\boldsymbol{A}=\begin{pmatrix}1&1&a\\1&a&1\\a&1&1\end{pmatrix}$，$\boldsymbol{\beta}=\begin{pmatrix}1\\1\\-2\end{pmatrix}$. 已知线性方程组 $\boldsymbol{AX}=\boldsymbol{\beta}$ 有无穷多解，求：

(1) a 的值；　(2) 正交矩阵 $\boldsymbol{Q}$，使 $\boldsymbol{Q}^{\mathrm{T}}\boldsymbol{AQ}$ 为对角矩阵.

14. 设三阶矩阵 $\boldsymbol{A}$ 的三个特征值分别为 $\lambda_i=i(i=1,2,3)$，对应的特征向量依次为

$$\boldsymbol{\alpha}_1=(1,1,1)^{\mathrm{T}},\quad \boldsymbol{\alpha}_2=(1,2,4)^{\mathrm{T}},\quad \boldsymbol{\alpha}_3=(1,3,9)^{\mathrm{T}}.$$

(1) 将 $\boldsymbol{\beta}=(1,1,3)^{\mathrm{T}}$ 用向量组 $\boldsymbol{\alpha}_1,\boldsymbol{\alpha}_2,\boldsymbol{\alpha}_3$ 线性表示；　(2) 求 $\boldsymbol{A}^n\boldsymbol{\beta}$.

15. 设矩阵 $\boldsymbol{A}=\begin{pmatrix}1&2&-3\\-1&4&-3\\1&a&5\end{pmatrix}$ 的特征多项式有一个二重根,求 a 的值,并讨论 $\boldsymbol{A}$ 是否可相似对角化.

16. 某生产线每年1月份进行熟练工与非熟练工的人数统计,然后有$\frac{1}{6}$的熟练工支援其他生产部门,其缺额通过招收新的非熟练工补齐.新、老非熟练工经过培养及实践至年终考核有$\frac{2}{3}$成为熟练工.设第 n 年1月份统计的熟练工和非熟练工所占百分比分别为 x_n 和 y_n,记成向量 $\begin{pmatrix}x_n\\y_n\end{pmatrix}$.

(1) 求 $\begin{pmatrix}x_{n+1}\\y_{n+1}\end{pmatrix}$ 与 $\begin{pmatrix}x_n\\y_n\end{pmatrix}$ 的关系式,并写成矩阵形式 $\begin{pmatrix}x_{n+1}\\y_{n+1}\end{pmatrix}=\boldsymbol{A}\begin{pmatrix}x_n\\y_n\end{pmatrix}$;

(2) 验证 $\boldsymbol{\xi}_1=\begin{pmatrix}4\\1\end{pmatrix}$, $\boldsymbol{\xi}_2=\begin{pmatrix}-1\\1\end{pmatrix}$ 是 $\boldsymbol{A}$ 的两个线性无关的特征向量,并求出相应的特征值;

(3) 当 $\begin{pmatrix}x_1\\y_1\end{pmatrix}=\begin{pmatrix}\frac{1}{2}\\\frac{1}{2}\end{pmatrix}$ 时,求 $\begin{pmatrix}x_{n+1}\\y_{n+1}\end{pmatrix}$.

17. 设矩阵 $\boldsymbol{A}=\begin{pmatrix}3&2&-2\\-k&-1&k\\4&2&-3\end{pmatrix}$.

(1) k 为何值时,存在可逆矩阵 $\boldsymbol{P}$,使 $\boldsymbol{P}^{-1}\boldsymbol{A}\boldsymbol{P}$ 为对角矩阵?

(2) 求出 $\boldsymbol{P}$ 和相应的对角矩阵.

18. 已知 $\boldsymbol{\xi}=\begin{pmatrix}1\\1\\-1\end{pmatrix}$ 是 $\boldsymbol{A}=\begin{pmatrix}2&-1&2\\5&a&3\\-1&b&-2\end{pmatrix}$ 的特征向量.

(1) 确定常数 a,b;

(2) 确定特征向量 $\boldsymbol{\xi}$ 对应的特征值;

(3) $\boldsymbol{A}$ 是否可相似对角化? 并说明理由.

19. 设矩阵 $\boldsymbol{A}=\begin{pmatrix}3&2&2\\2&3&2\\2&2&3\end{pmatrix}$, $\boldsymbol{P}=\begin{pmatrix}0&1&0\\1&0&1\\0&0&1\end{pmatrix}$, $\boldsymbol{B}=\boldsymbol{P}^{-1}\boldsymbol{A}^*\boldsymbol{P}$,求 $\boldsymbol{B}+2\boldsymbol{E}$ 的特征值与特征向量,其中 $\boldsymbol{A}^*$ 为 $\boldsymbol{A}$ 的伴随矩阵,$\boldsymbol{E}$ 为三阶单位矩阵.

20. 设 $\boldsymbol{A}=\begin{pmatrix}0&-1&4\\-1&3&a\\4&a&0\end{pmatrix}$,存在正交矩阵 $\boldsymbol{Q}$,使 $\boldsymbol{Q}^{\mathrm{T}}\boldsymbol{A}\boldsymbol{Q}=\boldsymbol{\Lambda}$ 为对角矩阵.若 $\boldsymbol{Q}$ 的第一

列为 $\frac{1}{\sqrt{6}}(1,2,1)^{\mathrm{T}}$，求常数 a、正交矩阵 $\boldsymbol{Q}$ 及对角矩阵 $\boldsymbol{\Lambda}$.

21. 设 $\boldsymbol{A},\boldsymbol{B}$ 均为 n 阶方阵，且 $R(\boldsymbol{A})+R(\boldsymbol{B})<n$，证明：$\boldsymbol{A},\boldsymbol{B}$ 有公共的特征向量.

22. 设 $\boldsymbol{A}$ 是 n 阶方阵，且满足 $R(\boldsymbol{E}+\boldsymbol{A})+R(\boldsymbol{E}-\boldsymbol{A})=n$，证明：$\boldsymbol{A}^2=\boldsymbol{E}$.

23. 设 n 阶矩阵 $\boldsymbol{A},\boldsymbol{B}$ 满足 $\boldsymbol{AB}=\boldsymbol{A}+\boldsymbol{B}$，证明：$\lambda=1$ 不是 $\boldsymbol{A}$ 的特征值.

习题五参考答案

第五章自测题

第六章　实二次型

二次型的理论和方法在几何、多元函数的最值、控制理论等方面都有很重要的应用. 本章主要讨论在实数域上如何利用可逆线性变换及正交变换化二次型为标准形,并讨论正定二次型和正定矩阵的性质.

引例　二次曲面的研究

考虑二次方程

$$x^2+y^2+4z^2+4xy+2xz+2yz=1, \tag{6.1}$$

试问在空间直角坐标系下,(6.1)表示怎样的二次曲面?

二次曲线理论是数学研究的一个经典对象. 阿波罗尼奥斯(Apollonius,约公元前262—约前190)著有8卷本的巨著《圆锥曲线论》. 由中学解析几何知,要研究一个二元二次方程所表示的曲线的几何性状,首先要将方程化为标准方程. 若二元二次代数方程中不含交叉项,即 xy 项,则只需用坐标平移变换即可化成标准方程,进而可讨论其几何性状. 现在的问题是方程中若含有交叉项,则该如何化其为标准形? 本章将提供解决这一问题的理论与方法.

第一节　实二次型及其标准形

一、二次型的概念

定义 1　n 个变量 $x_1,x_2,\cdots,x_n$ 的二次齐次函数

$$\begin{aligned}&f(x_1,x_2,\cdots,x_n)\\&=a_{11}x_1^2+a_{22}x_2^2+\cdots+a_{nn}x_n^2+2a_{12}x_1x_2+2a_{13}x_1x_3+\cdots+2a_{n-1,n}x_{n-1}x_n\end{aligned} \tag{6.2}$$

称为关于变量 $x_1,x_2,\cdots,x_n$ 的 n 元**二次型**.

若 $a_{ij}(i,j=1,2,\cdots,n)$ 为实数,则(6.2)称为**实二次型**.本章若无特殊说明,所讨论的二次型都指实二次型.

令 $a_{ji}=a_{ij}$,有 $2a_{ij}x_ix_j=a_{ij}x_ix_j+a_{ji}x_jx_i$,于是(6.2)可表示成

$$f(x_1,x_2,\cdots,x_n)=\sum_{i,j=1}^{n}a_{ij}x_ix_j. \tag{6.3}$$

二次型的矩阵表示形式

定义 2 只含有完全平方项的二次型

$$f=k_1y_1^2+k_2y_2^2+\cdots+k_ny_n^2$$

称为二次型的**标准形**.形如

$$f=y_1^2+y_2^2\cdots+y_s^2-y_{s+1}^2-\cdots-y_r^2$$

的二次型称为二次型的**规范形**.

二、二次型的矩阵表示形式

对于实二次型(6.3),有

$$f(x_1,x_2,\cdots,x_n)=\begin{pmatrix}x_1 & x_2 & \cdots & x_n\end{pmatrix}\begin{pmatrix}a_{11} & a_{12} & \cdots & a_{1n}\\ a_{21} & a_{22} & \cdots & a_{2n}\\ \vdots & \vdots & & \vdots\\ a_{n1} & a_{n2} & \cdots & a_{nn}\end{pmatrix}\begin{pmatrix}x_1\\ x_2\\ \vdots\\ x_n\end{pmatrix},$$

记

$$\boldsymbol{A}=\begin{pmatrix}a_{11} & a_{12} & \cdots & a_{1n}\\ a_{21} & a_{22} & \cdots & a_{2n}\\ \vdots & \vdots & & \vdots\\ a_{n1} & a_{n2} & \cdots & a_{nn}\end{pmatrix},\quad \boldsymbol{X}=\begin{pmatrix}x_1\\ x_2\\ \vdots\\ x_n\end{pmatrix},$$

则实二次型可表示为

$$f=\boldsymbol{X}^{\mathrm{T}}\boldsymbol{A}\boldsymbol{X}, \tag{6.4}$$

其中 $\boldsymbol{A}$ 为实对称矩阵,叫做**二次型 f 的矩阵**,也把 f 叫做**实对称矩阵 $\boldsymbol{A}$ 的实二次型**.

总之,任给一个实二次型,可以唯一确定一个实对称矩阵;反之,任给一个实对称矩阵,也可以唯一确定一个实二次型,它们之间是一一对应关系.因此,我们把实对称矩阵 $\boldsymbol{A}$ 的秩,称为**二次型的秩**.

例 1 写出二次型

$$f=-x_1^2+2x_1x_2-4x_2x_3+2x_3^2$$

的矩阵及矩阵表达式,并求该二次型的秩.

解 二次型 f 的矩阵为

$$A=\begin{pmatrix}-1&1&0\\1&0&-2\\0&-2&2\end{pmatrix},$$

则二次型 f 的矩阵表达式

$$f=X^{\mathrm T}AX=(x_1\quad x_2\quad x_3)\begin{pmatrix}-1&1&0\\1&0&-2\\0&-2&2\end{pmatrix}\begin{pmatrix}x_1\\x_2\\x_3\end{pmatrix}.$$

又 $|A|=2\neq 0$，所以 $R(A)=3$，从而二次型 f 的秩也等于 3.

思考题一

1. 对于矩阵

$$A=\begin{pmatrix}1&2&4\\2&2&3\\4&3&3\end{pmatrix},\quad B=\begin{pmatrix}1&1&2\\3&2&3\\6&3&3\end{pmatrix},$$

有

$$f=X^{\mathrm T}AX=X^{\mathrm T}BX=x_1^2+2x_2^2+3x_3^2+4x_1x_2+8x_1x_3+6x_2x_3,$$

问二次型的矩阵是 A 还是 B？为什么？

2. 思考怎样快速写出给定二次型的矩阵；针对定义 2 中二次型的标准形和规范形，写出其二次型的矩阵.

第二节　化实二次型为标准形

通常将二次型转化为标准形的方法有配方法、正交变换法和初等变换法，本节我们着重讲述前两种方法.

一、线性变换

变量 $x_1,x_2,\cdots,x_n$ 与变量 $y_1,y_2,\cdots,y_m$ 的关系式

$$\begin{cases}x_1=c_{11}y_1+c_{12}y_2+\cdots+c_{1m}y_m,\\x_2=c_{21}y_1+c_{22}y_2+\cdots+c_{2m}y_m,\\\cdots\cdots\cdots\cdots\\x_n=c_{n1}y_1+c_{n2}y_2+\cdots+c_{nm}y_m\end{cases}\tag{6.5}$$

称为由变量 $x_1,x_2,\cdots,x_n$ 到变量 $y_1,y_2,\cdots,y_m$ 的线性变换，其中 c_{ij} 是实数.令

$$C=\begin{pmatrix} c_{11} & c_{12} & \cdots & c_{1m} \\ c_{21} & c_{22} & \cdots & c_{2m} \\ \vdots & \vdots & & \vdots \\ c_{n1} & c_{n2} & \cdots & c_{nm} \end{pmatrix},\quad X=\begin{pmatrix} x_1 \\ x_2 \\ \vdots \\ x_n \end{pmatrix},\quad Y=\begin{pmatrix} y_1 \\ y_2 \\ \vdots \\ y_m \end{pmatrix},$$

则矩阵 C 称为由变量 $x_1,x_2,\cdots,x_n$ 到变量 $y_1,y_2,\cdots,y_m$ 的**线性变换矩阵**,且(6.5)可表示为

$$X=CY. \tag{6.6}$$

若 C 为可逆矩阵,则(6.6)称为**可逆线性变换**(**或非退化的线性变换**).若 C 为正交矩阵,则(6.6)称为**正交变换**.

如果 $X=QY$ 为正交变换,那么

$$\|X\|=\sqrt{X^{\mathrm{T}}X}=\sqrt{Y^{\mathrm{T}}Q^{\mathrm{T}}QY}=\sqrt{Y^{\mathrm{T}}Y}=\|Y\|,$$

即正交变换保持向量的长度不变.

二、用配方法化二次型为标准形

任意一个 n 元实二次型 $f=X^{\mathrm{T}}AX$ 都可经可逆线性变换化为标准形

$$f=k_1y_1^2+k_2y_2^2+\cdots+k_ny_n^2,$$

其中 $k_i(i=1,2,\cdots,n)$ 为实数.下面分两种情形来说明这一方法.

1. 二次型中含有完全平方项情形

例 2 化二次型

$$f=x_1^2-3x_2^2+4x_3^2-2x_1x_2+2x_1x_3-6x_2x_3$$

为标准形,并求所用的可逆线性变换.

解
$$\begin{aligned} f&=(x_1^2-2x_1x_2+2x_1x_3)-3x_2^2+4x_3^2-6x_2x_3 \\ &=(x_1-x_2+x_3)^2-4x_2^2-4x_2x_3+3x_3^2 \\ &=(x_1-x_2+x_3)^2-4(x_2^2+x_2x_3)+3x_3^2 \\ &=(x_1-x_2+x_3)^2-4\left(x_2+\frac{1}{2}x_3\right)^2+4x_3^2, \end{aligned}$$

令

$$\begin{cases} y_1=x_1-x_2+x_3, \\ y_2=x_2+\dfrac{1}{2}x_3, \\ y_3=x_3, \end{cases}$$

即

$$\begin{pmatrix} y_1 \\ y_2 \\ y_3 \end{pmatrix}=\begin{pmatrix} 1 & -1 & 1 \\ 0 & 1 & \dfrac{1}{2} \\ 0 & 0 & 1 \end{pmatrix}\begin{pmatrix} x_1 \\ x_2 \\ x_3 \end{pmatrix},$$

得可逆线性变换

$$\begin{pmatrix} x_1 \\ x_2 \\ x_3 \end{pmatrix} = \begin{pmatrix} 1 & -1 & 1 \\ 0 & 1 & \frac{1}{2} \\ 0 & 0 & 1 \end{pmatrix}^{-1} \begin{pmatrix} y_1 \\ y_2 \\ y_3 \end{pmatrix} = \begin{pmatrix} 1 & 1 & -\frac{3}{2} \\ 0 & 1 & -\frac{1}{2} \\ 0 & 0 & 1 \end{pmatrix} \begin{pmatrix} y_1 \\ y_2 \\ y_3 \end{pmatrix},$$

此时二次型的标准形

$$f = y_1^2 - 4y_2^2 + 4y_3^2.$$

2. 二次型中不含有完全平方项情形

例 3 化二次型 $f = x_1x_2 + x_1x_3 + 2x_2x_3$ 为标准形,并求所用的可逆线性变换.

解 令

$$\begin{cases} x_1 = y_1 + y_2, \\ x_2 = y_1 - y_2, \\ x_3 = y_3, \end{cases}$$

即

$$\begin{pmatrix} x_1 \\ x_2 \\ x_3 \end{pmatrix} = \begin{pmatrix} 1 & 1 & 0 \\ 1 & -1 & 0 \\ 0 & 0 & 1 \end{pmatrix} \begin{pmatrix} y_1 \\ y_2 \\ y_3 \end{pmatrix}.$$

代入二次型,再配方得

$$\begin{aligned} f &= y_1^2 + 3y_1y_3 - y_2^2 - y_2y_3 \\ &= \left(y_1 + \frac{3}{2}y_3\right)^2 - y_2^2 - y_2y_3 - \frac{9}{4}y_3^2 \\ &= \left(y_1 + \frac{3}{2}y_3\right)^2 - \left(y_2 + \frac{1}{2}y_3\right)^2 - 2y_3^2. \end{aligned}$$

令

$$\begin{cases} z_1 = y_1 + \frac{3}{2}y_3 \\ z_2 = y_2 + \frac{1}{2}y_3, \\ z_3 = y_3 \end{cases}$$

即

$$\begin{pmatrix} z_1 \\ z_2 \\ z_3 \end{pmatrix} = \begin{pmatrix} 1 & 0 & \frac{3}{2} \\ 0 & 1 & \frac{1}{2} \\ 0 & 0 & 1 \end{pmatrix} \begin{pmatrix} y_1 \\ y_2 \\ y_3 \end{pmatrix},$$

得二次型的标准形为

$$f = z_1^2 - z_2^2 - 2z_3^2.$$

所用的可逆线性变换为

$$\begin{pmatrix}x_1\\x_2\\x_3\end{pmatrix}=\begin{pmatrix}1&1&0\\1&-1&0\\0&0&1\end{pmatrix}\begin{pmatrix}1&0&\frac{3}{2}\\0&1&\frac{1}{2}\\0&0&1\end{pmatrix}^{-1}\begin{pmatrix}z_1\\z_2\\z_3\end{pmatrix}=\begin{pmatrix}1&1&-2\\1&-1&-1\\0&0&1\end{pmatrix}\begin{pmatrix}z_1\\z_2\\z_3\end{pmatrix}.$$

用配方法化二次型为标准形的一般方法：若二次型 $f=\boldsymbol{X}^{\mathrm{T}}\boldsymbol{A}\boldsymbol{X}$ 中含有某个 $x_i(i=1,2,\cdots,n)$ 的平方项，则首先把含有 x_i 的项集中，按 x_i 配成完全平方，然后对其余变量继续"集中，配方"，一次一个变量，直到所有变量都配成平方项，再作可逆线性变换，就可得到标准形；若二次型 $f=\boldsymbol{X}^{\mathrm{T}}\boldsymbol{A}\boldsymbol{X}$ 中不含有平方项，即 f 中只含有 $x_ix_j(i\neq j)$ 项，则可先用一个可逆线性变换（如令 $x_i=y_i+y_j,x_j=y_i-y_j,x_k=y_k(k\neq i,j)$），将 f 化为含有平方项的二次型，然后再按照含有平方项的情形求得标准形.

三、用正交变换法化二次型为标准形

对二次型 $f=\boldsymbol{X}^{\mathrm{T}}\boldsymbol{A}\boldsymbol{X}$，作可逆线性变换 $\boldsymbol{X}=\boldsymbol{C}\boldsymbol{Y}$，得

$$f=(\boldsymbol{C}\boldsymbol{Y})^{\mathrm{T}}\boldsymbol{A}(\boldsymbol{C}\boldsymbol{Y})=\boldsymbol{Y}^{\mathrm{T}}(\boldsymbol{C}^{\mathrm{T}}\boldsymbol{A}\boldsymbol{C})\boldsymbol{Y}.$$

就是说，若原二次型的矩阵为 $\boldsymbol{A}$，则新二次型的矩阵为 $\boldsymbol{C}^{\mathrm{T}}\boldsymbol{A}\boldsymbol{C}$，其中 $\boldsymbol{C}$ 是所用可逆线性变换的矩阵.其对应关系是

$$\begin{array}{ccc}f(\boldsymbol{X})=\boldsymbol{X}^{\mathrm{T}}\boldsymbol{A}\boldsymbol{X} & \xrightarrow[\text{可逆线性变换}]{\boldsymbol{X}=\boldsymbol{C}\boldsymbol{Y}} & g(\boldsymbol{Y})=f(\boldsymbol{C}\boldsymbol{Y})=\boldsymbol{Y}^{\mathrm{T}}(\boldsymbol{C}^{\mathrm{T}}\boldsymbol{A}\boldsymbol{C})\boldsymbol{Y}=\boldsymbol{Y}^{\mathrm{T}}\boldsymbol{B}\boldsymbol{Y}\\ \updownarrow & & \updownarrow\\ \boldsymbol{A}^{\mathrm{T}}=\boldsymbol{A} & \longrightarrow & \boldsymbol{C}^{\mathrm{T}}\boldsymbol{A}\boldsymbol{C}=\boldsymbol{B}=\boldsymbol{B}^{\mathrm{T}}\end{array}$$

定义 3 设 $\boldsymbol{A},\boldsymbol{B}$ 均为 n 阶矩阵，若存在可逆矩阵 $\boldsymbol{C}$，使 $\boldsymbol{B}=\boldsymbol{C}^{\mathrm{T}}\boldsymbol{A}\boldsymbol{C}$，则称矩阵 $\boldsymbol{A}$ 与 $\boldsymbol{B}$ 合同.

显然，矩阵合同具有下列性质：

(1) 如果 $\boldsymbol{A}$ 为对称矩阵，那么 $\boldsymbol{B}$ 也为对称矩阵.

(2) $R(\boldsymbol{A})=R(\boldsymbol{B})$.

(3) 如果 $\boldsymbol{A}$ 与 $\boldsymbol{B}$ 合同，$\boldsymbol{B}$ 与 $\boldsymbol{C}$ 合同，那么 $\boldsymbol{A}$ 与 $\boldsymbol{C}$ 合同.

对于给定的二次型 $f=\boldsymbol{X}^{\mathrm{T}}\boldsymbol{A}\boldsymbol{X}$，我们主要讨论的问题是找到可逆线性变换 $\boldsymbol{X}=\boldsymbol{C}\boldsymbol{Y}$，使

$$f=k_1y_1^2+k_2y_2^2+\cdots+k_ny_n^2,$$

则得到了二次型的标准形.问题等价于，已知实对称矩阵 $\boldsymbol{A}$，求可逆矩阵 $\boldsymbol{C}$，使 $\boldsymbol{C}^{\mathrm{T}}\boldsymbol{A}\boldsymbol{C}=\boldsymbol{\Lambda}$ 为对角矩阵.而对于实对称矩阵 $\boldsymbol{A}$，存在正交矩阵 $\boldsymbol{Q}$，使 $\boldsymbol{Q}^{-1}\boldsymbol{A}\boldsymbol{Q}=\boldsymbol{Q}^{\mathrm{T}}\boldsymbol{A}\boldsymbol{Q}=\boldsymbol{\Lambda}$，其中 $\boldsymbol{\Lambda}$ 是以 $\boldsymbol{A}$ 的 n 个特征值为主对角线元素的对角矩阵.我们有以下定理.

定理 1 对任意 n 元实二次型 $f=\boldsymbol{X}^{\mathrm{T}}\boldsymbol{A}\boldsymbol{X}$，总存在正交变换 $\boldsymbol{X}=\boldsymbol{Q}\boldsymbol{Y}$，将二次型化为标准形

$$f=\lambda_1y_1^2+\lambda_2y_2^2+\cdots+\lambda_ny_n^2,$$

其中 $\lambda_1,\lambda_2,\cdots,\lambda_n$ 是实二次型 f 的矩阵 $\boldsymbol{A}$ 的 n 个特征值.

例 4 求一个正交变换 $\boldsymbol{X}=\boldsymbol{QY}$，把二次型

$$f=\frac{1}{2}x_1^2-x_1x_2+2x_1x_3+\frac{1}{2}x_2^2+2x_2x_3-x_3^2$$

化为标准形.

解 二次型 f 的矩阵

$$\boldsymbol{A}=\begin{pmatrix}\frac{1}{2} & -\frac{1}{2} & 1\\ -\frac{1}{2} & \frac{1}{2} & 1\\ 1 & 1 & -1\end{pmatrix}.$$

$\boldsymbol{A}$ 的特征多项式

$$|\boldsymbol{A}-\lambda\boldsymbol{E}|=\begin{vmatrix}\frac{1}{2}-\lambda & -\frac{1}{2} & 1\\ -\frac{1}{2} & \frac{1}{2}-\lambda & 1\\ 1 & 1 & -1-\lambda\end{vmatrix}=-(1-\lambda)^2(2+\lambda),$$

得 $\boldsymbol{A}$ 的特征值 $\lambda_{1,2}=1,\lambda_3=-2$.

当 $\lambda_{1,2}=1$ 时，解齐次线性方程组 $(\boldsymbol{A}-\boldsymbol{E})\boldsymbol{X}=\boldsymbol{0}$，得基础解系

$$\boldsymbol{\xi}_1=(-1,1,0)^{\mathrm{T}},\quad \boldsymbol{\xi}_2=(2,0,1)^{\mathrm{T}},$$

正交化得 $\boldsymbol{\beta}_1=(-1,1,0)^{\mathrm{T}}$，$\boldsymbol{\beta}_2=(1,1,1)^{\mathrm{T}}$；再单位化得

$$\boldsymbol{\eta}_1=\left(-\frac{1}{\sqrt{2}},\frac{1}{\sqrt{2}},0\right)^{\mathrm{T}},\quad \boldsymbol{\eta}_2=\left(\frac{1}{\sqrt{3}},\frac{1}{\sqrt{3}},\frac{1}{\sqrt{3}}\right)^{\mathrm{T}}.$$

当 $\lambda_3=-2$ 时，解齐次线性方程组 $(\boldsymbol{A}+2\boldsymbol{E})\boldsymbol{X}=\boldsymbol{0}$，得基础解系 $\boldsymbol{\xi}_3=(1,1,-2)^{\mathrm{T}}$，单位化得

$$\boldsymbol{\eta}_3=\left(\frac{1}{\sqrt{6}},\frac{1}{\sqrt{6}},-\frac{2}{\sqrt{6}}\right)^{\mathrm{T}}.$$

令正交矩阵

$$\boldsymbol{Q}=(\boldsymbol{\eta}_1,\boldsymbol{\eta}_2,\boldsymbol{\eta}_3)=\begin{pmatrix}-\frac{1}{\sqrt{2}} & \frac{1}{\sqrt{3}} & \frac{1}{\sqrt{6}}\\ \frac{1}{\sqrt{2}} & \frac{1}{\sqrt{3}} & \frac{1}{\sqrt{6}}\\ 0 & \frac{1}{\sqrt{3}} & -\frac{2}{\sqrt{6}}\end{pmatrix},$$

于是正交变换 $\boldsymbol{X}=\boldsymbol{QY}$，且得二次型的标准形

$$f=y_1^2+y_2^2-2y_3^2.$$

例 5 设二次型

$$f(x_1,x_2,x_3)=2x_1^2-x_2^2+ax_3^2+2x_1x_2-8x_1x_3+2x_2x_3$$

在正交变换 $\boldsymbol{X}=\boldsymbol{QY}$ 下的标准形为

$$\lambda_1 y_1^2+\lambda_2 y_2^2,$$

求 a 的值及一个正交矩阵 $\boldsymbol{Q}$.

解 二次型 f 的矩阵

$$\boldsymbol{A}=\begin{pmatrix}2&1&-4\\1&-1&1\\-4&1&a\end{pmatrix}.$$

由于 $f(x_1,x_2,x_3)=\boldsymbol{X}^{\mathrm{T}}\boldsymbol{A}\boldsymbol{X}$ 经正交变换后得到的标准形为 $\lambda_1 y_1^2+\lambda_2 y_2^2$,故 $R(\boldsymbol{A})=2$,则

$$|\boldsymbol{A}|=\begin{vmatrix}2&1&-4\\1&-1&1\\-4&1&a\end{vmatrix}=-3(a-2)=0,$$

解得 $a=2$. 因此,所求矩阵为

$$\boldsymbol{A}=\begin{pmatrix}2&1&-4\\1&-1&1\\-4&1&2\end{pmatrix}.$$

$\boldsymbol{A}$ 的特征方程

$$|\boldsymbol{A}-\lambda\boldsymbol{E}|=\begin{vmatrix}2-\lambda&1&-4\\1&-\lambda-1&1\\-4&1&2-\lambda\end{vmatrix}=\lambda(\lambda+3)(6-\lambda)=0,$$

解得 $\boldsymbol{A}$ 的特征值 $\lambda_1=-3,\lambda_2=6,\lambda_3=0$.

当 $\lambda_1=-3$ 时,解齐次线性方程组 $(\boldsymbol{A}+3\boldsymbol{E})\boldsymbol{X}=\boldsymbol{0}$,得基础解系 $\boldsymbol{\xi}_1=(1,-1,1)^{\mathrm{T}}$,单位化得 $\boldsymbol{\eta}_1=\dfrac{1}{\sqrt{3}}(1,-1,1)^{\mathrm{T}}$.

当 $\lambda_2=6$ 时,解齐次线性方程组 $(\boldsymbol{A}-6\boldsymbol{E})\boldsymbol{X}=\boldsymbol{0}$,得基础解系 $\boldsymbol{\xi}_2=(-1,0,1)^{\mathrm{T}}$, 单位化得 $\boldsymbol{\eta}_2=\dfrac{1}{\sqrt{2}}(-1,0,1)^{\mathrm{T}}$.

当 $\lambda_3=0$ 时,解齐次线性方程组 $\boldsymbol{A}\boldsymbol{X}=\boldsymbol{0}$,得基础解系 $\boldsymbol{\xi}_3=(1,2,1)^{\mathrm{T}}$, 单位化得 $\boldsymbol{\eta}_3=\dfrac{1}{\sqrt{6}}(1,2,1)^{\mathrm{T}}$.

令正交矩阵

$$\boldsymbol{Q}=(\boldsymbol{\eta}_1,\boldsymbol{\eta}_2,\boldsymbol{\eta}_3)=\begin{pmatrix}\frac{1}{\sqrt{3}}&-\frac{1}{\sqrt{2}}&\frac{1}{\sqrt{6}}\\-\frac{1}{\sqrt{3}}&0&\frac{2}{\sqrt{6}}\\\frac{1}{\sqrt{3}}&\frac{1}{\sqrt{2}}&\frac{1}{\sqrt{6}}\end{pmatrix},$$

$$\boldsymbol{Q}^{\mathrm{T}}\boldsymbol{A}\boldsymbol{Q}=\begin{pmatrix}-3&&\\&6&\\&&0\end{pmatrix},$$

于是正交变换 $X=QY$,得二次型的标准形 $f=-3y_1^2+6y_2^2$.

思考题二

1. 利用配方法化二次型为标准形的步骤是什么?
2. 总结利用正交化方法化二次型为标准形的步骤,需要注意什么问题?
3. 若矩阵 B 与对称矩阵 A 合同,矩阵 B 一定是对称矩阵吗?

第三节 正定二次型

定理 2(惯性定理) 设实二次型 $f=X^TAX$ 的秩为 r,如果存在可逆变换 $X=CY$ 和 $X=PZ$,使

$$f=k_1y_1^2+k_2y_2^2+\cdots+k_ry_r^2,\quad k_i\neq 0\ (i=1,2,\cdots,r)$$

和

$$f=\lambda_1z_1^2+\lambda_2z_2^2+\cdots+\lambda_rz_r^2,\quad \lambda_i\neq 0\ (i=1,2,\cdots,r),$$

那么 $k_1,k_2,\cdots,k_r$ 中正数的个数与 $\lambda_1,\lambda_2,\cdots,\lambda_r$ 中正数的个数相等,负数个数也相等.其中正数的个数称为正惯性指数,记为 p;负数的个数称为负惯性指数,记为 q, 且有 $p+q=r$.

定义 4 设实二次型 $f=X^TAX$, 如果对任何 $X\neq 0$, 都有 $f>0$, 那么称 f 为正定二次型,并称矩阵 A 为正定矩阵;如果对任何 $X\neq 0$, 都有 $f<0$, 那么称 f 为负定二次型,并称 A 为负定矩阵.

定理 3 n 元实二次型 $f=X^TAX$ 正定的充要条件是它的标准形的 n 个系数全为正,即它的正惯性指数 $p=n$.

证 设存在可逆线性变换 $X=CY$, 使 $f(X)=f(CY)=k_1y_1^2+k_2y_2^2+\cdots+k_ny_n^2$.

充分性:设 $k_i>0, i=1,2,\cdots,n$. 任给向量 $X\neq 0$, 因为 C 可逆,所以

$$Y=C^{-1}X\neq 0,$$

故 $f=k_1y_1^2+k_2y_2^2+\cdots+k_ny_n^2>0$, 即二次型为正定的.

必要性:用反证法.假设有 $k_s\leqslant 0$. 当 $Y=e_s$, 即 $X=Ce_s\neq 0$ 时, $f=k_s\leqslant 0$, 其中 e_s 是第 s 个分量为 1 其余分量都为 0 的 n 维单位向量.与 f 正定矛盾.证毕.

推论 实对称矩阵 A 为正定矩阵的充要条件是 A 的特征值全为正.

定义 5 设 $A=(a_{ij})_n$,称

$$\Delta_k=\begin{vmatrix} a_{11} & a_{12} & \cdots & a_{1k} \\ a_{21} & a_{22} & \cdots & a_{2k} \\ \vdots & \vdots & & \vdots \\ a_{k1} & a_{k2} & \cdots & a_{kk} \end{vmatrix}$$

为 A 的 k 阶顺序主子式.

定理 4 (1) n 阶实对称矩阵 $\boldsymbol{A}=(a_{ij})$ 为正定矩阵的充要条件是 $\boldsymbol{A}$ 的各阶顺序主子式都为正值,即

$$\Delta_1=a_{11}>0,\ \Delta_2=\begin{vmatrix}a_{11}&a_{12}\\a_{21}&a_{22}\end{vmatrix}>0,\cdots,\Delta_n=|\boldsymbol{A}|=\begin{vmatrix}a_{11}&a_{12}&\cdots&a_{1n}\\a_{21}&a_{22}&&a_{2n}\\\vdots&\vdots&&\vdots\\a_{n1}&a_{n2}&\cdots&a_{nn}\end{vmatrix}>0.$$

(2) n 阶实对称矩阵 $\boldsymbol{A}=(a_{ij})$ 为负定矩阵的充要条件是 $\boldsymbol{A}$ 的奇数阶顺序主子式都为负值,偶数阶顺序主子式都为正值,即

$$(-1)^k\Delta_k=(-1)^k\begin{vmatrix}a_{11}&a_{12}&\cdots&a_{1k}\\a_{21}&a_{22}&\cdots&a_{2k}\\\vdots&\vdots&&\vdots\\a_{k1}&a_{k2}&\cdots&a_{kk}\end{vmatrix}>0,\ k=1,2,\cdots,n.$$

例 6 判别二次型 $f=-5x^2-6y^2-4z^2+4xy+4xz$ 的正定性.

解 f 的矩阵为

$$\boldsymbol{A}=\begin{pmatrix}-5&2&2\\2&-6&0\\2&0&-4\end{pmatrix},$$

各阶主子式

$$\Delta_1=-5<0,\ \Delta_2=\begin{vmatrix}-5&2\\2&-6\end{vmatrix}=26>0,\ \Delta_3=|\boldsymbol{A}|=-80<0,$$

故 f 是负定二次型.

例 7 设 $\boldsymbol{U}$ 为可逆矩阵,$\boldsymbol{A}=\boldsymbol{U}^{\mathrm{T}}\boldsymbol{U}$, 证明:二次型 $f=\boldsymbol{X}^{\mathrm{T}}\boldsymbol{A}\boldsymbol{X}$ 是正定二次型.

证 显然 $\boldsymbol{A}$ 为实对称矩阵.任给 $\boldsymbol{X}\neq\boldsymbol{0}$, 因为 $\boldsymbol{U}$ 可逆,所以 $\boldsymbol{U}\boldsymbol{X}\neq\boldsymbol{0}$, 且

$$f=\boldsymbol{X}^{\mathrm{T}}\boldsymbol{A}\boldsymbol{X}=\boldsymbol{X}^{\mathrm{T}}\boldsymbol{U}^{\mathrm{T}}\boldsymbol{U}\boldsymbol{X}=(\boldsymbol{U}\boldsymbol{X})^{\mathrm{T}}(\boldsymbol{U}\boldsymbol{X})=\|\boldsymbol{U}\boldsymbol{X}\|^2>0,$$

从而 $f=\boldsymbol{X}^{\mathrm{T}}\boldsymbol{A}\boldsymbol{X}$ 是正定二次型.

注 例 7 表明:与单位矩阵合同的矩阵必是正定矩阵.

思考题三

1. 给定 n 元实二次型 $f=\boldsymbol{X}^{\mathrm{T}}\boldsymbol{A}\boldsymbol{X}$, 其中 $\boldsymbol{X}=(x_1,x_2,\cdots,x_n)^{\mathrm{T}}$. 若当 $x_1,x_2,\cdots,x_n$ 全不为零时,有 $f>0$, 则 f 为正定二次型,对吗?

2. 正定矩阵一定是对称矩阵吗?

3. 若矩阵 $\boldsymbol{B}$ 与正定矩阵 $\boldsymbol{A}$ 合同,矩阵 $\boldsymbol{B}$ 也是正定矩阵吗?

4. 若三元实二次型 $f=\boldsymbol{X}^{\mathrm{T}}\boldsymbol{A}\boldsymbol{X}$ 的标准形为 $f=y_1^2+2y_2^2$, 请问该二次型是否为正定二次型?

第四节 应用举例

一、引例解答

令二次型 $f(x,y,z)=x^2+y^2+4z^2+4xy+2xz+2yz$，其矩阵

$$A=\begin{pmatrix}1&2&1\\2&1&1\\1&1&4\end{pmatrix},$$

A 的特征多项式

$$|A-\lambda E|=-(1+\lambda)(2-\lambda)(5-\lambda),$$

得 A 的特征值

$$\lambda_1=-1,\ \lambda_2=2,\ \lambda_3=5.$$

$\lambda_1=-1,\lambda_2=2,\lambda_3=5$ 对应的规范正交特征向量依次为

$$\eta_1=\left(\frac{1}{\sqrt{2}},-\frac{1}{\sqrt{2}},0\right)^{\mathrm{T}},\ \eta_2=\left(-\frac{1}{\sqrt{3}},-\frac{1}{\sqrt{3}},\frac{1}{\sqrt{3}}\right)^{\mathrm{T}},\ \eta_3=\left(\frac{1}{\sqrt{6}},\frac{1}{\sqrt{6}},\frac{2}{\sqrt{6}}\right)^{\mathrm{T}}.$$

则二次型 f 在正交变换

$$\begin{pmatrix}x\\y\\z\end{pmatrix}=\begin{pmatrix}\frac{1}{\sqrt{2}}&-\frac{1}{\sqrt{3}}&\frac{1}{\sqrt{6}}\\-\frac{1}{\sqrt{2}}&-\frac{1}{\sqrt{3}}&\frac{1}{\sqrt{6}}\\0&\frac{1}{\sqrt{3}}&\frac{2}{\sqrt{6}}\end{pmatrix}\begin{pmatrix}u\\v\\w\end{pmatrix}$$

下的标准形

$$f=-u^2+2v^2+5w^2.$$

因为 $f=-u^2+2v^2+5w^2=1$ 表示单叶双曲面，所以所讨论的二次方程也表示一个单叶双曲面.

二、二次曲线的研究

二次型的应用

例 8 设二次曲线的方程为 $2x_1^2-4x_1x_2+5x_2^2=1$，试确定其形状.

解 先用正交变换把二次型 $f=2x_1^2-4x_1x_2+5x_2^2$ 化为标准形.二次型 f 的矩阵

$$A=\begin{pmatrix}2&-2\\-2&5\end{pmatrix},$$

$\boldsymbol{A}$ 的特征值为 1,6,且对应的规范正交特征向量分别为

$$\boldsymbol{u}_1=\frac{1}{\sqrt{5}}\begin{pmatrix}2\\-1\end{pmatrix},\ \boldsymbol{u}_2=\frac{1}{\sqrt{5}}\begin{pmatrix}1\\2\end{pmatrix}.$$

则在正交变换

$$\begin{pmatrix}x_1\\x_2\end{pmatrix}=\frac{1}{\sqrt{5}}\begin{pmatrix}2&1\\-1&2\end{pmatrix}\begin{pmatrix}y_1\\y_2\end{pmatrix}$$

下二次型的标准形 $f=y_1^2+6y_2^2$.

对于二次型 $f(x_1,x_2)=1$,可得图 6-1;对于二次型 $f(y_1,y_2)=1$,可得图 6-2,并在图 6-2 中叠加了图 6-1 的坐标.因为正交变换不改变向量的长度,也就是在直角坐标系下不改变图形的形状,所以两个曲线图形是同一椭圆,所不同的是方向的变化.现在分析这一变化产生的原因,针对正交变换 $\boldsymbol{X}=\boldsymbol{QY}$,可以看成图示中的第一组单位正交向量 $\boldsymbol{i},\boldsymbol{j}$ 到第二组单位正交向量 $\boldsymbol{u}_1,\boldsymbol{u}_2$ 下的旋转变换(如图 6-1 到图 6-2 的变化),我们通常称 $\boldsymbol{y}^{\mathrm{T}}\boldsymbol{\Lambda y}=1$ 这样的方程为标准方程,标准方程有利于我们对曲线或曲面进行分类或者刻画曲线的属性.

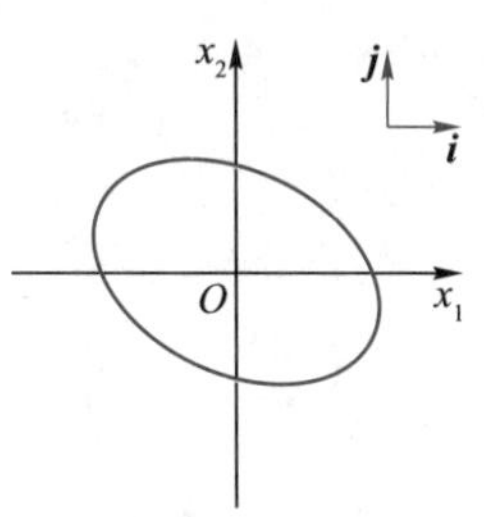

图 6-1

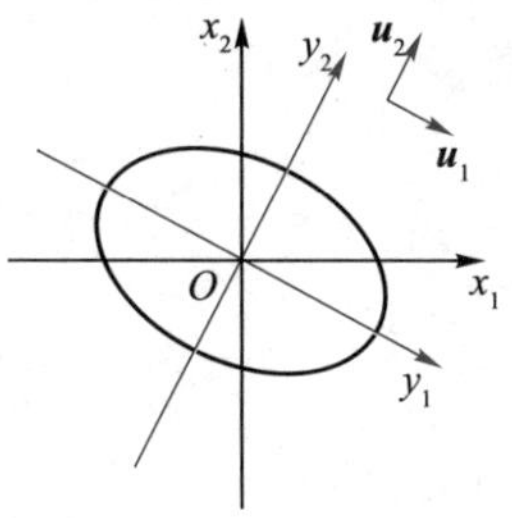

图 6-2

三、多元函数的最值

例 9 求函数 $f(x_1,x_2,x_3)=2x_1x_2-2x_1x_3+2x_2x_3$ 在条件 $\|\boldsymbol{X}\|=1$ 下的最小值.

解 该函数为实二次型,对其作正交变换 $\boldsymbol{X}=\boldsymbol{QY}$,将其化为标准形,然后在条件 $\|\boldsymbol{Y}\|=\|\boldsymbol{X}\|=1$ 下讨论函数的最小值.

该二次型的矩阵

$$\boldsymbol{A}=\begin{pmatrix}0&1&-1\\1&0&1\\-1&1&0\end{pmatrix},$$

其特征多项式

$$|\boldsymbol{A}-\lambda\boldsymbol{E}|=-(2+\lambda)(1-\lambda)^2,$$

其特征值为 $\lambda_1=-2,\lambda_{2,3}=1$.

属于特征值 $\lambda_1=-2,\lambda_{2,3}=1$ 的规范正交特征向量依次为

$$\boldsymbol{\eta}_1=\frac{1}{\sqrt{3}}(1,-1,1)^{\mathrm{T}},\quad \boldsymbol{\eta}_2=\left(\frac{1}{\sqrt{2}},\frac{1}{\sqrt{2}},0\right)^{\mathrm{T}},\quad \boldsymbol{\eta}_3=\left(-\frac{1}{\sqrt{6}},\frac{1}{\sqrt{6}},\frac{2}{\sqrt{6}}\right)^{\mathrm{T}}.$$

则二次型 f 在正交变换

$$\begin{pmatrix} x_1 \\ x_2 \\ x_3 \end{pmatrix} = \begin{pmatrix} \frac{1}{\sqrt{3}} & \frac{1}{\sqrt{2}} & -\frac{1}{\sqrt{6}} \\ -\frac{1}{\sqrt{3}} & \frac{1}{\sqrt{2}} & \frac{1}{\sqrt{6}} \\ \frac{1}{\sqrt{3}} & 0 & \frac{2}{\sqrt{6}} \end{pmatrix} \begin{pmatrix} y_1 \\ y_2 \\ y_3 \end{pmatrix}$$

下的标准形

$$f = -2y_1^2 + y_2^2 + y_3^2. \tag{6.7}$$

相应地，条件 $\|\boldsymbol{X}\| = 1$ 化为 $\|\boldsymbol{Y}\| = 1$，即

$$y_1^2 + y_2^2 + y_3^2 = 1. \tag{6.8}$$

则问题归结为求(6.7)式确定的函数在条件(6.8)下的最小值.此时，显然有

$$f = -2y_1^2 + y_2^2 + y_3^2 \geqslant -2(y_1^2 + y_2^2 + y_3^2) = -2.$$

当 $\boldsymbol{Y} = (y_1, y_2, y_3)^{\mathrm{T}} = (\pm 1, 0, 0)^{\mathrm{T}}$ 时 $f=-2$，所以 f 在 $\boldsymbol{Y}_1 = (1,0,0)^{\mathrm{T}}$ 和 $\boldsymbol{Y}_2 = (-1,0,0)^{\mathrm{T}}$ 处取得最小值，最小值为 $f = -2$.

当 $\boldsymbol{Y}_1 = (1,0,0)^{\mathrm{T}}$ 时，$\boldsymbol{X}_1 = \boldsymbol{Q}\boldsymbol{Y}_1 = \left(\frac{1}{\sqrt{3}}, -\frac{1}{\sqrt{3}}, \frac{1}{\sqrt{3}}\right)^{\mathrm{T}}$.

当 $\boldsymbol{Y}_2 = (-1,0,0)^{\mathrm{T}}$ 时，$\boldsymbol{X}_2 = \boldsymbol{Q}\boldsymbol{Y}_2 = -\left(\frac{1}{\sqrt{3}}, -\frac{1}{\sqrt{3}}, \frac{1}{\sqrt{3}}\right)^{\mathrm{T}}$.

所以 f 在 $\boldsymbol{X} = \pm\left(\frac{1}{\sqrt{3}}, -\frac{1}{\sqrt{3}}, \frac{1}{\sqrt{3}}\right)^{\mathrm{T}}$ 处取得最小值，最小值为 $f=-2$.

习 题 六

(A)

1. 写出下列二次型的矩阵：

(1) $f(x_1, x_2, x_3) = x_1^2 + 2x_2^2 + 2x_3^2 + 4x_1x_2 + 5x_1x_3 - 4x_2x_3$；

(2) $f(x_1, x_2, x_3, x_4) = 4x_1x_2 - 5x_1x_3 - 2x_2x_3 + x_4^2$；

(3) $f(x_1, x_2, \cdots, x_5) = \sum\limits_{i=1}^{5} x_i^2 + 2\sum\limits_{i=1}^{4} x_i x_{i+1}$；

(4) $f(x_1, x_2, x_3) = (x_1, x_2, x_3)\begin{pmatrix} 1 & 2 & 4 \\ 1 & 2 & -4 \\ 1 & 2 & -3 \end{pmatrix}\begin{pmatrix} x_1 \\ x_2 \\ x_3 \end{pmatrix}$.

2. 已知二次型 $f(x_1, x_2, x_3) = 5x_1^2 + 5x_2^2 + ax_3^2 - 2x_1x_2 + 6x_1x_3 - 6x_2x_3$ 的秩为 2，求 a.

3. 用配方法将下列二次型化成标准形，并写出所用的可逆线性变换：

(1) $f(x_1, x_2, x_3) = x_1^2 - 3x_2^2 + 4x_3^2 - 2x_1x_2 + 2x_1x_3 - 10x_2x_3$；

(2) $f(x_1, x_2, x_3) = x_1x_2 + x_1x_3 + x_2x_3$；

(3) $f(x_1, x_2, x_3) = x_1^2 + 5x_2^2 - 4x_3^2 + 2x_1x_2 - 4x_1x_3$；

(4) $f(x_1,x_2,x_3)=x_1^2+2x_2^2+5x_3^2+2x_1x_2+2x_1x_3+8x_2x_3$.

4. 用正交变换法化二次型为标准形,并写出所用的正交变换:

(1) $f(x_1,x_2,x_3)=(x_1-x_2)^2+(x_2-x_3)^2+(x_3-x_1)^2$;

(2) $f(x_1,x_2,x_3)=x_1^2+2x_2^2+3x_3^2-4x_1x_2-4x_2x_3$;

(3) $f(x_1,x_2,x_3)=x_1^2+x_2^2+x_3^2-4x_1x_2-4x_1x_3-4x_2x_3$;

(4) $f(x_1,x_2,x_3)=-2x_1x_2+2x_1x_3+2x_2x_3$.

5. 判断下列二次型的正定性:

(1) $f(x_1,x_2,x_3)=2x_1^2+5x_2^2+5x_3^2+4x_1x_2-4x_1x_3-8x_2x_3$;

(2) $f(x_1,x_2,x_3)=-2x_1^2-6x_2^2-4x_3^2+2x_1x_2+2x_1x_3$.

6. 求 a 的取值范围,使二次型 $f(x_1,x_2,x_3)=x_1^2+x_2^2+5x_3^2+2ax_1x_2-2x_1x_3+4x_2x_3$ 为正定二次型.

7. 设二次型 $f(x_1,x_2,x_3)=a(x_1^2+x_2^2+x_3^2)+2x_1x_2+2x_1x_3+2x_2x_3$ 的正、负惯性指数分别为 1,2,求 a 的取值范围.

(B)

1. 证明:若矩阵 $\boldsymbol{A}$ 正定,则矩阵 $\boldsymbol{A}$ 的主对角线元素全大于零.

2. 已知二次型 $f(x_1,x_2,x_3)=5x_1^2+5x_2^2+ax_3^2-2x_1x_2+6x_1x_3-6x_2x_3$ 的秩为 2,求参数 a 的值,并问方程 $f(x_1,x_2,x_3)=1$ 表示何种二次曲面?

3. 判断二次方程 $5x^2-4xy+5y^2=48$ 表示何种曲线.

4. 求在条件 $\|\boldsymbol{X}\|=1$ 下,二次型 f 的最大值和达到最大值的一个单位向量:

(1) $f(x_1,x_2)=5x_1^2+5x_2^2-4x_1x_2$;

(2) $f(x_1,x_2,x_3)=3x_1^2+2x_2^2+3x_3^2+2x_1x_3$.

习题六参考答案

第六章自测题

附 录

MATLAB 实验一 矩阵运算与数组运算

实验目的

1. 理解矩阵及数组概念.

2. 掌握 MATLAB 对矩阵及数组的操作命令.

实验内容

1. 矩阵与数组的输入

对于规模较小且较简单的矩阵,从键盘上直接输入矩阵是最常用的数值矩阵创建方法.用这种方法输入矩阵时注意以下三点:

(1) 整个输入矩阵以方括号“[ ]”为其首尾;

(2) 矩阵的元素必须以逗号“,”或空格分隔;

(3) 矩阵的行与行之间必须用分号“;”或回车键(↵)隔离.

例 1 下面的命令可以建立一个 3 行 4 列的矩阵 a:

```
a=[1 2 3 4;5 6 7 8;9 10 11 12]↵
```

结果为

```
a =
     1     2     3     4
     5     6     7     8
     9    10    11    12
```

注 分号“;”有三个作用:

(1) 在方括号“[ ]”内时为矩阵行间的分隔符.

(2) 用作命令与命令间的分隔符.

(3) 当它存在于赋值命令后时,该命令执行后的结果将不显示在屏幕上.

例如,输入命令:b=[1 2 0 0;0 1 0 0;1 1 1 1];矩阵 b 将不显示,但 b 已存放在 MATLAB 的工作内存中,可随时被以后的命令所调用或显示.

例如,输入命令:b ↵

结果为

```
b=
```

```
1    2    0    0
0    1    0    0
1    1    1    1
```

数值矩阵的创建还可由其他方法实现.如:利用 MATLAB 函数和语句创建数值矩阵;利用 m 文件创建数值矩阵;从其他文件获取数值矩阵.有兴趣的读者可参阅其他参考书.

数组可以看成特殊的矩阵,即 1 行 n 列矩阵,数组的输入可以采用上面矩阵的输入方法.

例 2 输入以下命令以建立数组 c:

```
c=[1 2 3 4 5 6 7 8]↵
c=
  1    2    3    4    5    6    7    8
```

另外还有两种方法输入数组.请看下面两个例子.

例 3 在 0 和 2 中间以公差 0.1 建立数组 d.

解 输入命令:

```
d=0:0.1:2 ↵
d=
   Columns 1 through 7
   0    0.1000    0.2000    0.3000    0.4000    0.5000    0.6000
   Columns 8 through 14
   0.7000    0.8000    0.9000    1.0000    1.1000    1.2000    1.3000
   Columns 15 through 21
   1.4000    1.5000    1.6000    1.7000    1.8000    1.9000    2.0000
```

例 4 在 0 和 2 之间等分地插入一些分点,建立具有 10 个数据点的数组 e.

解 输入命令:

```
e=linspace(0,2,10)↵
e=
   Columns 1 through 7
   0    0.2222    0.4444    0.6667    0.8889    1.1111    1.3333
   Columns 8 through 10
   1.5556    1.7778    2.0000
```

注 linspace(a,b,n)将建立从 a 到 b 有 n 个数据点的数组.

2. 常用矩阵的生成

MATLAB 为方便编程和运算,提供了一些常用矩阵的生成命令:

eye(n)	n×n 单位矩阵.
ones(n)	n×n 全 1 矩阵.
zeros(n)	n×n 零矩阵.
eye(m,n)	m×n 标准形矩阵.
ones(m,n)	m×n 全 1 矩阵.
zeros(m,n)	m×n 零矩阵.
eye(size(A))	与 A 同型的标准形矩阵.
ones(size(A))	与 A 同型的全 1 矩阵.
zeros(size(A))	与 A 同型的零矩阵.

注　其中命令 size(A)给出矩阵 A 的行数和列数.

例 5　生成以下矩阵：

(1) 3×3 零矩阵.

(2) 3×6 全 1 矩阵.

(3) 与例 1 中矩阵 a 同型的标准形矩阵.

解　输入下面命令：

```
d=zeros(3)↵
d=
   0    0    0
   0    0    0
   0    0    0
e=ones(3,6)↵
e=
   1    1    1    1    1    1
   1    1    1    1    1    1
   1    1    1    1    1    1
f=eye(size(a))↵
f=
  1    0    0    0
  0    1    0    0
  0    0    1    0
```

3. 矩阵元素的标识

矩阵的元素、子矩阵可以通过标量、向量、冒号的标识来援引和赋值.

(1) 矩阵元素的标识方式 $A(n_i, n_j)$.

n_i, n_j 都是标量.若它们不是整数,则在调用格式中会自动圆整(四舍五入)到最临近整数.n_i 指定元素的行位置,n_j 指定元素的列位置.

(2) 子矩阵的序号向量标识方式 A(v,w).

v,w 是向量,v,w 中的任意一个可以是冒号":",表示取全部行(在 v 位置)或全部列(在 w 位置).v,w 中所用序号必须大于或等于 1 且小于或等于矩阵的行(列)数.

例 6　元素和矩阵的标识.

```
a=[1 2 3 4;5 6 7 8;9 10 11 12]↵
a=
   1    2    3    4
   5    6    7    8
   9   10   11   12
a24=a(2,4)↵
a24=
     8
a1=a([1,2],[2,3,4])↵
a1=
```

```
     2     3     4
     6     7     8
a2=a([1,2],[2,3,1])↵
a2=
     2     3     1
     6     7     5
a3=a([3,1],:)↵
a3=
     9    10    11    12
     1     2     3     4
a([1,3],[2,4])=zeros(2)↵
a=
   1     0     3     0
   5     6     7     8
   9     0    11     0
```

4. 矩阵运算和数组运算

矩阵运算的命令和意义如下：

A'　　　　矩阵 A 的共轭转置矩阵,当 A 是实矩阵时,A'是 A 的转置矩阵.

A+B　　　两个同型矩阵 A 与 B 相加.

A-B　　　两个同型矩阵 A 与 B 相减.

A * B　　　矩阵 A 与矩阵 B 相乘,要求 A 的列数等于 B 的行数.

s+B　　　标量和矩阵相加(MATLAB 约定的特殊运算,等于 s 加 B 的每一个分量).

s-B　B-s　标量和矩阵相减(MATLAB 约定的特殊运算,含意同上).

s * A　　　数与矩阵 A 相乘.

例 7　a=[1 2 3;4 5 6]↵

```
a=
   1     2     3
   4     5     6
b=[-1 0 1;3 1 2]↵
b=
  -1     0     1
   3     1     2
a'↵
ans=
     1     4
     2     5
     3     6
a+b↵
ans=
     0     2     4
     7     6     8
```

```
a-b ↵
ans =
     2     2     2
     1     4     4
1+a ↵
ans =
     2     3     4
     5     6     7
a-1
ans =
     0     1     2
     3     4     5
2 * b ↵
ans =
    -2     0     2
     6     2     4
c=[2 4;1 3;0 1] ↵
c =
     2     4
     1     3
     0     1
a * c ↵
ans =
     4    13
    13    37
```

数组可以看成特殊矩阵，即一行 n 列的矩阵，矩阵运算的命令和含意同样适用于数组运算.如果在运算符前加“.”，其意义将有所不同.

A. * B　　同维数组或同型矩阵对应元素相乘.

A./B　　A 的元素被 B 的元素对应除.

A.^n　　A 的每个元素 n 次方.

p.^A　　以 p 为底，分别以 A 的元素为指数求幂.

例 8　a=[1 2 3;4 5 6] ↵

```
a =
   1     2     3
   4     5     6
b=[-1 0 1;3 1 2] ↵
b =
    -1     0     1
     3     1     2
a. * b ↵
ans =
```

```
    -1      0      3
    12      5     12
a./b ↵
Warning: Divide by zero.
ans =
   -1.0000       Inf    3.0000
    1.3333    5.0000    3.0000
a.^2 ↵
ans =
     1     4     9
    16    25    36
2.^a ↵
ans =
     2     4     8
    16    32    64
```

练习一

1. 计算：

(1) $\begin{pmatrix}1 & 2 & 3 & 4\\ 0 & 2 & -1 & 1\\ 1 & -1 & 2 & 5\end{pmatrix}+\frac{1}{2}\begin{pmatrix}2 & 1 & 4 & 10\\ 0 & -1 & 2 & 0\\ 0 & 2 & 3 & -2\end{pmatrix}$；

(2) $\begin{pmatrix}3 & 1 & 2 & -1\\ 0 & 3 & 1 & 0\end{pmatrix}\begin{pmatrix}1 & 0 & 5\\ 0 & 2 & 0\\ 1 & 0 & 1\\ 0 & 3 & 0\end{pmatrix}\begin{pmatrix}-1 & 0\\ 1 & 5\\ 0 & 2\end{pmatrix}$；

(3) $\begin{pmatrix}2 & 2\\ -4 & 2\end{pmatrix}^5$.

2. 设 $\boldsymbol{A}=\begin{pmatrix}3 & 1 & 0\\ -1 & 2 & 1\\ 3 & 4 & 2\end{pmatrix}$，$\boldsymbol{B}=\begin{pmatrix}1 & 0 & 2\\ -1 & 1 & 1\\ 2 & 1 & 1\end{pmatrix}$，求满足关系 $3\boldsymbol{A}-2\boldsymbol{X}=\boldsymbol{B}$ 的 $\boldsymbol{X}$.

MATLAB 实验二　矩阵与线性方程组

实验目的

1. 掌握 MATLAB 求矩阵的秩命令.
2. 掌握 MATLAB 求方阵的行列式命令.
3. 理解逆矩阵概念，掌握 MATLAB 求逆矩阵命令.
4. 会用 MATLAB 求解线性方程组.

实验内容

1. 矩阵的秩

命令 rank(A)给出矩阵 A 的秩.

例 1　a=[3 2 -1 -3 -2;2 -1 3 1 -3;7 0 5 -1 -8]↵

```
a=
   3     2    -1    -3    -2
   2    -1     3     1    -3
   7     0     5    -1    -8
rank(a)↵
ans=
     2
```

2. 方阵的行列式

命令 det(A)给出方阵 A 的行列式.

例 2　b=[1 2 3 4;2 3 4 1;3 4 1 2;4 1 2 3];

```
det(b)↵
ans=
     160
det(b')↵
ans=
     160
c=b;c(:,1)=2*b(:,1);
det(c)↵
ans=
     320
det(b(:,[3 2 1 4]))↵
ans=
     -160
d=b;
d(2,:);
det(d)↵
ans=
     160
```

注　在这里我们实际上验证了行列式的性质.你能否给出上例运算结果的一个解释?

3. 逆矩阵

命令 inv(A)给出方阵 A 的逆矩阵,如果 A 不可逆,那么 inv(A)给出的矩阵的元素都是 Inf.

例 3　设 $\boldsymbol{A}=\begin{pmatrix}1&2&3\\2&2&1\\3&4&3\end{pmatrix}$,求 $\boldsymbol{A}$ 的逆矩阵.

解　输入命令:

```
A=[1 2 3;2 2 1;3 4 3];
B=inv(A) ↵
B=
    1.0000    3.0000   -2.0000
   -1.5000   -3.0000    2.5000
    1.0000    1.0000   -1.0000
```

还可以用伴随矩阵求逆矩阵,打开 m 文件编辑器,建立一个名为 company-m 的 m 文件,文件内容为

```
function y=company-m(x)
[n,m]=size(x);
y=[];
for j=1:n;
  a=[];
  for i=1:n;
    x1=det(x([1:i-1,i+1:n],[1:j-1,j+1:n]))*(-1)^(i+j);
    a=[a,x1];
  end
  y=[y;a];
end
```

利用该函数可以求出一个矩阵的伴随矩阵.

输入命令:

```
C=1/det(A)*company-m(A) ↵
C=
    1.0000    3.0000   -2.0000
   -1.5000   -3.0000    2.5000
    1.0000    1.0000   -1.0000
```

利用初等变换也可以求逆矩阵,构造 n 行 2n 列的矩阵(A E),并进行行初等变换,当把 A 变为单位矩阵时,E 就变成了 A 的逆矩阵.利用 MATLAB 命令 rref 可以求出矩阵的行最简形矩阵.输入命令:

```
D=[A,eye(3)] ↵
D=
   1   2   3   1   0   0
   2   2   1   0   1   0
   3   4   3   0   0   1
rref(D) ↵
ans=
    1.0000         0         0    1.0000    3.0000   -2.0000
         0    1.0000         0   -1.5000   -3.0000    2.5000
         0         0    1.0000    1.0000    1.0000   -1.0000
```

m×n 线性方程组 AX=B 的求解是通过矩阵的除法来完成的, X=A\B ,当 m=n 且 A 可逆时,给出唯一解.这时 A\B 相当于 inv(A)*B ;当 n > m 时,A\B 给出方程的最小二

乘意义下的解；当 n < m 时，A\B 给出方程的最小范数解.

例 4　求解方程组

$$\begin{cases} x_1 - x_2 + x_3 + 2x_4 = 1, \\ x_1 + x_2 - 2x_3 + x_4 = 1, \\ x_1 + x_2 + x_3 = 2, \\ x_1 + x_3 - x_4 = 1. \end{cases}$$

解　输入命令：

```
a=[1 -1 1 2;1 1 -2 1;1 1 1 0;1 0 1 -1];
b=[1;1;2;1];
x=a\b ↵
x=
   0.8333
   0.7500
   0.4167
   0.2500
```

或者输入命令：

```
z=inv(a) * b ↵
z=
   0. 8333
   0. 7500
   0. 4167
   0. 2500
```

例 5　解方程组

$$\begin{cases} 2x_1 + x_2 + x_3 - x_4 - 2x_5 = 2, \\ x_1 - x_2 + 2x_3 + x_4 - x_5 = 4, \\ 2x_1 - 3x_2 + 4x_3 + 3x_4 - x_5 = 8. \end{cases}$$

解　方程的个数和未知量不相等，用消元法，将增广矩阵化为行最简形矩阵，如果系数矩阵的秩不等于增广矩阵的秩，那么方程组无解；如果系数矩阵的秩等于增广矩阵的秩，那么方程组有解，方程组的解就是行最简形矩阵所对应的方程组的解.

输入命令：

```
a=[2 1 1 -1 -2 2;1 -1 2 1 -1 4;2 -3 4 3 -1 8];
rref(a) ↵
ans=
     1     0     0     0     0     0
     0     1     0    -1    -1     0
     0     0     1     0    -1     2
```

从结果看出，x_4 和 x_5 为自由未知量，方程组的解为

$$\begin{cases} x_1 = 0, \\ x_2 = x_4 + x_5, \\ x_3 = 2 + x_5. \end{cases}$$

例 6 解方程组

$$\begin{cases} x_1 - x_2 - x_3 + x_4 = 0, \\ x_1 - x_2 + x_3 - 3x_4 = 0, \\ x_1 - x_2 \qquad - x_4 = 0, \\ x_1 - x_2 - 2x_3 + 3x_4 = 0. \end{cases}$$

解 输入命令：

```
a=[1 -1 -1 1;1 -1 1 -3;1 -1 0 -1;1 -1 -2 3];
rref(a) ↵
ans =
     1    -1     0    -1
     0     0     1    -2
     0     0     0     0
     0     0     0     0
```

由结果看出，x_2，x_4为自由未知量，方程组的解为

$$\begin{cases} x_1 = x_2 + x_4, \\ x_3 = 2x_4. \end{cases}$$

练习二

1. 求下列矩阵的秩：

（1）$\begin{pmatrix} 1 & 2 & 0 \\ 0 & 1 & 1 \\ -1 & 2 & 3 \end{pmatrix}$；（2）$\begin{pmatrix} 25 & 31 & 17 & 43 \\ 75 & 94 & 53 & 132 \\ 75 & 94 & 54 & 134 \\ 25 & 32 & 20 & 48 \end{pmatrix}$.

2. 求下列矩阵的行列式，如可逆，试用不同的方法求其逆矩阵：

（1）$\begin{pmatrix} 2 & 2 & -1 \\ 1 & -2 & 4 \\ 5 & 8 & 2 \end{pmatrix}$；（2）$\begin{pmatrix} 1 & 2 & 3 & 4 \\ 2 & 3 & 1 & 2 \\ 1 & 1 & 1 & -1 \\ 1 & 0 & -2 & -6 \end{pmatrix}$；

（3）$\begin{pmatrix} 1 & 1 & 1 & 1 \\ 1 & 1 & -1 & -1 \\ 1 & -1 & 1 & -1 \\ 1 & -1 & -1 & 1 \end{pmatrix}$.

3. 设 $\boldsymbol{X}\begin{pmatrix} 1 & 1 & -1 \\ 2 & 1 & 0 \\ 1 & 1 & 1 \end{pmatrix} = \begin{pmatrix} 1 & 1 & 3 \\ 4 & 3 & 2 \\ 1 & 2 & 5 \end{pmatrix}$，求 $\boldsymbol{X}$.

4. 解下列线性方程组：

（1）$\begin{cases} 2x_1 + 2x_2 - x_3 + x_4 = 4, \\ 4x_1 + 3x_2 - x_3 + 2x_4 = 6, \\ 8x_1 + 3x_2 - 3x_3 + 4x_4 = 12, \\ 3x_1 + 3x_2 - 2x_2 - 2x_4 = 6; \end{cases}$（2）$\begin{cases} x_1 - x_2 + x_3 - x_4 = 1, \\ x_1 - x_2 - x_3 + x_4 = 0, \\ x_1 - x_2 - 2x_3 + 2x_4 = -\dfrac{1}{2}. \end{cases}$

参 考 文 献

[1] 同济大学数学系. 工程数学:线性代数. 6 版. 北京:高等教育出版社,2014.

[2] LAY D C. 线性代数及其应用:原书第 3 版. 刘深泉,洪毅,马东魁,等,译. 北京:机械工业出版社,2005.

[3] 柴惠文,宗云南. 线性代数. 北京:高等教育出版社,2011.

[4] 方文波. 线性代数及其应用. 2 版. 北京:高等教育出版社,2018.

[5] 居余马,等. 线性代数. 2 版. 北京:清华大学出版社,2002.

[6] 苏德矿,裘哲勇. 线性代数. 北京:高等教育出版社,2005.

[7] 赵树嫄. 线性代数. 5 版. 北京:中国人民大学出版社,2017.

[8] 蔡光兴. 线性代数. 北京:科学出版社,2002.

[9] 张志让,刘启宽. 线性代数与空间解析几何. 2 版. 北京:高等教育出版社,2009.

[10] 普罗斯库烈柯夫. 线性代数习题集. 周晓钟,译. 北京:人民教育出版社,1981.

[11] 胡金德,王飞燕. 线性代数辅导. 2 版. 北京:清华大学出版社,1995.

[12] 程吉树,陈水利. 线性代数. 北京:科学出版社,2009.

[13] 刘剑平,施劲松,钱夕元. 线性代数及其应用. 上海:华东理工大学出版社,2005.

[14] 唐明,王定江,冯鸣,等. 线性代数. 杭州:浙江大学出版社,2004.

[15] 戴斌祥. 线性代数. 3 版. 北京:北京邮电大学出版社,2018.

[16] 刘建亚,吴臻. 大学数学教程:线性代数. 3 版. 北京:高等教育出版社,2018.

[17] 周勇. 线性代数. 北京:北京大学出版社,2018.

[18] 郝志峰. 线性代数. 北京:北京大学出版社,2019.

考 研 真 题